金属基层状复合功能材料的研制与性能

周生刚　竺培显　著

北　京

冶 金 工 业 出 版 社

2015

内 容 简 介

本书主要介绍了 Ti/Al、Pb/Al、Pb/钢、TiB_2/Al、Ti/Cu、Ti 基涂层电极等多种新型金属基层状复合功能材料的设计原理、制备工艺、界面结构、界面物化性能、电化学性能、应用节能机理分析。本书的内容汇集了作者所在的昆明理工大学金属基层状功能材料学科方向创新团队和先进电极材料创新团队多年来的研究成果。金属基层状复合功能材料打破了传统功能材料多以单金属（合金）为基体的结构设计模式，利用材料叠加互补效应，不仅发挥了各种单体材料的自身优势，而且使得各综合物化性能均得到不同程度的提升。

本书可供材料学、湿法冶金、电化学、水处理等专业的高等院校师生及科研人员、企业工程技术人员等参考。

图书在版编目（CIP）数据

金属基层状复合功能材料的研制与性能／周生刚，竺培显著.—
北京：冶金工业出版社，2015.5
ISBN 978-7-5024-6871-2

Ⅰ.①金… Ⅱ.①周… ②竺… Ⅲ.①金属基—复合材料—功能材料—研究 Ⅳ.①TB331

中国版本图书馆 CIP 数据核字（2015）第 062493 号

出 版 人 谭学余
地　　址　北京市东城区嵩祝院北巷 39 号　邮编　100009　电话　(010)64027926
网　　址　www.cnmip.com.cn　电子信箱　yjcbs@cnmip.com.cn
责任编辑　卢　敏　李　臻　美术编辑　彭子赫　版式设计　孙跃红
责任校对　李　娜　责任印制　牛晓波
ISBN 978-7-5024-6871-2

冶金工业出版社出版发行；各地新华书店经销；固安华明印业有限公司印刷
2015 年 5 月第 1 版，2015 年 5 月第 1 次印刷
169mm×239mm；14.75 印张；330 千字；226 页
56.00 元

冶金工业出版社　投稿电话　(010)64027932　投稿信箱　tougao@cnmip.com.cn
冶金工业出版社营销中心　电话　(010)64044283　传真　(010)64027893
冶金书店　地址　北京市东四西大街 46 号(100010)　电话　(010)65289081(兼传真)
冶金工业出版社天猫旗舰店　yjgy.tmall.com
（本书如有印装质量问题，本社营销中心负责退换）

前　言

　　金属基层状复合材料是指利用复合技术使两种或多种物理、化学、力学性能不同的金属在界面上实现冶金结合而制备的具备特殊结构、功能的复合材料。近年来金属基层状复合材料作为复合材料的一个新兴和重要分支在一些特定应用领域，如结构功能一体化屏蔽材料、高导电耐腐蚀材料等方面的需求日益凸显。昆明理工大学金属基层状复合功能材料学科方向团队人员近十余年的研究工作，主要集中在铅基层状复合防辐射材料、湿法冶金用铅基与钛基等多个系列的金属基层状复合节能型阳极材料、高性能复合电池电极等功能材料的设计、制备工艺、界面结合质量无损评价、电化学性能评价与安全性评价等方面的研究，利用材料科学与工程学科的理论基础，针对新型高性能电池电极开发、核工业中核燃料储运防辐射泄漏领域，以及湿法冶金、电化学领域中高能耗、高污染等突出问题，做了大量研究和工作，并取得显著成果。

　　现代湿法冶金、电化学学科是研究电极/溶液界面过程的一门学科。电极是电化学体系中的"心脏"，在电化学体系中至关重要的课题之一莫过于寻找和制备高性能的电极材料。我国电极工学专家张招贤先生及日本学者日根文男早就指出：电解金属最大的困难是选用合适的阳极材料。理想的阳极要求导电性好、析氧（氯）过电位低、性能稳定、耐蚀、可长期使用，阳极过程要求具有良好的电催化活性，以降低阳极反应的过电位和槽电压。对于阴极材料来说，其在电化学体系中发生还原反应，故选择的自由度比较大。但是对阳极材料来说，由于在阳极发生氧化反应而且往往反应条件比较苛刻，易导致阳极损耗，因此对于阳极材料的选择一直是电化学工业的一个难题。目前用于有色及稀有金属提取的不溶性阳极材料主要是钛基涂层电极和铅基合金电极，它们分别主要适用于氯化物溶液（析氯型）、硫酸盐溶液（析氧型）介质。然而，作为基体材料的钛内阻大、价格高，铅强度低、密度大、易溶解、内阻大是不可避免的问题。而目前对它们的研究较多围绕着多元铅基金属的配比、组元选择、极板表面改性，以及在钛基表面涂层的成分选择和涂布工艺上进行。这些方法对改善电极的使用性能有一定成效，但对减小电极的内阻、降低槽电压及节能减耗没起到关键性作用。为此，寻找一些新型电极材料，以解决电解过程中上述的诸多理论、技术难题，已成为本领域竞相研究的重大课题，这不仅对稀有金属电解工业节省电能消耗、提高生产效率、提升产品质量有着重要的促进作用，而且对氯碱、化工、电镀、水处理、有机电合成、电渗析等应用领域的技术进步、节能减排、环境保护都有着重要意义。就此类问题，本书创新性地提出金属基层状复合节能阳极的新材料构想，利用较为简便的工艺制备出了一种集轻质、高强、优良导电性、长寿命、低电耗、高电流效率及高阴极产品等优势于一体的节能阳极。本书的核心内容是系统地阐述了金属基层状复合功能材料中作为电极材料用途的制备工艺及基础，作者在实验研究与层状复合界面的分析测试中，借助 X 射线衍射仪、扫描电子显微镜、高倍率透射电镜、电化学综合测试仪、显微硬度测试仪、万能力学试验机等系统地分析了金属基层状复合电极基体的界面成分、力学特性、导电性、组织结构，以及所对应电极的电化学综合性能，并成功地将该技术应用于电积锌、电积镍、电积钴等行业。同时强调，金属基层状复合功能材料也是一项发展中的技术，它的应用范围将不断扩大，诸如 Pb/钢复合材料因复合基体对射线、中子的吸收作用可以应用在核屏蔽领域，Pb/Al、Ti/Cu 等复合板栅材料在蓄电池领域的应用也有着良好前景。其理论与实践也将进一步丰富和完善。

与本书密切相关的研究项目及课题有：国家高技术研究发展计划（"863"计划）项目和云南省科技厅联合资助项目"稀有金属电解用节能型层状复合电极材料的开发研究"（项目编号：2009AA03Z512，2009GA007），云南省科技厅重点新产品开发项目"节能型、低成本

Pb-Al 层状复合阳极的开发"（项目编号：2014BA011），国家自然科学基金项目"铝-铅梯度复合电极材料的组织与性能研究"（项目编号：50664005），国家自然科学基金项目"多能场作用下低银含量铅合金电极的可控成型及其电化学性能研究"（项目编号：51201080），国家自然科学基金"节能型 Al 基/TiB_2/Mn、Pb、La 系氧化物涂层电极制备与性能的应用基础研究"（项目编号：51264025）。本书的出版得到了云南省科技厅和昆明理工大学的大力支持。编写过程中，还得到了云南省新材料制备与加工重点实验室和昆明理工大学材料复合技术研究所张自平高工、张喆硕士、朱坤亮硕士、王福硕士、张俊硕士、韩朝辉博士、范农杰硕士、许健硕士、张能锦硕士的大力支持和帮助，统稿时得到了红河学院孙丽达老师的支持，在此一并向他们表示由衷的感谢。

　　由于作者水平有限，书中欠妥之处，恳请各位读者不吝赐教。

作　者

2014 年岁末于昆明

目　录

0 绪 论

随着科学技术的发展及各种新兴技术产业的出现，由单一的金属或合金组成的电极很难满足现代化生产对材料综合性能的需求，于是金属基层状复合电极材料在这个大背景下应运而生。金属基层状复合材料是由几层不同性能的金属通过特殊的加工制备方法复合而成的。与单组元相比，复合材料可以弥补各自的不足，获得单一金属所不具备的物理、化学性能以及力学特性，满足高强度、高比刚度、抗疲劳性、耐腐蚀、耐磨等性能的要求，与此同时能较大程度地节省稀贵材料，降低成本，以获得催化性能更强、电化学性能更加稳定的新型电极材料。

目前国内外制备金属基层状复合材料的方法主要有：爆炸复合法、大塑性变形法、铸轧法、爆炸-轧制复合法、扩散焊接法、搅拌摩擦焊等。

（1）爆炸复合法是利用炸药瞬间产生的巨大能量作为能源，使被焊金属表面变形、熔化和扩散，从而实现异种金属的焊接复合。主要适合于单张面积较大、厚的复合板材产品或复合板坯、多层复合板的生产。爆炸复合法的优点是：1）不受材料熔点、塑性相差悬殊的限制，几乎所有的金属都适用于爆炸复合；2）工艺简单，可远程操控，对设备和场地要求不高，成本较低；3）一次可进行两层或者两层以上板材之间的焊接；4）产品性能稳定，结合强度高，可维持母材性能且变形较小[1]；5）不需要特别的表面处理工艺；6）可完成大面积、高质量和多种形式的焊接，后续加工性能好[2,3]；7）不发生界面反应且界面上看不到明显的扩散层，无脆性金属间化合物生成，产品组织均匀、性能稳定。其缺点是：1）复合界面呈波浪形，存在残余应力，表面质量差，可控制性能差；2）污染严重，生产过程噪声大，劳动条件差，有一定的危险性；3）对母材本身的性能有一定要求，必须要有较强的耐冲击性和良好的塑性；4）生产效率低，不适于连续化生产；5）只能生产几何形状简单的工件[4]。

根据复板和基板安装形式不同，爆炸焊接法可分为平行法与角度法。由于平行法操作略有不便且能量利用率低，冲击波对周围环境影响恶劣，因此生产实践中一般不用。而史长根[5]等人发明的一种新型爆炸焊接方法——双立法，可明显改善平行法的不足。其可充分利用平行法上方耗散的冲击波，从而节省了至少1/2的装药量，大大降低了生产成本。并采用封闭式装药，削减了爆炸冲击波对周围环境的不利影响，此外爆炸焊接工艺易于精确控制且易形成标准的工艺流程。

爆炸焊接技术还可与传统工艺相结合形成制备金属复合板的新工艺。如赵铮[6]等人在爆炸焊接和烧结复合法的基础上提出了一种利用粉末与金属板结合的工艺——爆炸压涂。除此之外，还有广为应用的爆炸-轧制法。

目前，爆炸复合技术在微观机理观察和分析方法上存在局限性，研究现处于瓶颈阶段。而开发全面、系统的爆炸焊接仿真系统将为爆炸复合技术的开发应用提供有力的手段[7]。

（2）大塑性变形法是指在轧机强大压力作用下，或与热作用相结合，使待复合的两金属在整个金属结合面上发生塑性变形、破裂，并在后续的扩散热处理中形成平面状的稳固冶金结合。大塑性变形法中研究得较多的是轧制复合法和挤压复合法。

（3）轧制复合法是利用高温和轧制时产生的高压而使不同的金属实现焊合。轧制复合法包括热轧复合法和冷轧复合法。热轧复合是将基板和复板重叠后在周围焊接，再加热到一定温度后进行轧制，在高温和高压共同作用下，金属板间形成牢固结合。其适用于小批量、多品种和块式法生产。热轧具有工艺简单，成本低，界面结合牢固，所需轧制力小等优点。但仍存在厚度难控制、稳定性差，界面处易形成脆性的金属间化合物等问题[8]，目前一般通过在结合面上加工出 0.01~3mm 的齿状[9]、加入中间金属夹层、采用复合热源或固相焊接[10]等方法来改善其缺点。冷轧复合是以"表面处理—轧制复合—退火强化"为主要过程的三步法生产工艺，一般适用于大批量、成卷连续化生产[11]。与热轧复合法相比，冷轧成型工艺更简单，可实现多种组元的结合，并可制得尺寸精确、成品率高、组织性能稳定的复合带卷，更为重要的是，冷轧可以实现大规模的工业化生产。但冷轧复合时的变形量往往高达 60%~70%，轧制负荷大，对轧机要求高，基板复合较困难，因而其应用在一定程度上受到限制[12]。

近年来国外推出了控制气氛轧制复合工艺，其综合了传统热轧复合工艺的特点，既可分别控制基体、复材轧制坯料的加热温度，又可采用带式法生产成卷的复合材料。同时将异步轧制引入此工艺中，即可实现更广的适用范围及更高的自动化程度。另外，在轧制法的基础上发展而来的累积叠轧复合法、热喷涂轧制复合法、钎焊热轧法、燃烧合成轧制法、包套轧制法等新工艺层出不穷，为制品质量和复合率的提高、降低成本提供有效方法[13]。

（4）挤压复合法是将界面清洁的组元金属组装成挤压坯，然后以适当的温度和挤压比参数挤压成型，并在压力作用下，实现界面的冶金结合。挤压法可发挥金属的最大塑性，具有极大的灵活性，产品尺寸精确，表面质量好，适用于生产管、棒、线材的复合型材。但制备的挤压管材内外层壁厚不均匀，易产生缺陷甚至破裂，金属的固定废料损失较大，工具消耗大，生产率较低，不适于连续化生产。

目前，研究者针对传统挤压工艺的不足，提出了多坯料挤压法[14]。即开设多个挤压筒，放入不同坯料，改变挤压模结构，同时挤压生产出各种形状的复合管、棒材。此法可解决常规挤压模锭分流问题，简化工艺，可生产高强度空心型材。此外，还可将挤压法与轧制法相结合，得到挤压-轧制复合法[15]，其适用于制备宽度较窄的复合板，工艺简单，对设备要求不高。

（5）爆炸-轧制复合法可生产不同金属组合的层状复合板，但对于生产较薄和对表面要求较高的层状金属复合板则比较困难。轧制复合法虽可以生产不同厚度和表面质量较高的层状复合板，但复合板的组元成分和宽度受到轧机轧制能力的限制。爆炸-轧制复合法是综合上述方法各自的优点而发展起来的工艺，即先通过爆炸复合制备出较厚的复合板坯，再根据不同的要求，通过热轧或冷轧或热轧+冷轧的工艺轧制成所需的复合板，一般适用于生产基层较薄的大面积复合板[16]。热轧主要是为了获得要求的板材厚度，总加工量较大；冷轧主要是为了获得最终精确的板材厚度尺寸和理想的表面，总加工量较小。

爆炸-轧制复合法具有产品尺寸精度高、质量稳定、成本低廉、生产灵活、便于推广等优点。但其结合界面易生成脆性中间化合物，产量、生产率及成材率都比较低，工艺复杂，不易控制，无法实现大规模、连续化生产，且爆炸场所仍受到限制。

（6）扩散焊接法是在低于母材熔点温度且不使母材出现变形下加压，利用界面出现的原子扩散而实现结合的方法。扩散焊接法分为无助剂自扩散焊接、无助剂异扩散焊接、有助剂扩散焊接、过渡液相扩散焊接、热等静压扩散焊接和相变超塑性扩散焊接等。扩散焊接法的优点为[17]：1）可用于两种易形成脆性化合物且熔点和线膨胀系数相差较大的金属及金属与非金属之间的焊接；2）零件变形量小，焊后不必机械加工；3）焊接接合处的显微组织与母材非常接近，不存在过热组织的热影响区，焊接质量均匀；4）可焊接形状复杂、接触面多及波纹板结构；5）无污染、自动化生成能力强。与其他技术相比，扩散焊接工艺简单，可操作性强，可焊大断面接头，应用广泛，但其仍存在焊接热循环时间长，生产率低，焊件表面清洁度及装配精度要求高，工件有尺寸限制，复合强度较低，对生产设备与厂房条件要求较高等缺点。

当前，国外已广泛应用该技术，并开发出焊接接头性能优异的 TLP 扩散焊技术，并对其机理、工艺及应用方面进行了深入研究，使 TLP 扩散焊技术达到工程应用水平。而目前国内还处于研究和初步应用阶段，仍有工艺优化、中间层合金及新材料扩散焊开发、设备能力加强等问题急需解决[18]。

（7）搅拌摩擦焊接法[19]是一种在机械力和摩擦热作用下的固相连接方法。其利用一个耐高温硬质材料制得的探头旋转插入被焊接工件，依靠搅拌头和被焊接材料之间的摩擦热，使搅拌头邻近区域的材料热塑化。当搅拌头旋转着向前移动时，热塑化的金属随着探头沿焊缝向后流动，随后在探头离开后的冷却过程中，在搅拌头轴肩与工件表层摩擦生热和锻压的共同作用下，形成固相焊接接头。

（8）搅拌摩擦焊具有电源功率小、能实现冶金结合、便于实现自动化、焊件残余变形小、低成本、焊接接头质量高[20]及能形成致密的焊缝等诸多优点，对于有色金属材料的连接，在焊接方法、接头的力学性能和生产效率上具有其他焊接方法无可比拟的优越性，可用来焊接一些传统熔焊方法难以焊接的金属材料[21]。但搅拌摩擦焊也有其局限性，如焊接时的机械力较大，需要焊接设备具有很好的刚性；焊缝末尾通常有匙孔存在；焊速不是很高；不能实现添丝焊接；高熔点金属材料连接中的固相连接困难。

针对搅拌摩擦焊针与钢材接触而磨损，严重缩短工具使用寿命这一明显不足，张贵锋[22]等人以摩擦热为热源，采用无针工具，从而避免针的磨损，消除了焊缝末端的匙孔，开发了一种灵活性强、节能、高效的"搅拌摩擦钎焊FSB"，并成功制备了Al/钢双金属复合板。其具有工具使用寿命长、耗能小、低成本、高生产率、对较硬母材的塑性变形能力要求较低等优点。

目前，该技术在国外的研究和应用主要还是铝合金、钢材等高熔点材料。随着研究的深入，其在航空、船舶、建筑、运输等领域的应用将不断扩大。近年来，搅拌摩擦焊在国内也引起了广泛重视，已具备从工艺、设备、控制到检验等整套完备的专业技术规模，并在基础理论研究上也形成了一定的独立体系，取得一定的实际应用[23]。

金属基层状复合材料在湿法冶金、电化学等领域应用广泛。金属基层状复合电极打破了传统电极以单金属（合金）为基体的结构设计模式，这不仅发挥了各种金属的自身优势，还改变了传统极板的电流流向，均化电流分布，降低内阻，各个性能均得到不同程度的提升。同时对稀有有色金属电解工业节省电耗、提高生产率、提升产品质量有着重要促进作用，对化工、电镀、电渗析等应用领域的技术发展、节能减排、环境保护有着积极意义。

鉴于上述制备方法，再结合本课题组多年来在湿法冶金、电化学用节能型阳极材料方面的研究及相关文献，可为金属基层状复合材料在此类领域的深入应用奠定基础。目前金属基层状复合功能材料在湿法冶金及电化学领域的研究主要由铅基电极、钛基电极、铝基电极等大类组成。

（1）铅基电极。铅合金因具有良好的耐腐蚀性和电化学性能，在湿法冶金工业中有着难以替代的地位。目前广泛应用的层状复合电极主要有Pb/Al、Pb/钢等。

铅和铝是典型的难混溶体系，其物理、化学性质相差甚远，用它们合成的电极材料在力学性能、导电性、抗腐蚀性方面均存在着极大的互补性，一直被湿法冶金工业用作电极锌、镍、钴等有色金属的不溶性阳极材料，具有广阔的应用前景[24,25]。但由于铅、铝相互的固溶度很小，Pb/Al 界面结合往往存在缺陷，一般根据二元合金相图和键函数理论，通过向合金之间引入合适的第三组元作为过渡金属，来改善铅、铝之间的相容性，实现冶金结合。通常加入的元素为锡、铋[26~29]等，可使制备的电极相比于传统铅合金电极材料，具有内阻小、导电好、抗弯强度高、耐腐蚀等优点。Pb/Al 基层状复合电极结构如图 0-1 所示。

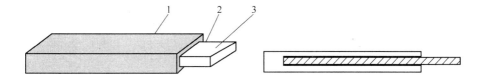

图 0-1　Pb/Al 基层状复合电极结构
1—Pb；2—Bi/Al；3—Al

制备方法[30]为：首先在铝板上热浸镀或轧制一层过渡金属，再利用液－固梯度复合技术制备出外层为铅的复合体，以此解决铝与铅之间的界面相容问题，从而制备出 Pb/Al 层状复合电极材料。采用此种新型电极结构模式不仅解决了难混溶的难题，而且取得较好的节能效果。

Pb/钢基层状复合材料兼具了钢的高强度、良好的导电性，以及铅的优良电化学性能、耐腐蚀性、对 X 射线和 γ 射线有良好吸收性的优点，在电化学、核屏蔽等领域表现出诱人的开发潜力和应用前景。然而铅与铁热力学上的非混溶性影响了 Pb/钢层状复合材料的制备和应用，因此，如何改善铅与铁的互溶性成为本课题的关键。

以导电性优且质轻、低成本的钢作为层状复合的内芯，采用固-固复合法制备出外层为铅且呈"三明治式"结构的 Pb/钢基层状复合电极。其中内芯钢起到了降低基体内阻、均化电流密度分布、增加强度的目的。但由于铅、钢属于非互溶体系[31~33]，常规方法很难得到 Pb-Fe 系二元合金。梁方[34~36]等人提出以锡作为第三过渡组元，通过铅-锡和钢-锡的互溶性解决铅-钢界面结合问题，制得铅-钢层状复合材料。与传统 Pb-1%Ag 合金电极相比，Pb/钢基层状复合电极具有催化活性高、槽电压、使用寿命长、机械强度高、质量轻的特点。Pb/钢基层状复合电极的结构如图 0-2 所示。

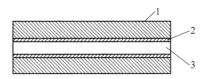

图 0-2　Pb/钢基层状复合电极结构
1—Pb；2—Sn；3—Fe

（2）钛基电极。与铅基电极相比，钛基电极因具有尺寸稳定、工作寿命长、工作电流密度高、耐蚀性好、质量轻、强度高等优点[37,38]，在电极领域占有一席之地。目前广泛应用的钛基电极主要有 Ti/Al、Ti/Cu 等。

由于钛和铝的物理化学性质（如熔点、晶体结构、热导率、线膨胀系数）差异很大，通常采用电弧喷涂、喷射沉积、复合轧制、熔融覆镀等工艺中的一种或多种在钛板表面单面涂敷铝层，从而得到 Ti/Al 复合板，再将两块 Ti/Al 复合板制备成以铝为内芯，外层包覆钛的钛包铝层状复合电极材料[39]。其内芯铝作为电极的集流载体和导电通道，起到减小内阻和均化电流分布的作用，而外层钛仍然保持"阀金属"的电化学性质。

所制备的 Ti/Al 层状复合电极具有内阻低、电流分布均匀、导电性好、耐蚀性好、成本低等优点[40,41]。且界面结合性好，槽电压比纯钛涂层阳极降低10%~30%[39]，达到节能降耗的效果。Ti/Al 基层状复合电极的结构如图 0-3 所示。

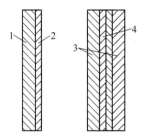

图 0-3　Ti/Al 基层状复合电极的结构
1，3—Ti；2，4—Al

Ti/Cu 基层状复合电极[42]（结构与 Ti/Al 相似）是采用电弧喷涂法/熔铸法或喷射沉积法，以铜为内芯、外层包覆钛制备而成的。其一方面利用钛优良的耐腐蚀性，另一方面又兼顾铜良好的导电性，从而具有电极稳定性高、工艺简单、易操作的特点。与纯钛基体材料电极相比[43,44]，Ti/Cu 基层状复合电极在导电性上有明显的优势，由于内阻减小，从而有效提高了电化学性能。同时槽电压与传统涂层钛电极相比降低了 100~800mV[42]，节能效果显著，因而有很大的应用前景。

（3）Al/TiB$_2$基层状复合。目前各种新型金属陶瓷不断涌现，为阳极材料的选择提供了广阔范围。尤其是 TiB$_2$金属陶瓷以稳定性高、导电性好、耐蚀性强等优点著称，且已具有成熟的材料制备技术和成膜、涂覆方法，成为制备金属陶瓷复合材料的最佳增强体候选材料。而金属铝作为地球上较为丰富的资源，它具有成本低、导电好、质量轻等众多优点，但耐蚀性差也是金属铝的致命缺点。TiB$_2$属于六方晶系 C$_{32}$型结构的准金属化合物，对铝具有良好的润湿性。对此，根据性能互补的原则，研究组提出了"三明治"式电极基体材料设计方案：首先采用不同工艺（等离子喷涂、热压扩散等）在经表面粗化刻蚀后的铝板（或铝网）

上覆镀一层 TiB_2 金属陶瓷，制备出"TiB_2包铝"的电极基体，其内芯铝作为电极的集流载体和导电骨架，起到减少内阻、加快电极对电子的传输速度和均化电流分布的作用。而外层 TiB_2 既是内芯铝的防腐保护层和电子传输层，又是最外层活性涂层的联结强化中间过渡层。然后，在 TiB_2 包铝的基体上通过电镀的方法覆盖一层 PbO_2 活性层，最终制备一种催化活性高、成本低廉、使用寿命长、适应性广的节能型梯度复合功能电极，其结构设计如图0-4所示。

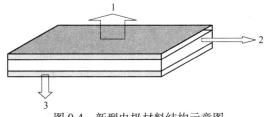

图 0-4　新型电极材料结构示意图

1—表面 PbO_2 镀层；2—铝基体；3—TiB_2 过渡层

　　目前，有关金属基层状复合电极材料的文献较少，但从应用前景及节能效果[45]来看，金属基层状复合电极材料与核屏蔽材料等的发展不可小觑。就制备技术而言，发展新的工艺势在必行，与传统工艺之间互补结合也不失为一个发展新途径。然而，随着计算机技术的不断发展，制备工艺将逐渐数字化、自动化。对于尚未完善明确的机理及现象，仍缺乏理论研究的支持，所以计算机模拟与仿真俨然成为推进先进制造技术发展的必要手段[46]。但单一技术的发展并不足以推动金属层状复合材料研究的深入，唯有结合机理、结构[47]等不足，才能全面发展此类材料。金属基层状复合电极材料属于湿法冶金、复合材料、材料加工及化学工业等多学科的交叉学科，对其进行深入研究，必将促进相关学科的发展，并为相关行业的技术发展提供先导性研究成果与技术储备。而节能型金属基层状复合电极材料的广泛应用，将为湿法电解冶金和电化学工业带来节能降耗、提高产品质量等重大实用价值，具有重要的理论意义和良好的应用前景。

　　综上所述，金属基层状复合功能材料的制备方法是多种多样的，并且当前传统的单一或多种工艺方法之间的组合可满足所需不同形状、尺寸、结构、组分配比等异种材料从设计到制备成功的要求。在选择制备与加工方法时，应该考虑到对不同金属基层状复合功能材料所提出的要求和遵循的经济性原则。当需要采用普通有色金属做原料时，经济问题便是先决条件。但当需要的复合材料具有严格要求或是原料为稀贵、稀散金属时，则也可兼顾工艺与经济的平衡性条件。

参 考 文 献

[1] 李晓杰，习鸿浩，王小红．爆炸焊接技术回顾与展望［C］//第三届"层压金属复合材

料开发与应用"学术研讨会文集，2012.

[2] 张文毓. 爆炸焊接技术的应用现状与展望 [J]. 工程爆破，2009，15（4）：86~89.

[3] 夏鸿博，王少刚，翟伟国，等. 金属爆炸焊接技术研究进展 [J]. 热加工工艺，2013，42（5）：203~206.

[4] Fehim Findik. Recent developments in explosive welding [J]. Materials and Design, 2011, 32（3）：1081~1093.

[5] 史长根，尤峻. 双立式爆炸焊接新方法 [J]. 爆破器材，2008，37（3）：28~30.

[6] 赵铮，陶钢. 双金属复合板的新制备工艺 [J]. 材料开发与应用，2008，23（5）：48~51.

[7] 王克鸿，张德库，张文军，等. 爆炸焊接技术研究进展 [J]. 综述与展望，2011，40（2）：1~4.

[8] 马志新，胡捷，李德福，等. 双层状金属复合板的研究和生产现状 [J]. 稀有金属，2003，27（6）：799~803.

[9] 杜大明，李坊平，马明亮，等. 爆炸焊接技术的应用现状与展望 [J]. 工程爆破，2009，15（4）：86~89.

[10] 陈影，沈长斌，葛继平，等. Mg/Al 异种金属焊接的研究现状 [J]. 稀有金属材料与工程，2012，41（2）：109~112.

[11] 张平，张元好，常庆明，等. 双金属复合导板的研究与发展现状 [J]. 铸造设备与工艺，2012，1：53~55.

[12] 徐涛. 金属层状复合材料的发展与应用 [J]. 轻合金加工技术，2012，40（6）：7~10.

[13] 季晓鹏，庞玉华，袁家伟，等. 浅析层状复合板轧制新工艺 [J]. 甘肃冶金，2008，30（1）：41~43.

[14] 杨永顺，杨栋栋. 铜铝复合板的加工方法及应用 [J]. 热加工工艺，2011，40（12）：107~110.

[15] 李彦利，沈健，于隆祥. 一种生产铜包铝排的挤压轧制复合法：中国，200810117917.4 [P]. 2010-2-10.

[16] 刘环，郑晓冉. 层状金属复合板制备技术 [J]. 材料导报，2012，26（20）：131~134.

[17] 郭建，杨建民. 扩散焊应用研究 [J]. 江苏冶金，2003，31（5）：19~21.

[18] 孔庆吉，曲伸，邵天巍，等. 钎焊及扩散焊技术在航空发动机制造中的应用与发展 [J]. 工程爆破，2010，24：82~84.

[19] 藤井英俊（日）. 摩擦搅拌焊接法 [J]. 国外机车车辆工艺，2012，6：18~24.

[20] 孙宜华，杜良. 搅拌摩擦焊的研究进展与应用 [J]. 新技术新工艺，2011，6：70~73.

[21] 农琪，谢业东，金长义，等. 铝合金焊接技术的研究现状与展望 [J]. 热加工工艺，2013，42（9）：160~165.

[22] 张贵锋，苏伟，韦中新，等. 搅拌摩擦焊制备铝/钢防腐双金属复合板新技术 [J]. 材料导报，2010，33（3）：18~24.

[23] 张文毓. 搅拌摩擦焊技术研究现状与应用 [J]. 现代焊接，2012，110（2）：4~7.

[24] Kim H M. Microstructure and wear characteristics of rapidly solidified Al-Pb-Cu alloy [J]. Material Science and Engineering A, 2000, 287（1）：59~65.

[25] Stefanov Y, Dobrev T. Potentiodynamic and electronmicroscopy investigations of lead-cobalt alloy coated lead composite anodes for zinc electrowinning [J]. Transactions of the Institute of Metal Finishing, 2005, 83 (6): 296~299.

[26] 周生刚, 张瑾, 竺培显, 等. Pb-Sn-Al 复合电极的制备及其性能初步研究 [J]. 云南大学学报, 2009, 31 (6): 600~603.

[27] 竺培显, 周生刚, 孙勇, 等. Bi 对 Pb-Al 层状复合电极材料制备与性能的影响 [J]. 稀有金属材料与工程, 2010, 39 (5): 911~914.

[28] 梁方, 竺培显, 周生刚, 等. 扩散焊接法制备 Pb-Al 复合电极材料的性能 [J]. 材料热处理报, 2012, 33 (1): 21~25.

[29] 竺培显, 周生刚, 孙勇, 等. 液固包覆法制备 Al-Pb 层状复合材料及其界面研究 [J]. 材料热处理学报, 2009, 30 (4): 1~5.

[30] 周生刚, 竺培显, 孙勇. 一种新型 Al/Pb 层状复合电极的制备方法: 中国, 200910094005.4 [P]. 2009-07-15.

[31] Nunes E, Passamani E C, Larica C, et al. Solubility study of $Fe_{0.95}Pb_{0.05}$ alloy prepared by high energy ball milling [J]. J All Comp, 2002, 345: 116~122.

[32] Shahparast F, Davies B L. A study of the potential of sintered iron-lead and iron-lead-tin alloys as bearing materials [J]. Wear, 1978, 50 (1): 145~153.

[33] Lazara L, Westerholt K, Zabel H, et al. Growth and structural characterization of Pb/Fe layered system, Thin Solid Films, 1999, 354 (1-2): 93~99.

[34] 梁方, 竺培显, 周生刚, 等. 锡对改善铅-钢层状复合材料结合界面及其性能的影响 [J]. 中国有色金属学报, 2012, 22 (11): 3094~3099.

[35] 梁方, 竺培显, 周生刚, 等. 不同媒介金属层的铅/钢层状复合材料的性能 [J]. 材料研究学报, 2013, 27 (1): 60~64.

[36] 竺培显, 梁方, 周生刚. 一种铅-钢层状复合电极: 中国, 201220187025.3 [P]. 2012-12-05.

[37] Li Baosong, Lin An, Gan Fuxing. Preparation and electrocatalytic properties of Ti/IrO_2-Ta_2O_5 anodes for oxygen evolution [J]. Trans Nonferrous Met Soc China, 2006, 16 (5): 1193~1199.

[38] Hu Jiming, Zhang Jianqing, Cao Chunan. Oxygen evolution reaction on IrO_2-based DSA type electrodes: Kinetics analysis of tafel lines and EIS [J]. International Journal of Hydrogen Energy, 2004, 29 (8): 791~797.

[39] 竺培显, 杨秀琴, 周生刚. 钛包铝层状复合板及其制备方法: 中国, 200910094553.7 [P]. 2008-12-10.

[40] 杨秀琴, 竺培显, 黄文芳, 等. Ti-Al-Ti 层状复合电极材料制备与性能 [J]. 材料热处理学报, 2010, 31 (8): 15~19.

[41] 郭佳鑫. Ti/Al 复合材料的界面演变及性能研究 [D]. 昆明: 昆明理工大学, 2012.

[42] 竺培显, 黄文芳, 周生刚. 钛/铜层状复合电极板及其制备方法: 中国, 200910094554.1 [P]. 2009-11-11.

[43] 蒋斌, 邢丕峰, 魏成富, 等. Ti/Cu 扩散连接研究现状 [J]. 热加工工艺, 2013, 42

（3）：196~198.

[44] 许健. 钛基复合电极材料的性能与生产应用探讨 [D]. 昆明：昆明理工大学，2011.

[45] 竺培显. 稀有金属电解用节能型层状复合电极材料的开发研究 [J]. 中国科技成果，2011，10：23.

[46] 郭德伦. 先进焊接技术支撑航空产品的发展 [N]. 中国航空报，2013-5-30 （T01）.

[47] 蒋良兴，吕晓军，李渊，等. 锌电积用"反三明治"结构铅基复合多孔阳极 [J]. 中南大学学报 （自然科学版），2011，42 （4）：871~875.

1 Ti/Al 层状复合材料的制备与性能

尽管目前在湿法电积锌领域，铅合金电极仍为主要的阳极材料，然而其较高的析氧过电位造成了电能的浪费；较重的质量与较低的强度不但增加了阳极材料的成本，还使得极板在使用过程中发生弯曲，易发生局部腐蚀，进而使得阴极析出的锌产品中含铅量高。因此，开发一种导电性好、节能、强度高、耐腐蚀的低成本新型阳极材料成为湿法冶金行业中的重要课题。

本章从提高阳极基体导电性出发，选择低成本、附着性强、导电性好的 $SnO_2+Sb_2O_4$ 过渡中间层，利用 PbO_2 适用于硫酸锌电解体系作为阳极表面催化活性层的特点，以提高电极性能、延长使用寿命、降低成本、提高产品品质等为目标，设计出了新型 $Ti/Al/Ti/SnO_2+Sb_2O_4/\beta-PbO_2$ 节能阳极。其技术思想是：通过改变传统电极的结构模式，利用异性材料的叠加互补效应，提高电极基体的导电性能、均化电流分布、降低电极电位；并利用层状复合结构，减轻电极质量，提高强度，降低成本；选取表面致密、晶粒细小的廉价中间层 $SnO_2+Sb_2O_4$，控制成本的同时防止了基体外层 Ti 的钝化失效，提高了基体的电子传输能力，改善了 $\beta-PbO_2$ 活性层的结合强度；再通过较佳的电沉积工艺获得 $\beta-PbO_2$ 活性层来提高阳极的催化活性、保证阴极产品品质。

1.1 Ti/Al 层状复合材料的界面设计理论

在电解锌领域，基体内阻大是铅电极与钛电极的共同缺陷，也是湿法冶金工业中无功损耗的重要来源，并且电极基体的导电性又直接影响着电极材料的电化学催化性能。钛电极可以改善传统铅电极易腐蚀、寿命短、污染阴极产品及质量大等问题，但钛需要涂覆贵金属氧化物涂层，成本高昂，且涂层在硫酸体系电解液中容易脱落造成电极失效。因此，本研究从电极组成结构入手，提出改善电极性能、降低能耗、节约成本的新思路：

（1）改变传统电极的结构模式，利用异性材料的叠加互补效应，改变电极的总体结构设计，从而提高电极基体材料的导电性能、均化电流分布、降低电极电位；

（2）利用层状复合结构，减轻电极质量，提高强度，降低成本；

（3）针对钛电极：选择新型廉价涂层以降低材料的成本，同时提高其耐酸性。

　　因此本课题研究选用 0.3mm+6mmTi/Al 层状复合材料作为阳极基体,可大大降低阳极成本,并且在保持了钛阳极高强度、强耐蚀等优点的同时又提高了复合基体材料的导电性能。利用金属铝作为电极内部的集流载体与导电通道,钛包铝"三明治式"结构的电极基体结构设计(图 1-1),不但可以减小电极内阻、均化电流分布、降低电极电位、减轻极板的质量,还能提高强度、减缓腐蚀等,使 Ti/Al 层状复合基体电极达到低成本和节能的目的。

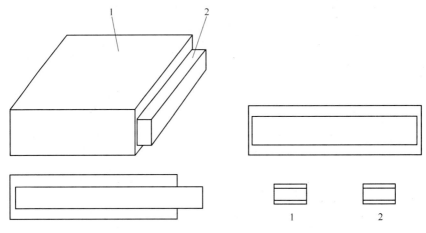

图 1-1　Ti/Al 复合电极基体及其横截面示意图
1—Ti;　2—Al

　　Ti/Al/Ti/SnO$_2$+Sb$_2$O$_4$/β-PbO$_2$ 层状复合基体涂层阳极是基于钛电极在硫酸体系电解锌过程中易发生钝化生成的 TiO$_2$ 绝缘层降低了阳极的导电能力,且与表面 PbO$_2$ 活性层结合力差,使得活性层易脱落等缺陷而设计的。选取的 SnO$_2$+Sb$_2$O$_4$ 中间层表面比较致密,晶粒均匀细小,SnO$_2$ 的四方相金红石结构,呈泥裂状,晶粒结构精密无缝隙,不但可以有效地阻止阳极析氧反应产生的氧气扩散至基体表面形成 TiO$_2$ 绝缘层,即使有部分 TiO$_2$ 的形成,也因其与 SnO$_2$ 具有相同的金红石结构,从而形成固溶体,降低了基体与中间层的内应力,增加了中间层的附着性与致密性。并且 SnO$_2$ 的晶格尺寸介于 TiO$_2$ 和 β-PbO$_2$ 之间,当 Ti 基体与 β-PbO$_2$ 活性层之间存在 SnO$_2$ 中间层时,可以缓解两相之间因晶格尺寸相差太大而难以固溶的矛盾,从而提高了 β-PbO$_2$ 活性层的附着力,延长了阳极的使用寿命。与此同时,SnO$_2$ 是一种 n 型半导体,其中掺入适量的锑可以增大 SnO$_2$ 的导电性,降低电极基体的表面电阻,提高电极的电化学性能。该新型阳极材料 Ti/Al /Ti/SnO$_2$+Sb$_2$O$_4$/β-PbO$_2$ 从降低电极基体内阻出发,选择低成本、导电好的 Sn-Sb 氧化物为过渡中间层,增强了 β-PbO$_2$ 活性层与基体的附着力和导电性,并利用 PbO$_2$ 适用于硫酸体系的活性特点,设计出了一种应用于电积锌领域的高活性、低成本、长寿命的新型阳极材料,其外观如图 1-2 所示。

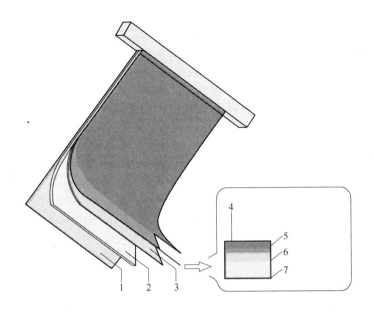

图 1-2 Ti/Al 层状复合阳极的外观及剖面图

1，3—钛；2—铝；4—β-PbO$_2$活性层；5—多元廉价氧化物涂层；
6—耐酸中间层；7—高导电铝内芯

1.2 Ti/Al 层状复合材料的制备

本实验设计的三个主要环节为：Ti/Al/Ti 层状复合电极基体的制备、中间层 SnO$_2$+Sb$_2$O$_4$氧化物的涂覆与活性层 β-PbO$_2$ 的电沉积。Ti/Al 复合电极基体的制备主要考察在实验工艺范围内，Ti/Al 复合材料界面的物相组成、结构、导电性能以及该基体电极与钛基体电极的电化学性能对比，以此获得理想复合基体的材料结构与制备工艺。该环节的技术难点是通过固-固热压复合技术实现 Ti/Al 间的冶金式结合，并研究 Ti、Al 层的厚度比及调控复合界面层的物相组成与界面宽度，使复合电极基体具有最佳的导电效果与电化学性能；中间层采用 SnO$_2$+Sb$_2$O$_4$氧化物涂覆工艺，从涂层成分判断其是否会受到复合基体的影响，以此确定该部分的技术工艺；而对于 Ti/Al 复合基体电沉积 β-PbO$_2$活性层的工艺与性能，均需要本研究通过初探、实验与电极的最终性能表征来考察，该环节工艺复杂，影响因素众多，不但需要对 Ti/Al 复合基体电沉积 β-PbO$_2$工艺技术进行全方位的研究，还要对三个环节的配合效果进行考量。希望通过实验设计中三个环节各自的工艺优化与三者之间最优的配合来获得锌电积用性能最佳阳极：Ti/Al/Ti/ SnO$_2$+Sb$_2$O$_4$/β-PbO$_2$。表 1-1 为实验材料与试剂选用情况，表 1-2 为所选用的实验仪器及设备情况，表 1-3 为试样性能测试选用的仪器设备。

表 1-1　实验材料与试剂选用表

材料与试剂	用途	成分（质量分数）与配比						
钛板（TA1）	电极基体材料	Ti	Fe	C	N	H	O	其他
		余量	<0.25%	<0.1%	<0.03%	<0.01%	<0.2%	0.4%
工业纯铝（1060）	电极基体材料	Al	Si	Cu	Mg	Zn	Mn	Ti	V	Fe
		99.6%	0.25%	0.05%	0.03%	0.05%	0.03%	0.03%	0.05%	0.35%

材料与试剂	用途	成分（质量分数）与配比
NaOH HF（48%） HNO$_3$ 蒸馏水	钛、铝材料表面处理液	Ti：第一步，NaOH（10%）溶液； 　　　第二步，12mL HF+40mL HNO$_3$+1000mL 蒸馏水 Al：NaOH（5%）溶液
Ar	焊接保护气氛	—
RuCl$_3$	RuTi 涂层配方	49.6mgRuCl$_3$+204mg Ti(C$_4$H$_9$O)$_4$+4 滴 HCl（36%）+1.7mL 正丁醇
SnCl$_4 \cdot$5H$_2$O SbCl$_3$ 异丙醇 正丁醇 乙醇 HCl	中间层溶液	26.6g SnCl$_4 \cdot$5H$_2$O+1.9g SbCl$_3$+33.33mL 异丙醇+33.33mL 正丁醇+33.33mL 乙醇+1mL HCl
Pb(NO$_3$)$_2$	电沉积液	180g Pb(NO$_3$)$_2$+60g Cu(NO$_3$)$_2$+0.48g NaF+24mL HNO$_3$+1.2L 蒸馏水
金相砂纸	金相磨料	—
Cr$_2$O$_3$	抛光剂	—
KCl	电化学盐桥	饱和 KCl
琼脂溶液		1~2g 琼脂、15~20gKCl、50mL 蒸馏水
H$_2$SO$_4$	电极腐蚀液	1mol/L H$_2$SO$_4$ 溶液

表 1-2　实验主要设备

设 备 名 称	用 途	生 产 厂 家
OT11-2X 型金属剪板机	板材剪切	南通鑫锋机床有限公司
ZT（Y）系列真空热压炉	Ti/Al 复合基体制备	—
轮式钢丝刷打磨机	金属表面打磨	广州尚峰五金有限公司
电热恒温干燥箱	试样干燥	北京来广营医疗器械厂
箱式电阻炉	试样涂层氧化处理	—
78HW-1 型恒温磁力搅拌器	镀液搅拌与保温	—
P-2 金相抛光机	金相磨制	深圳市海量精密仪器设备有限公司

表 1-3 实验测试仪器

仪 器 名 称	用 途	生产厂家
KEITHLY-2182A 型电阻仪	复合材料界面电阻率测试	上海贝汉
LPS103 型恒流恒压源	恒流或恒压输出	上海贝汉
CHI604D 电化学工作站	电化学性能测试	上海辰华
D8ADVANCE-X 射线衍射仪	物相检测	德国 BRUKERT 公司
XL30ESEM-TMP 扫描电子显微镜	界面组织形貌观测	PHILIPS
EDAX 能谱仪	界面微区成分分析	PHILIPS
TM3000 型扫描电镜	表面形貌观测	—
HXD-1000TM/LCD 型显微硬度计	电沉积层维氏硬度测量	上海第二光学仪器厂
AG-IS 电子万能试验机	试样抗弯性能测试	日本岛津公司
Quanta 3D FEG 扫描电镜/ 聚焦离子束（FIB）"双束"系统	HRTEM 试样薄膜制备	美国 FEI 公司
TECNAL G2S-TWIN 场发射电镜	复合界面层晶体学关系观察	美国 FEI 公司

1.2.1 实验技术路线

本实验的技术路线如图 1-3 所示。

1.2.2 试样的制备

1.2.2.1 Ti/Al 复合电极基体制备

具体制备工艺如下：

（1）材料成型：将工业纯钛 TA1 制成 50mm×50mm 的正方形钛盒（钛板厚度 0.3mm，钛盒中空宽度 6mm），工业纯铝 Al1060 裁成 55mm×50mm×6mm 的试样。

（2）表面处理：将 Ti 盒在 10%NaOH 溶液中加热 30min 去除表层油污，用蒸馏水清洗后放入 Ti 表面清洗液（48%氢氟酸 12mL、硝酸 40mL、蒸馏水 1000mL）中腐蚀 0.5h 以上，除去表层氧化膜，用蒸馏水清洗后泡入酒精内备用；将 Al 板浸泡在 5%NaOH 溶液中 1h 以上，除去表面氧化膜，蒸馏清洗后泡入酒精内备用。

（3）热压复合焊接：通过热压扩散焊接法制备 Ti/Al/Ti 层状复合电极基体材料。将经过处理的 Al 板填入 Ti 盒内置于热压扩散焊接炉内，如图 1-5 所示。

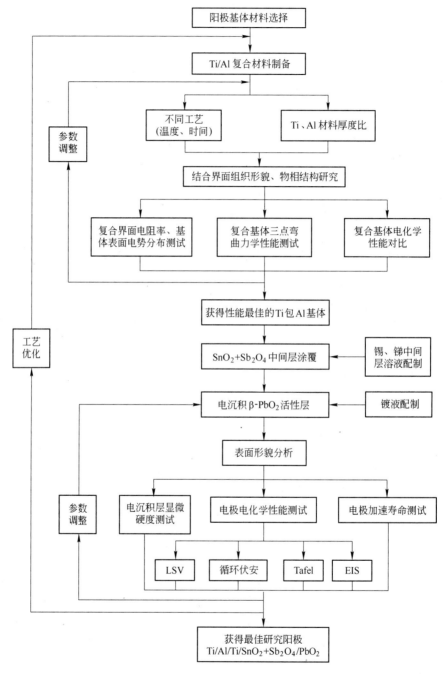

图 1-3   技术路线图

抽真空后通入 Ar 气保护，在 3MPa 压力下加热至所需温度，保温一定时间后自然冷却。该制备过程的具体工艺流程如图 1-4 所示，所用真空热压设备如图 1-5b

所示。

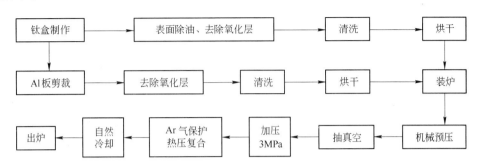

图 1-4 Ti/Al 复合基体的制备工艺流程图

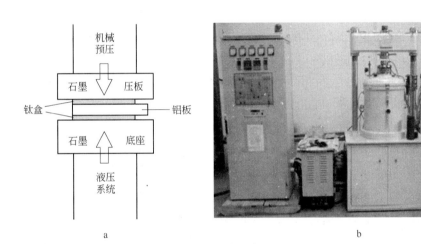

图 1-5 真空热压炉及内部装料示意图
a—内部装料示意图；b—真空热压炉

复合焊接过程中，通过改变焊接温度和保温时间两个工艺参数，来优化电极基体性能的制备工艺参数，见表 1-4；以实际工业生产中阳极板的最小厚度（6mm）为前提，通过调节 Ti、Al 材料的厚度来优化复合电极材料性能的参数，见表 1-5。

表 1-4 热压扩散焊接工艺参数

试验编号	扩散温度 /℃	扩散时间 /min	压力/MPa	保护气氛
1 号	480	120	3	Ar
2 号	500	120	3	Ar
3 号	520	60	3	Ar
4 号	520	90	3	Ar

试验编号	扩散温度 /℃	扩散时间 /min	压力/MPa	保护气氛
5 号	520	120	3	Ar
6 号	520	150	3	Ar
7 号	540	60	3	Ar
8 号	540	90	3	Ar
9 号	540	120	3	Ar
10 号	540	150	3	Ar
11 号	560	60	3	Ar
12 号	560	90	3	Ar
13 号	560	120	3	Ar
14 号	560	150	3	Ar

表 1-5　不同 Ti、Al 板厚度实验参数

Ti 板厚度/mm	Al 板厚度/mm		
	(1) 4	(2) 5	(3) 6
(A) 0.3	—	—	A3
(B) 0.5	—	B2	B3
(C) 0.8	—	C2	C3
(D) 1	D1	D2	D3

注：实际工业生产中阳极板的厚度不小于 6mm，表中 An ~ Dn（n = 1，2，3）为试验参数选取点。

1.2.2.2　Ti/Al/Ti/SnO$_2$+Sb$_2$O$_4$/PbO$_2$ 电极制备

A　锡锑中间层的刷涂

（1）复合板表面处理：采用轮式钢丝刷将 Ti/Al 复合板表面粗糙化处理备用。

（2）锡锑中间层溶液制备：把 26.6g SnCl$_4$·5H$_2$O 和 1.9g SbCl$_3$ 溶于 100mL 1：1：1 的异丙醇、正丁醇、乙醇溶液中，加入 1mL 的浓 HCl，充分搅拌。

（3）中间层涂覆：将配制好的中间层溶液均匀涂覆于经过处理的复合基体表面，于 150℃ 干燥箱中干燥 10min，移至电阻炉中在 450℃ 恒温热氧化 15min 后，取出样品微冷，进行第二次涂覆，如此重复数次（8 ~ 15 次），直至最后一次热氧化时间为 1h，之后样品在炉内自然冷却至室温，锡锑中间层制备完毕。

B　电沉积 β-PbO$_2$ 活性层

（1）镀液配制：根据实验样品的表面积，将 180g Pb（NO$_3$）$_2$、60g Cu（NO$_3$）$_2$ 与 0.48g NaF 溶于 1.2L 蒸馏水中，再加入 24mL 的 HNO$_3$ 混合均匀。

（2）电沉积：将镀液加热至75℃左右，将复合板按图1-2所示结构固定在铜梁上置于镀液中，并接通电源正极。负极铜片电极与其平行相对，恒温条件下在有转子搅拌的镀液中进行电沉积。

该复合基体电极的制备工艺流程如图1-6所示。

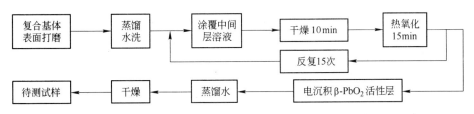

图 1-6　Ti/Al/Ti/SnO$_2$+Sb$_2$O$_4$/β-PbO$_2$电极的制备工艺流程图

该过程的工艺参数（包含中间层涂覆次数、电沉积电流、电沉积时间与最初复合基体制备的主要影响因素）需要通过初探和整合两个阶段来调整。第一阶段需要对电沉积过程的影响因素进行优化，其工艺参数见表1-6；第二阶段需要结合之前大量的实验结果进行，主要考察复合基体制备的主要影响因素对最终研究电极 Ti/Al/Ti/SnO$_2$+Sb$_2$O$_4$/β- PbO$_2$性能的影响。

表 1-6　影响电沉积 β-PbO$_2$活性层的因素水平

因素水平	A	B	C
	电沉积电流密度 /A·dm^{-2}	中间层涂覆次数	复合板电镀时间 /h
1	2.7	8	1
2	3.0	10	1.5
3	3.3	12	2
4	3.7	15	2.5

1.3　测试技术与研究方法

1.3.1　复合基体界面层的显微组织与沉积层物相的测试

本书中需要对 Ti/Al 复合基体的结合界面层进行微观组织观察与元素分析；对电极表面电沉积 β-PbO$_2$活性层的形貌结构进行测试。对于基体试样测试：将样品进行切片、打磨、抛光处理后，采用 Philips XL-30 ESEM 扫描电子显微镜对其进行研究（SEM），同时在界面处进行能谱分析（EDS）和线性扫描，对界面层元素含量的变化进行分析，其工作电压为 10~30kV；分辨率为 3.5nm。对于电沉积层的表面形貌与厚度，采用 TM3000 型扫描电镜观察沉积层的表面形貌、孔隙率与厚度，放大倍数可达 10 万倍。

采用 FEI QuantaTM FEG 高分辨、多用途扫描电镜 FIB 聚焦场发射离子束进行 Ti/Al 复合界面的试样的制备，过程如图 1-7 所示，在垂直界面处做定点标记；在标记位置两侧用离子束轰击出粗坑；挖出试样横截面，进行离子减薄至 0.05μm 以下，制备高分辨透射电镜测试所需试样。使用高分辨透射电镜（HR-TEM）对 Ti/Al 复合基体的结合界面层进行观察，并进行物相的判定。

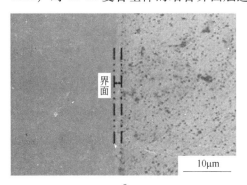
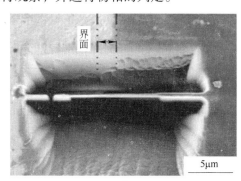

图 1-7   Ti/Al 复合基体材料的 HRTEM 制样过程

a—结合界面形貌；b—界面挖坑制样

为了验证涂覆中间层的物相稳定性和检测 β- PbO$_2$ 电沉积层的物相结构，本研究中利用 D8 AdvanceX 射线衍射仪（XRD）在 2θ（10°~100°）内，分别对 Ti 基体与 Ti/Al 复合基体涂覆中间层后的表面进行对比检测；对钛基体与不同复合基体电沉积活性层后的表面物相进行检测。

1.3.2   复合基体的界面电阻率与表面电势分布

1.3.2.1   复合基体的界面电阻率测量

使用四探针法测定 Ti/Al 复合基体界面层的电阻率，原理如图 1-8 所示，在 A、D 间通过恒定电流 I，则 B、C 间会产生电位差 $\Delta\varphi = U_c - U_b$，根据公式 $\rho = C\Delta\varphi/I$ 计算电阻率，其中，探针系数 C 取 10mm，电流 I 为 1A。

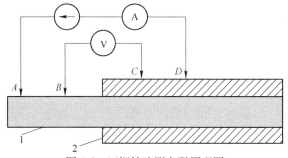

图 1-8   四探针法测电阻原理图

1—铝；2—钛

1.3.2.2 复合基体的表面电势分布测试

根据"三电极两回路"原理，以尺寸为 25mm×100mm×3mm 的 Ti/Al 基体电极为阳极，同尺寸铝板为阴极，甘汞电极为参比电极，饱和 KCl 溶液为电解液，测量点间距 10mm，采用循环五次测试的方法，取平均值，以此来分析该阳极的电势分布情况，原理如图 1-9 所示。

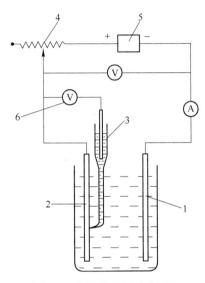

图 1-9　电势分布测试装置图

1—铝辅助阴极；2—测试阳极；3—甘汞电极及配套盐桥；4—滑动变阻器；
5—恒压直流源；6—微伏电位计

1.3.3 复合基体力学性能测试

1.3.3.1 基体抗弯性能

在电极实际使用中，基体的抗弯强度是电解过程的重要因素，对于本研究的 Ti/Al 层状复合基体而言，不但要求其强度能够因为 Ti 层而获得提高，还应使 Ti 层与高导电 Al 芯具有良好的力学协同性能。因此，本研究需要对 Ti/Al 复合材料进行抗弯力学性能测试。测试样品采用机械线切割处理，规格如图 1-10 所示。

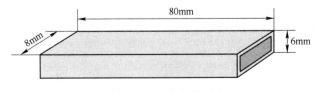

图 1-10　三点弯曲试样尺寸图

1.3.3.2　PbO₂活性层显微硬度

采用 HXD-1000TM/LCD 型显微硬度仪测量不同电极基体上电沉积层的显微硬度。载荷为 10kg，保压时间 5s，每个试样测量 5 点，取平均值。

1.3.4　电极活性层分形维数计算

在电解过程中影响电极材料电催化性能的主要因素有电子因素和几何因素，电子因素主要与电极构成的物理化学特征相关，几何因素主要是电极的表面形貌[1]。一般认为在析氧电位与析氢电位之间的阳极伏安电荷 q^* 与电极电化学活性表面积成正比，因此电化学活性表面积可用来反映电极的结构和电化学催化活性能[2]。但电沉积活性层的表面是由大小不定且不规则的晶粒构成的，晶粒间还具有棱角、间隙、裂纹和空洞等，这给表面积的测量带来难度。本文采用分形维数中的盒计数法来定量表征电极活性表面的复杂程度，以此反映 Ti/Al/Ti/SnO₂+Sb₂O₄/β- PbO₂阳极表面积的大小，探讨电极表面的几何因素对电极电化学催化性能的影响。分形维数数值一般在 2~3 之间，数值越大，表示个体表面的复杂程度越高，个体表面具有更多的凹凸和缺陷等。该理论是 20 世纪 70 年代由哈佛大学数学系教授 Benoit B. Mandelbrot 提出和发展起来的一门新兴数学分支，其研究的是自然界和非线性系统中出现的不光滑和不规则的几何形体，可以将以前不能定量描述或难以定量描述的复杂对象用一种较为便捷的定量方法表述出来[3]。该测试过程的流程图如图 1-11 所示，测试步骤如下：

首先，采用扫描电子显微镜（SEM）获取不同研究电极表面层的微观形貌图，输入电脑；其次，将记录有材料显微组织的物理信息的 SEM 图经过软件转化成二进制（0 和 1）的一系列数字图像，这样就可以对材料显微组织的物理信息进行计盒维数分析。程序处理后以二维矩阵形式保持，其中每一个矩阵点表示一个像素点，不同的点值代表不同的亮度或者灰度级；最后，把采集处理后的二维化数值输入到 MATLAB 软件中，得到复合电极的分形线。以结构函数法结合 M 文件编程，模拟得到结构函数的双对数曲线。利用最小二乘法对结构函数的双对数曲线作一元线性回归分析，所得直线斜率的绝对值即为复合基体电极表面的分形维数 D_f，r 为相关系数，取值范围为 -1~1 之间，r 值越大，线性回归越显著。

图 1-11　分形维数测定流程图

1.3.5 电极电化学性能测试

本文是借助 CHI600A 电化学工作站的三电极体系（即工作电极、参比电极和辅助电极）对阳极材料进行的电化学测试：

（1）Ti/Al 复合材料的极化性能测试（析氯性能），是考察 Ti/Al 复合材料作为电极化学性能的一种手段，是对 Ti/Al 复合材料涂敷典型 RuTi 配方[4,5]涂层后进行的。以 Ti/Al 复合材料作为工作电极（待测面积 $1.0cm^2$），Pt 片作为辅助电极，饱和甘汞电极作为参比电极。在（30±2）℃，饱和 KCl 溶液中进行线性伏安扫描（LSV）。电位扫描范围为 0.2V，扫描速率 2mV/s。

（2）复合基体涂层 PbO_2 阳极的电化学性能测试（析氧性能），是考察 Ti/Al 复合材料作为电极基体时阳极电化学性能的改善状况。具体操作是以 Ti/Al/Ti/SnO_2+Sb_2O_4/β-PbO_2 阳极作为工作电极（待测面积 $1.0cm^2$），Pt 片作为辅助电极，饱和甘汞电极作为参比电极。在（30±2）℃，1mol/L H_2SO_4 溶液中进行线性伏安（LSV）、循环伏安与 Tafel 曲线测试。电位扫描范围为 0.2V，扫描速率 10mV/s。

（3）本研究中阳极 Ti/Al/Ti/SnO_2+Sb_2O_4/β-PbO_2 的交流阻抗测试主要是对电极基体、电极镀层表面与溶液间、溶液三者之间的电荷转移电阻和双电层电容进行模拟等效。测试不同基体制备温度下电极的阻抗谱，利用合适的等效电路进行拟合，研究不同制备温度对复合基体电阻的影响，及镀层表面活性物质 PbO_2 的晶粒尺寸，表面形貌对电荷在固/液界面间传输能力的影响。测试的电极体系与之前相同，电解液为 Zn^{2+} 0.8mol/L，H_2SO_4 1.5 mol/L 的溶液。实验测量电位为 1.4V，频率扫描范围为 0.1Hz～100kHz。施加 5mV 的正弦电位扰动信号，采用非线性最小二乘法（NLLS）和 Zsimpwin 软件拟合，由工作站同步采集数据。

1.3.6 电极寿命测试

电极的加速寿命测试是在 60℃、1.0mol/L H_2SO_4 溶液中进行的。实验以 Ti/Al/Ti/SnO_2+Sb_2O_4/β-PbO_2 为阳极，铜板为阴极，测定阳极在电流密度恒为 $4.0A/cm^2$ 时电压随时间的变化，以电压上升到 10.0V 为评价阳极失效的判据，此时的电解时间即为该电极的加速寿命。

1.3.7 阳极中试

将性能较好的试样按照制备工艺制作成 6mm×150mm×170mm 大小的复合阳极，同时制备相同尺寸的传统铅阳极，在云南省蒙自矿业有限责任公司铟锌冶炼厂电解锌车间进行对比实验。根据在相同条件下测试的槽电压、上板量（阴极锌片质量），计算电流效率和单耗。

1.3.7.1　中试过程中的槽电压、阴极产品产量测量

中试实验开始，待所有对比电极正常工作后，每隔 2h 记录一次槽电压、温度以及测量酸锌比。每隔 24h，将阴极铝板上所沉积的锌片剥下称重。根据各阳极对应阴极的析锌量和槽电压，计算各个单槽的电流效率 η 与能耗 W。

1.3.7.2　阳极腐蚀速率测试

阳极腐蚀速率的测试主要有失重法和铅平衡法。但铅平衡法在工业中不适用，一方面在生产过程中为保证生产的正常运行，不能通过加大电流密度来测量腐蚀速率，使测试时间无限延长；另一方面电解废液需进入循环系统再次利用，增加了电解中 Pb 含量的不稳定性，将导致测量不准确。因此此次模拟生产中采用失重法测试电解过程的阳极腐蚀速率。具体操作为：电解前先对阳极称重，电解一定时间后取出阳极，用糖碱溶液（20g 葡萄糖与 100g NaOH 溶于 1000 mL 蒸馏水）清洗表面的阳极泥，加热至沸腾半小时，用蒸馏水清洗干净，烘干后再次称重。通过测量电解前后阳极的质量之差来计算腐蚀速率[6,7]，计算公式见下式：

$$v_k = \frac{m_1 - m_2}{ST} \tag{1-1}$$

式中　v_k——腐蚀速率，$g/(m^2 \cdot h)$；

　　　m_1——阳极原始质量，g；

　　　m_2——阳极电解后的质量，g；

　　　S——阳极工作面积，m^2；

　　　T——电解时间，s。

1.4　Ti/Al 层状复合材料的性能

1.4.1　Ti/Al 扩散界面层的显微组织及性能研究

为了研究基体材料界面层结构与电极性能的关系，本章根据复合基体制备工艺，分析了实验温度范围内（480~600℃）Ti/Al 界面扩散层的物相形成过程，对于能够在常温条件下稳定存在的 4 种 Ti-Al 金属间化合物：$TiAl_3$、Ti_3Al、$TiAl$ 和 $TiAl_2$，结合 Kattner[8] 等人计算得到的 Ti-Al 二元系统反应的 Gibbs 自由能与温度的关系曲线，如图 1-12 所示，在温度为 500~600℃ 之间，$TiAl_3$、Ti_2Al_5、$TiAl_2$ 的自由能是相对比较低的，通过图 1-13 的 Ti-Al 二元相图[9] 可以得到，Ti_2Al_5 相与 $TiAl_2$ 相是金属间化合物 TiAl 的中间产物，经过固态相变才能生成。因此，计算推测本实验中异相材料的固-固扩散反应条件下 Ti-Al 界面扩散层的初生相应为金属间化合物 $TiAl_3$。

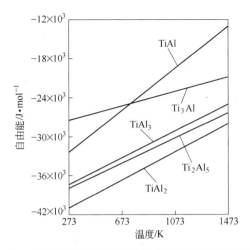

图 1-12　Ti-Al 金属间化合物的自由能与温度的关系曲线

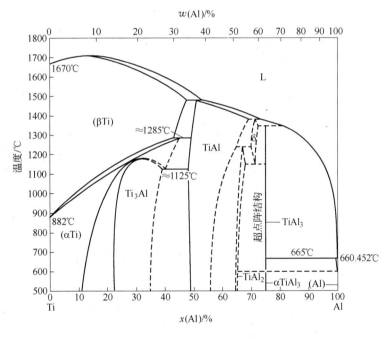

图 1-13　Ti-Al 二元相图

1.4.1.1　不同扩散温度下复合界面的 SEM、EDS 研究

首先为了研究不同扩散温度对 Ti/Al 复合基体材料界面扩散层的组织形貌、物相与性能的影响，本组对比实验选取表 1-4 中同一扩散时间（120min），不同扩散温度条件下的试样进行分析研究。

图 1-14 中当扩散温度为 480℃（1 号）与 500℃（2 号）时，试样的复合界面

处没有明显的扩散层生成。当温度达到 520℃时，5 号试样的 Ti、Al 界面处发生了明显的扩散现象，形成具有一定宽度的扩散层。并且随着扩散温度的升高，扩散层逐渐增厚，从 520℃（5 号）的 550nm 增至 560℃（13 号）的 1μm 左右，增幅也随温度的上升而增大。其中 5 号、9 号、13 号 试样扩散界面层的 EDS 测试结果表明，在扩散温度为 520℃（5 号）时，Ti、Al 原子比接近 1∶3，可能形成金属间化合物 TiAl$_3$。随着温度的升高，扩散层的金属间化合物的物相会发生改变，当扩散温度达到 560℃（13 号）时，其原子比接近 1∶1，可能形成化合物 TiAl。

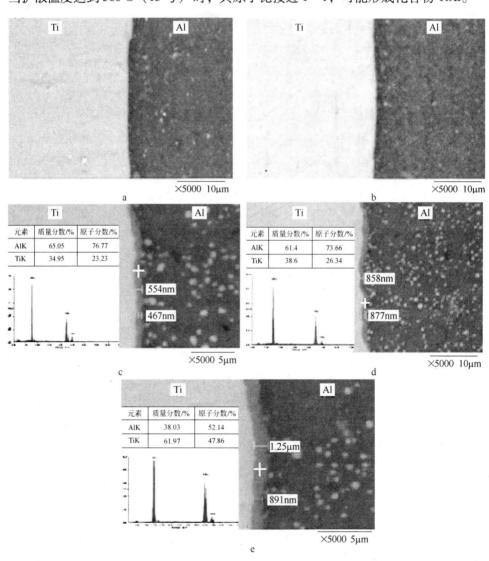

图 1-14 120min，不同扩散温度下 Ti/Al 复合界面的形貌与元素含量

a—表 1-4 中 1 号试样；b—表 1-4 中 2 号试样；c—表 1-4 中 5 号试样；

d—表 1-4 中 9 号试样；e—表 1-4 中 13 号试样

分析 Ti/Al 二元相图可知, 在 500~600℃, Al 在 Ti 中的溶解度大于 10%, 而 Ti 在 Al 中的溶解度相当小, 几乎为 0。因此, 分析界面扩散在开始时以 Al 原子扩散为主要的扩散过程。根据 Ti/Al 金属间化合物的热力学计算结果可知, $TiAl_3$ 的自由能及形成热是最低的, 当 Al 的含量达到 $TiAl_3$ 相的成分 (75% Al, 原子分数) 时, 成分及能量均满足点形核, 就首先在扩散界面层形成 $TiAl_3$ 相[10]。根据扩散系数公式 $D = D_0 e^{-\Omega/RT}$, 温度升高, 元素的扩散系数呈指数增大, 原子扩散速度急剧加快。在扩散界面层的形成过程中, 由于 Al 的原子激活能 (327kJ/mol) 小于 Ti 的 (468kJ/mol), 所以 Al 原子的扩散活性大于 Ti 原子, 扩散速度较快。通过计算, 同一温度条件下, Ti、Al 元素间的互扩散系数相差两个数量级, 且 Al 原子在 $TiAl_3$ 相中的扩散速度大于 Ti 原子在 $TiAl_3$ 相中的, 所以在 Al 侧会形成一定的空位, 随着扩散温度的升高, Ti 原子扩散加剧, 越过晶界填充到空位中, 扩散层的 $TiAl_3$ 逐渐向 TiAl 转化, 这与结合层中 Ti、Al 原子的含量变化是一致的。因此, 在 Ti/Al 扩散界面处, 两者的原子是通过表面扩散、晶界扩散和体扩散等一系列反应过程, 形成具有复合材料特征的界面层的, 实现了 Ti、Al 之间的冶金式结合。从本组试验可以推测, 扩散温度在 520~560℃时, 随着扩散温度的上升, 扩散界面层 Ti、Al 原子的扩散路径分别为: Ti: Ti→$TiAl_3$→TiAl; Al: Al→$TiAl_3$→TiAl。

1.4.1.2 扩散温度对界面电阻率的影响

同一扩散时间 (120min)、不同扩散温度条件下试样的界面电阻率测量结果见表 1-7 (与图 1-14 中样品的扩散界面形貌 SEM 图对应)。由此可筛选出该组实验中导电性能最佳的 Ti/Al 复合基体试样, 推测导电性能理想的扩散层物相。

表 1-7 不同扩散温度下 Ti/Al 复合界面层的宽度及电阻率测量

样品编号	界面电阻率/$\mu\Omega \cdot m^{-1}$	界面宽度/μm	可能物相
0 号	0.467	—	—
1 号	0.268	—	—
2 号	0.120	—	—
5 号	0.040	0.510	$TiAl_3$
9 号	0.036	0.759	$TiAl_3$
13 号	0.047	1.071	TiAl

注: 0 号为纯 Ti 的电阻率。

从表 1-7 中可以明显看出 5 号试样的界面电阻率最低, 并且 Ti/Al 复合试样的界面电阻率均低于纯 Ti 的, 由于 1 号试样的扩散温度较低, Ti、Al 材料的界面处没有形成结合良好的扩散层, 故而界面电阻率高于后面的样品, 但低于纯 Ti 的。在形成良好结合界面的情况下, 电阻率显著降低, 甚至仅为纯 Ti 电阻率的 1/10 左右。这就为电子从电极基体的内芯铝 (电阻仅为纯钛的 1/17) 经过扩散界面层进入钛板 (高强度）提供了内阻较小的导电通道，为以 Ti/Al 层状复合材料替代纯 Ti 或纯 Pb 作为电极基体，以使极板导电性能更好、质量减小、成本降低提供了可能性。

1.4.1.3　扩散温度对极化性能的影响

由于该 Ti/Al 复合基体是作为电极材料使用的，因此还需进一步研究扩散温度对电极极化性能的影响。仍采用前一组试样（1 号、2 号、5 号、9 号、13 号）与纯 Ti 电极（对比电极）进行电化学性能（析氯性能）测试，结果如图 1-15 所示。

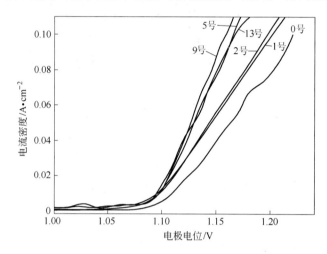

图 1-15　0 号、1 号、2 号、5 号、9 号、13 号电极试样在饱和
KCl 溶液中的线性扫描伏安曲线

从图 1-15 中可以看出，Ti/Al 复合电极材料与纯 Ti 电极材料具有相似的极化曲线。在电位小于 1.08V 时，电流基本没有变化，但当电位大于 1.08V 时，随着电位的升高，复合电极电流密度增加速度明显快于纯 Ti 电极，在同等电极电位下，Ti/Al 电极的工作电流密度均大于纯 Ti 电极；而在相同电流密度下，Ti/Al 电极的极化电位较纯 Ti 电极均有一定量的负移。例如，电极电位为 1.15V 时，9 号电极的电流密度较纯 Ti（0 号）电极增加了约 1.3 倍。根据电极反应过程的动力学可知[11]，电极表面电流密度越大，电极反应的过电位越低，电化学反应越容易进行。电流密度为 0.08A/cm² 时，9 号电极电位较 0 号负移约 60mV。而当电极电位下降 100~200mV 时，电极的电催化活性可提高 10 倍[12]，说明复合电极试样较纯 Ti 电极的电化学性能优异。其中，9 号电极试样表现出最优的电化学性能，分析其原因是和基体的导电性能有关。由于 Ti/Al 复合材料的界面电阻率均远远小于纯 Ti 的，并且复合基体的高导电内芯铝使得 Ti/Al 复合材料的导电性能要明显好于纯 Ti 的，因此 Ti/Al 复合电极的电化学活性会受到其电阻较低的影响而增大。由此认为，Ti/Al 复合材料制备过程中，在 120min 扩散时间，540℃扩散温度条件下

获得的 9 号 Ti/Al 复合电极基体试样的电阻最低。这与之前 Ti/Al 复合材料界面电阻率的测试结果一致。在整个电化学反应过程中，影响电极反应速率的主要因素是电子在整个电解系统中的交换传递速率（包括在基体上的传输速率、活性层/电解液界面的交换率与电解液中的传递速率）。由于离子在液态电解液中的传递速率远高于电子在基体上的传输速率，因此固/液界面的电离子交换率受限于电子在基体上的传输速率。当基体的导电性增大时，电极内部的电子传输速率就越高，电极表面电荷的交换速率就越大，电极的反应速率提高。

1.4.2 不同保温时间下复合界面的 SEM、EDS 研究

为了进一步研究扩散时间对 Ti/Al 层状复合材料界面扩散层的物相与电极性能的影响，得到 Ti/Al 复合材料制备的最优工艺，选取有明显扩散界面层的温度条件（520℃、540℃、560℃），改变扩散时间（60~150min），工艺参数方案设计见表 1-4，据此研究最佳的 Ti/Al 层状复合电极基体材料。

从图 1-16 中各 Ti/Al 复合试样扩散界面的 SEM 测试结果可以看出，对于扩散温度相同，时间不同的试样（3 号、4 号、5 号、6 号，7 号、8 号、9 号、10 号，11 号、12 号、13 号、14 号），扩散层宽度随扩散时间的延长而增大；对于扩散温度不同，时间相同的试样（3 号、7 号、11 号，4 号、8 号、12 号，5 号、9 号、13 号，6 号、10 号、14 号），扩散层的宽度也是随着扩散温度的增加而增大。由扩散层宽度测量均值可知，扩散温度对扩散层宽度的影响较保温时间高一个数量级，因此，扩散温度对扩散层宽度的影响较大。

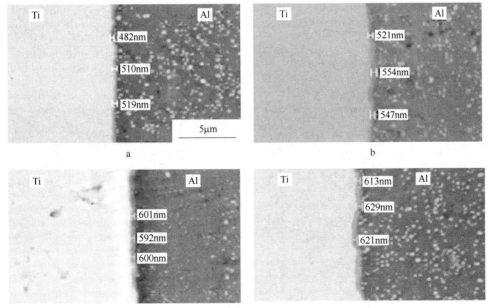

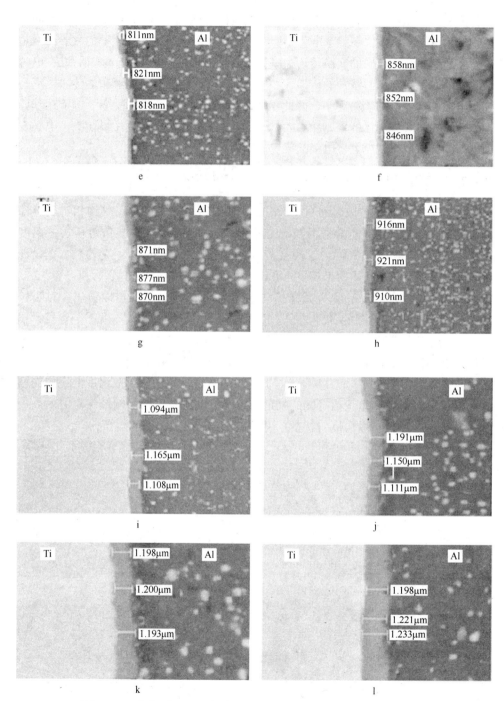

图 1-16 不同工艺 Ti/Al 复合（表 1-4 中 3 号~14 号）界面 SEM 图

a—3 号；b—4 号；c—5 号；d—6 号；e—7 号；f—8 号；

g—9 号；h—10 号；i—11 号；j—12 号；k—13 号；l—14 号

1.4.2.1　Ti/Al 复合工艺对界面电阻率的影响

3 号~14 号试样的界面扩散层厚度、元素含量与电阻率测试结果见表 1-8。

表 1-8　3 号~14 号试样界面扩散层厚度、元素含量与电阻率测试结果

试样编号	平均厚度 $\bar{\delta}/\mu m$	$x(Ti)/\%$	$x(Al)/\%$	界面电阻率 $R/\mu\Omega \cdot m$
3 号	0.504	18.41	81.42	0.042
4 号	0.541	20.74	79.26	0.041
5 号	0.598	23.23	76.77	0.040
6 号	0.621	23.83	76.17	0.038
7 号	0.818	24.75	75.25	0.036
8 号	0.852	25.09	74.91	0.035
9 号	0.898	26.34	73.66	0.036
10 号	0.916	33.52	66.48	0.049
11 号	1.122	37.69	62.31	0.073
12 号	1.151	42.96	57.04	0.097
13 号	1.197	47.86	52.14	0.120
14 号	1.219	50.05	49.95	0.157

从表 1-8 可以看出，随着扩散工艺条件的改变，Ti/Al 界面扩散层的厚度、元素含量均发生改变，从而引起了界面电阻率的变化。其中，8 号试样的电阻率最低，其 EDS 测试表明 $x(Ti)$ ： $x(Al)$ 为 1∶3，初步判定在 Ti/Al 结合处存在连续稳定扩散层，且界面电阻率最低时，扩散层物相为 TiAl₃。之后随着扩散温度的升高及时间的延长，Ti/Al 扩散层厚度增加，原子比发生改变，界面电阻率随之发生变化。分析原因：在 20℃ 时，Ti 的电阻率为 $0.42\mu\Omega \cdot m$，Al 的为 $2.83\times10^{-2}\mu\Omega \cdot m$，而金属间化合物 TiAl₃ 在 4.2K 温度下的残余电阻率约为 $0.2\mu\Omega \cdot m$，273K 时增加至约 $0.5\mu\Omega \cdot m$[13]，和纯钛相当。从 Ti/Al 复合电极材料的整体等效电路来看，是以 Ti/TiAl₃/Al 的并联形式构成的，其内阻小于或等于 Al 的内阻；从单个电子的流向来看，是以 Ti/TiAl₃/Al 的串联形式构成的，为电子在电极内部的传输提供了最短的路径。我们可以推测：在 Ti/TiAl₃/Al 层状复合基体横向传输电阻相等的情况下，电流的纵向传输方式肯定是沿着电阻最小的方向，所以整个基体的电流传输方式将采取"能量最小原则"，即电流由 Al 基体纵向流入后，再横向流向钛基体，从而由钛表面流出。因此，由于测量过程中电流的传输方式，我们所测得的界面电阻率实际上在很小误差范围内是含有一定比例的 $\rho(Ti)$ 与 $\rho(Al)$ 的，所以测量值介于钛和铝之间。由于测量方法相同，

误差在可接受范围内，所以表 1-8 中的测量值仍然可以反映出各试样的界面电阻率。根据各试样扩散层的原子比分析，除了 8 号，其他试样的界面结合处均可能形成非单一相结构的多元混合相扩散层，并且界面电阻率随着扩散层厚度的增大而增大。因此，为使复合基体电极材料具有较好的导电性能，8 号试样扩散层的相结构及宽度最佳。

1.4.2.2 Ti/Al 复合工艺对极化性能的影响

在研究 Ti/Al 复合材料的制备工艺对电极极化性能的影响时，首先选取界面电阻率最低的 8 号试样的扩散时间（90min），在不同扩散温度下的试样电极（4 号、8 号、12 号）进行电化学测试（0 号为纯 Ti 试样电极）。

图 1-17 中，电极电位为 1.15V 时，8 号电极的电流密度最大，较纯 Ti 基体电极（0 号）增加约 1.5 倍。电流密度为 0.08A/cm² 时，8 号电极电位较纯 Ti 基体电极（0 号）负移约 80mV。该结果比之前 9 号电极与 0 号的电化学性能对比更好，说明 8 号电极的制备工艺对改善电极导电性能、电化学性能的效果最为显著。当表 1-8 中扩散界面层的电阻率增大时，电极基体导电性能有所下降，直接影响到电极的电化学性能，使电极的反应活性与复合基体界面电阻率的变化趋势一致。因此，从以上实验甄选出 Ti/Al 复合基体材料制备的最佳工艺为：扩散温度 540℃，扩散时间 90min。

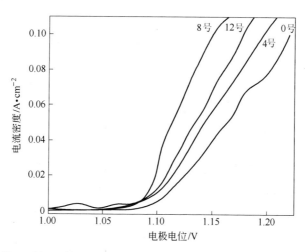

图 1-17 0 号、4 号、8 号、12 号电极试样在饱和 KCl 溶液中的线性扫描伏安曲线

1.4.3 Ti/Al 复合基体电极表面电势分布

在电极的实际应用中，电极表面电势降过大会造成电极电流分布不均，不但导致极板的局部腐蚀加快，还降低了电解过程中的电流密度，影响了电流效率，

造成电解能耗增大。在传统不溶性阳极的研究中认为电极表面为等电势面[14]。Milan Calabek 采用等位线法与计算机模拟，研究了电极表面的电势分布，发现仅在 $0.3m^2$ 的极板上电势分布就相差较大[15]。而工业生产中的电极长度达 1.2m，其电势差值不容忽视，实际使用过程中往往是越靠近导电极耳的位置腐蚀越快[16]。因此均化电极表面的电势分布就成为有效增加电极反应面积，提高电解电流效率，增强电极耐蚀性能的途径之一，也是本研究的设计思想之一。为了最终获得各项性能均优异的复合电极材料，本测试选取之前研究中导电性能、电化学性能与力学性能均较佳的 8 号试样电极作为标准样品，测量其表面电势的分布情况，并以纯 Ti 电极的表面电势分布情况作为参比，分别从两试样表面的同一坐标点处横向取 6 个点（间隔 10mm），测量每点的电势大小，结果如图 1-18 所示。

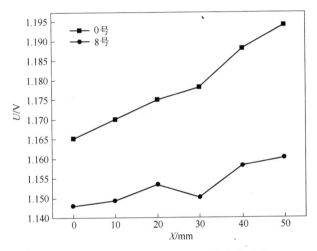

图 1-18　0 号、8 号电极表面电势分布对比

图 1-18 中，8 号试样电极测试点的电势值均低于纯 Ti 电极相应点处的电势，平均降幅在 20mV 左右，充分说明 Ti/Al 复合基体材料的导电性能较纯 Ti 电极有明显的提高。在 50mm 的测量范围内，8 号试样电极的电势差值约 10mV，而纯 Ti 电极的电势差值约 30mV，是 8 号等距离电势差值的 3 倍。所以 8 号试样电极的表面电势分布更加均匀，综合各项性能指标发现，8 号试样为较理想的电极材料。

1.4.4　Ti/Al 复合基体界面扩散层物相

为了核实甄选出的 8 号 Ti/Al 复合电极材料的界面扩散层相结构是否为 $TiAl_3$，进一步对其进行 HRTEM 测试，如图 1-19 所示。

通过晶面夹角计算，$TiAl_3$ 的（112）面与（204）面的夹角为 36.64°。图

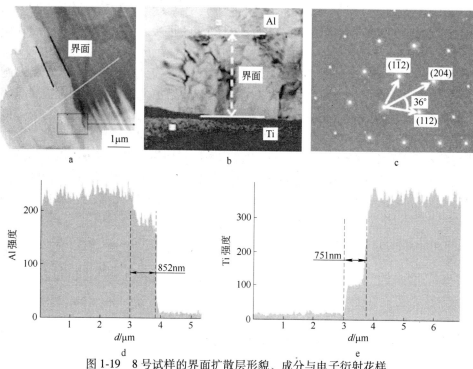

图 1-19   8 号试样的界面扩散层形貌、成分与电子衍射花样

a—界面线扫描；b—界面形貌；c—扩散层电子衍射花样；d—Al 侧线扫描；e—Ti 侧线扫描

1-19c 中,扩散层相的（112）和（204）晶面夹角为 36°,考虑到合理误差,证实 8 号试样扩散层的相是 $TiAl_3$。为了进一步判定该扩散层是否为 $TiAl_3$ 单一物相层,对 8 号试样复合界面处做线扫描能谱分析,如图 1-19d、e 所示。在 Ti/Al 扩散区域,Al 原子和 Ti 原子含量发生了突变,说明在该区有新相生成,而 Al 和 Ti 的谱线均存在唯一的平台,且在平台处 Al 原子和 Ti 原子的含量并未发生变化,表明形成的是单相层。线扫描图中 Al、Ti 元素的扩散距离分别为 852nm 和 751nm 左右,说明 Al 原子的扩散速度要快于 Ti 原子。然而 Ti 原子在 Al 中的固溶度远远小于 Al 原子在 Ti 中的固溶度,从而证明扩散层新相的形成与厚度的增加主要取决于 Ti 原子。在整个扩散过程中,随着 Ti 原子扩散的持续进行,根据扩散层 Ti、Al 元素含量变化及 Ti-Al 的二元相图推测,在扩散开始后,当界面扩散层中 Ti、Al 原子含量达到新相 $TiAl_3$ 形成的成分点时,该金属间化合物首先生成。之后随着扩散持续进行并未有新的 Ti-Al 间金属化合物再生成,只是 Ti、Al 的元素含量发生变化,扩散层宽度与界面电阻率不断增大。在 $TiAl_3$ 单相层形成之前,界面层中除了新相 $TiAl_3$ 之外,还有以固溶体形式存在的 Al；在 $TiAl_3$ 单相层形成之后,界面层中除了完全形成的 $TiAl_3$ 之外,还有少量的 Ti。但 $Ti/TiAl_3/Al/Al$ 的界面层电阻率总是高于 $Ti/TiAl_3/Al$ 的,低于 $Ti/Ti/TiAl_3/Al$ 的。因此在界面电阻率的测量中,以界面层形

成 TiAl₃ 单相层的电阻率最低，其界面扩散层的 Al、Ti 元素含量在扩散温度为 540℃，扩散时间为 90min 时正好完全达到 TiAl₃ 相的比值。

1.4.5 Ti/Al 复合材料力学性能测试

电化学性能优异的 Ti/Al 复合电极材料应用在电积有色金属领域时，其抗弯性能及金属层状材料之间的力学协同性能也需要通过一定的考量，才能保证复合基体电极在严酷的工业环境中不会轻易弯曲变形，导致阴阳极短路造成的电极使用寿命下降。选择导电性能最佳的一组试样（7 号、8 号、9 号、10 号）进行抗弯性能测试，结果如图 1-20 所示。

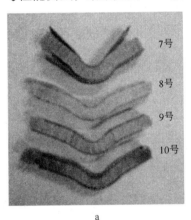
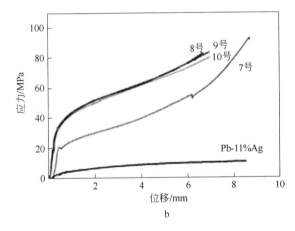

图 1-20　弯曲性能对比测试结果

a—实验破坏后的样品外观；b—抗弯力学性能测试

从抗弯性能测试结果可知，该组 Ti/Al 复合试样的抗弯强度均高于传统的 Pb-1%Ag 合金。复合试样的曲线分为弹性变形与不均匀塑性变形两个阶段，而 Pb-1%Ag 合金只表现出了塑性变形破坏的特点，其抗弯强度为 8.7MPa。而 8 号、9 号、10 号 Ti/Al 复合试样在 70MPa 时依然处于塑形变形阶段，抗弯强度远远大于传统的 Pb-1%Ag 合金电极。其中，7 号试样在形变量 6.5mm 处产生了断裂，Ti、Al 层发生了分离，而 8 号、9 号、10 号试样在形变量达到 6.5mm 时 Ti、Al 层依然复合良好，未发生断裂分离的现象，抗弯强度高于 7 号试样。因此，保温时间的延长可以改善界面的复合状态与材料的力学协同性，提高 Ti/Al 复合电极材料的抗弯曲性能。从本实验的结果来看，只要保温时间达到 90min，样品的力学性能均良好。

1.4.6 Ti、Al 板厚度对复合基体电极电化学性能的影响

1.4.6.1 Al 板厚度对复合基体电极电化学性能的影响

根据表 1-5 中的设计实验，分别对 Ti 板厚度一定，不同 Al 板厚度的复合电

极试样进行极化曲线测试，结果如图 1-21 所示。

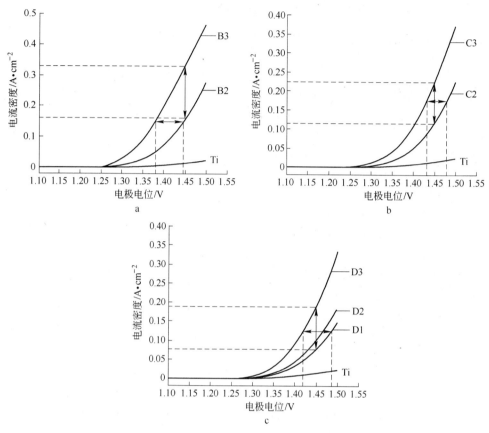

图 1-21 Ti 板厚度不变，不同 Al 板厚度的电极极化曲线

a—Ti 板厚度为 0.5mm；b—Ti 板厚度为 0.8mm；c—Ti 板厚度为 1mm

图 1-21 的实验结果表明：在 Ti 板厚度一定时，随着 Al 板厚度的增加，复合电极的极化电位均产生了负移，其电流密度的增幅也变大。电极电位在 1.25V 以前，所有试样电极的极化曲线趋势一致。图 1-21a 中，当电流密度为 $0.15A/cm^2$ 时，B3 的电极电位较 B2 负移了约 50mV；在电极电位为 1.45V 时，B3 电极的电流密度是 B2 的 2 倍。图 1-21b 中，当电流密度为 $0.175A/cm^2$ 时，C3 较 C2 的电极电位负移了约 55mV；在电极电位为 1.45V 时，C3 的电流密度也约是 C2 的 2 倍。图 1-21c 中，当电流密度为 $0.125A/cm^2$ 时，D3 较 D1 的电极电位负移约 62mV；在电极电位为 1.45V 时，D3 电极的电流密度是 D1 的 2.5 倍。在相同电流密度下，电极电位负移表明电极的催化活性提高，槽电压降低，并且这种影响会随着电流密度的升高更加明显。而在相同电极电位下，电流密度越大说明了电极的导电性能越好。因此，当钛板厚度一定时，随着铝板厚度的增加，Ti/Al 复合电极的催化活性提高，导电性能变好。本实验设计中 Al 板的最佳厚度为 6mm。

1.4.6.2 Ti 板厚度对复合基体电极电化学性能的影响

以上述实验中 Al 板的最佳厚度（6mm）为定值，对不同 Ti 板厚度的复合电极试样进行极化曲线测试，结果如图 1-22 所示。

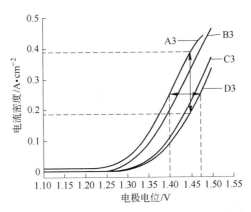

图 1-22 Al 板厚度为 6mm 时，不同 Ti 板厚度的电极极化曲线

由图 1-22 可知，在 Al 板厚度为 6mm 时，随着 Ti 板厚度的减小，复合电极的极化电位产生负移，电流密度增幅变大。相同电流密度下，A3 的电极电位负移量最大；相同电极电位下，也是 A3 的电流密度最大。例如，电流密度为 0.25A/cm² 时，A3 的电极电位较 D3 的负移了约 70mV；电极电位为 1.45V 时，A3 电极的电流密度是 D3 的 2.1 倍。由此表明，在 Al 板厚度一定时，随着 Ti 板厚度的增加，复合电极的催化活性降低，导电性能变差。因此，根据实际工业生产中使用电极的厚度（至少 6mm），本实验设计中 Ti 板的最佳厚度为 0.3mm。

综上所述，Ti、Al 板厚度的变化对 Ti/Al 层状复合电极材料的电化学性能影响十分显著。分析其根本原因是：复合电极材料的电阻变化会影响其电化学性能。在热压扩散焊接工艺相同的情况下，层状复合电极材料内芯 Al 板的厚度增加，电极外侧 Ti 板的厚度减小，从电极电流的传输方式来看（能量最小原则：电流由 Al 芯纵向流入后，再横向流向钛层，从而由钛表面流出），会使整个复合电极材料的电阻降低，所以电极的电化学性能会变好。本试验中，复合电极材料的 Ti、Al 板最佳厚度设计是：Ti 为 0.3mm，Al 为 6mm。

1.5 Ti/Al 复合界面扩散层生长动力学研究

扩散和对流是物质迁移的两种主要进行方式。在气体或者液体中，物质一般可以通过扩散和对流进行物质迁移，但在固体物质中，基本上不存在对流的迁移方式，因此扩散就成为其唯一的物质迁移方式。扩散是由大量原子的无规则热运动（包括热振动和跳跃迁移）而引起的物质的宏观迁移[17]。扩散在材料的相变和相平衡的过程中具有非常重要的作用，固体中的各个组元成分的迁移快慢对大部分相变起着至关重要的影响。对于 Ti/Al 复合电极材料而言，基体界面扩散层的厚度变化与相变过程都会影响其导电性能。如此一来，后续复合基体上电沉积 β-PbO$_2$ 活性层的过程也会受到一定的影响，并且基体导电性能的改变与电极表面 β-PbO$_2$ 活性层性能的变化会累积造成电极最终在生产应用中的导电性能与反应速率均下降。Ti/Al 界面扩散层的厚度也会影响到金属间的结合方式与复合材料界面电阻率及电极电化学性能。如果扩散层过薄甚至不够连续，那么复合材料之间大部分是物理性接触，没有形成具有冶金式结合的界面扩散层，容易造成复合电极基体材料的分离变形与电阻上升；而如果扩散层太厚，又会使得 Ti、Al 间的界面电阻上升，引起复合基体材料整体电阻的增大。因此，控制扩散溶解层的厚度对 Ti/Al 层状复合基体电极的性能至关重要。要控制界面扩散溶解层的厚度，则必须要清楚了解界面扩散溶解层的生长动力学规律。

1.5.1   Ti、Al 扩散系数对元素扩散的影响

由于 Ti/Al 复合界面扩散层中各点的元素浓度是随时间改变的，所以本节研究以菲克（Fick）第二定律为基础（即非稳态扩散），研究 Ti、Al 原子的扩散分布、扩散层的形成及生长、界面反应区的物相变化。将 Ti、Al 元素扩散系数 D 的确定作为研究重点。求解实验温度（480℃、500℃、520℃、540℃、560℃）下，Ti、Al 元素的扩散系数 D 及扩散激活能 Q，并根据扩散反应区各元素浓度分布值，系统地研究反应界面附近原子的扩散行为和反应区的生长规律。

1.5.1.1   实验条件下 Ti、Al 扩散系数与温度的关系

Ti、Al 元素的扩散驱动力主要取决于其扩散系数 D，复合结构浓度梯度分布和各组元的晶体结构、缺陷、接触状态等界面条件。扩散系数 D 是物质单位时间内通过一定单位平面的数量，其反映地不仅仅是某一种单一组元的特性，而是扩散系统的特性，是随扩散进程推进而不断变化的动态变量数值。扩散系数 D 与扩散温度 T、扩散激活能 Q 之间的关系可以用 Arrhenius[18] 方程表示，见下式：

$$D = D_0 \exp[-Q/(RT)] \tag{1-2}$$

式中 D——扩散系数，m^2/s；

$\quad\quad D_0$——扩散常数或频率因子，m^2/s；

$\quad\quad Q$——扩散激活能，J/mol；

$\quad\quad R$——玻耳兹曼常数，8.314J/(mol·K)；

$\quad\quad T$——焊接扩散温度，K。

根据 Arrhenius 方程，元素的扩散系数 D 取决于扩散激活能 Q 和扩散温度 T。表 1-9 为 Ti、Al 元素对应的扩散因子 D_0 和扩散激活能 Q 热力学数据。

表 1-9　Ti、Al 元素对应的扩散因子 D_0 和扩散激活能 Q[19]

元　素	扩散因子 $D_0/m^2 \cdot s^{-1}$	扩散激活能 $Q/J \cdot mol^{-1}$
Ti	$6.6×10^{-4}$	$169.1×10^3$
Al	$2.25×10^{-4}$	$144.4×10^3$
Ti 在 Al 基体中	$1.16×10^{-4}$	$152.7×10^3$
Al 在 Ti 基体中	$115.1×10^{-4}$	$156.4×10^3$

　　根据相关热力学参数，结合式（1-2）计算出 Ti、Al 元素的自扩散系数随温度变化的情况，如图 1-23 所示；计算出 Ti 在 Al 基体和 Al 在 Ti 基体中的自扩散系数随温度变化的情况，如图 1-24 所示。

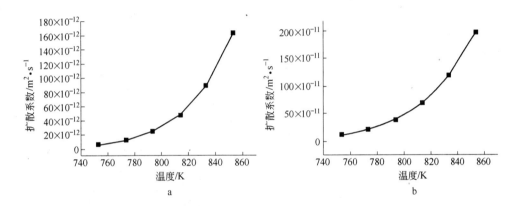

图 1-23　Ti、Al 元素的自扩散系数 D 与温度 T 的关系

a—Ti；b—Al

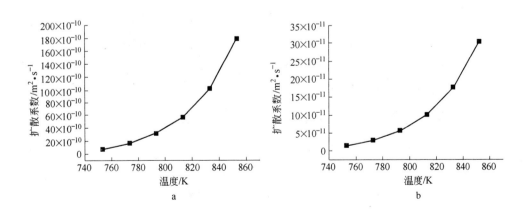

图 1-24　Ti 在 Al 基体（a）、Al 在 Ti 基体（b）中的扩散系数 D 与温度 T 的关系

　　由图 1-23 可以看出，随着加热温度的升高，Ti、Al 元素的自扩散系数都以

指数形式增大，即加热温度越高，越有利于 Ti、Al 元素扩散的进行，且扩散越充分。对比图 1-23a、b 两条曲线可知，在相同焊接温度下，Al 元素的自扩散系数（10^{-11}数量级）要大于 Ti 元素的自扩散系数（10^{-12}数量级），两者相差一个数量级，即 Al 原子的扩散速率要远远大于 Ti 原子的扩散速率。

由图 1-24 可知，Ti 元素在 Al 基体中以及 Al 元素在 Ti 基体中的扩散系数都随着焊接温度的升高而逐渐增大，特别是当焊接温度大于 780K 时，Ti、Al 元素的扩散系数急剧增大。在相同的温度条件下，扩散系数相差两个数量级，说明温度对 Al 在 Ti 基体中扩散系数的影响较对 Ti 在 Al 基体中的扩散系数的影响大。在各个实验温度条件下，扩散界面处 Al 元素的扩散能力均强于 Ti 元素，并且随着复合温度的提高，该作用的累积效果越明显，两者扩散系数的增大速率变化也更为明显，可以推测实验中 Ti/Al 复合界面扩散层的形成是以 Al 元素的扩散为主导的。

1.5.1.2　Ti/Al 反应区元素扩散的计算

菲克定律是描述物质内部扩散现象的宏观基本定律。它包括两个内容：（1）菲克第一定律：只适应于扩散通量 J 不随时间变化的稳态扩散场合；（2）菲克第二定律：适用于各点浓度随时间而改变的非稳态扩散场合。

第一定律适用于扩散过程中，各处扩散组元的浓度 C 只随扩散距离 x 变化，而不随扩散时间 t 变化的稳态扩散。而本研究 Ti/Al 异种金属扩散复合过程中，扩散界面附近 Ti、Al 元素相互发生扩散，当扩散距离和时间发生变化时，Ti、Al 元素的浓度梯度随之发生改变，这正遵循菲克第二定律。本研究所选用的 Ti 板厚度为 0.3mm，Al 板厚度为 6mm，Ti/Al 扩散层厚度一般为 300nm～1μm，它们之间相差 5 个数量级，Ti、Al 板的厚度相对于扩散过程中 Ti、Al 原子的扩散层厚度而言是趋于无限大的，为 Ti、Al 之间的扩散提供了大量充足的原子，因此可将本实验认为是无限长物体的扩散，利用非稳态扩散的菲克第二定律对 Ti/Al 扩散层附近 Ti、Al 原子的扩散进行求解。

菲克第二定律的表达式为：

$$\frac{\partial C}{\partial t} = D \frac{\partial^2 C}{\partial x^2} \tag{1-3}$$

初始条件为：

$$t = 0 \text{ 时，} C(x,\ 0) = \begin{cases} C_1 & (x > 0) \\ C_2 & (x < 0) \end{cases} \tag{1-4}$$

边界条件为：

$$t \geqslant 0 \text{ 时，} C(x,\ t) = \begin{cases} C_0 & (x = \infty) \\ 0 & (x = -\infty) \end{cases} \tag{1-5}$$

解扩散方程的目的在于求出任何 t 时刻的元素浓度分布 $C(x,t)$，因此对式（1-3）采用玻耳兹曼变换，得：

$$C(x,t) = \frac{C_0}{\sqrt{4\pi Dt}} \int_{x_1}^{x_2} \exp\left[-\frac{(\delta-x)^2}{4Dt}\right] d\delta \tag{1-6}$$

令 $\beta = \dfrac{x-\delta}{\sqrt{4Dt}}$，$d\beta = \dfrac{-d\delta}{\sqrt{4Dt}}$，且当 $\delta = 0$ 时，$\beta = \dfrac{x}{\sqrt{4Dt}}$；$\delta = \infty$ 时，$\beta = -\infty$，则式（1-6）可以改写成：

$$C(x,t) = -\frac{C_0}{\sqrt{\pi}} \int_{\frac{x-x_2}{\sqrt{4Dt}}}^{\frac{x_1-x_2}{\sqrt{4Dt}}} \exp(-\beta^2) d\beta \tag{1-7}$$

引入高斯误差函数，用 $\mathrm{erf}(\beta)$ 表示，定义为：

$$\mathrm{erf}(\beta) = \frac{2}{\sqrt{\pi}} \int_0^\beta \exp(-\beta^2) d\beta \tag{1-8}$$

则式（1-6）可表示为：

$$
\begin{aligned}
C(x,t) &= \frac{C_0}{2}\left[\frac{2}{\sqrt{\pi}} \int_0^{\frac{x-x_1}{\sqrt{4Dt}}} \exp(-\beta^2) d\beta - \frac{2}{\sqrt{\pi}} \int_0^{\frac{x-x_2}{\sqrt{4Dt}}} \exp(-\beta^2) d\beta\right] \\
&= \frac{C_0}{2}\left[\mathrm{erf}\left(\frac{x-x_1}{\sqrt{4Dt}}\right) - \mathrm{erf}\left(\frac{x-x_2}{\sqrt{4Dt}}\right)\right]
\end{aligned}
\tag{1-9}
$$

根据误差函数 $\mathrm{erf}(\beta)$ 性质：$\mathrm{erf}(\beta) = \begin{cases} 0, & \beta = 0 \\ 1, & \beta = \infty \end{cases}$，且 $\mathrm{erf}(-\beta) = -\mathrm{erf}(\beta)$，从而获得无限长物体的非稳态扩散方程：

$$C(x,t) = \frac{C_0}{2}\left[1 - \mathrm{erf}\left(\frac{x}{\sqrt{4Dt}}\right)\right] \tag{1-10}$$

利用扩散方程对 Ti/Al 扩散界面 Ti、Al 元素的扩散作用进行求解，建立如图 1-25 所示的坐标。

假设 Ti 元素在 Ti/Al 扩散界面附近处的初始浓度为 C_1，Al 元素在 Ti/Al 扩散界面附近处的初始浓度为 C_2；Ti 原子在 Al 基体、Al 原子在 Ti 基体的扩散系数分别为 D_1、D_2。通过前面图 1-24 计算所得的扩散系数，进而分析不同加热温度和保温时间对 Ti/Al 扩散层和 Ti/Al 扩散界面附近元素浓度分布及元素扩散距离的影响。然后

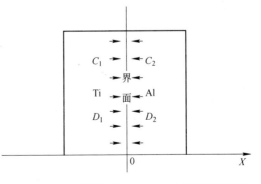

图 1-25　Ti/Al 扩散界面 Ti、Al 元素扩散坐标系

根据表 1-10 所示的高斯误差函数表 erf (β) 即可计算出一定时间内 Ti/Al 扩散层的厚度。

表 1-10 误差函数表 erf (β)

β	0	1	2	3	4	5	6	7	8	9
0.0	0.0000	0.0113	0.0226	0.0338	0.0451	0.0564	0.0676	0.0789	0.0901	0.1013
0.1	0.1125	0.1236	0.1348	0.1439	0.1569	0.1680	0.1790	0.1900	0.2009	0.2118
0.2	0.2227	0.2335	0.2443	0.2550	0.2657	0.2763	0.2869	0.2974	0.3079	0.3183
0.3	0.3286	0.3389	0.3491	0.3593	0.3684	0.3794	0.3893	0.3992	0.4090	0.4187
0.4	0.4284	0.4380	0.4475	0.4569	0.4662	0.4755	0.4847	0.4937	0.5027	0.5117
0.5	0.5204	0.5292	0.5379	0.5465	0.5549	0.5633	0.5716	0.5798	0.5879	0.5979
0.6	0.6039	0.6117	0.6194	0.6270	0.6346	0.6420	0.6494	0.6566	0.6638	0.6708
0.7	0.6778	0.6847	0.6914	0.6981	0.7047	0.7112	0.7175	0.7238	0.7300	0.7361
0.8	0.7421	0.7480	0.7358	0.7595	0.7651	0.7707	0.7761	0.7864	0.7867	0.7918
0.9	0.7969	0.8019	0.8068	0.8116	0.8163	0.8209	0.8254	0.8249	0.8342	0.8385
1.0	0.8427	0.8468	0.8508	0.8548	0.8586	0.8624	0.8661	0.8698	0.8733	0.8168
1.1	0.8802	0.8835	0.8868	0.8900	0.8931	0.8961	0.8991	0.9020	0.9048	0.9076
1.2	0.9103	0.9130	0.9155	0.9181	0.9205	0.9229	0.9252	0.9275	0.9297	0.9319
1.3	0.9340	0.9361	0.9381	0.9400	0.9419	0.9438	0.9456	0.9473	0.9490	0.9507
1.4	0.9523	0.9539	0.9554	0.9569	0.9583	0.9597	0.9611	0.9624	0.9637	0.9649
1.5	0.9661	0.9673	0.9687	0.9695	0.9706	0.9716	0.9726	0.9736	0.9745	0.9755

β	1.55	1.6	1.65	1.7	1.75	1.8	1.9	2.0	2.2	2.7
erf (β)	0.9716	0.9763	0.9804	0.9838	0.9867	0.9891	0.9928	0.9953	0.9981	0.9999

（1）求解 Ti 元素在 Ti/Al 扩散界面附近的初始条件为：

$$C(x,\ t) = \begin{cases} C_1 & (x > 0) \\ 0 & (x < 0) \end{cases} \tag{1-11}$$

则 Ti 元素在 Ti/Al 扩散界面附近的非稳态扩散方程的解为：

$$C(x,\ t) = \frac{C_0}{2}\left[1 - \mathrm{erf}\left(\frac{x}{\sqrt{4Dt}}\right)\right] \tag{1-12}$$

（2）求解 Al 元素在 Ti/Al 扩散界面附近的初始条件为：

$$C(x,\ t) = \begin{cases} C_2 & (x > 0) \\ 0 & (x < 0) \end{cases} \tag{1-13}$$

则 Al 元素在 Ti/Al 扩散界面附近的非稳态扩散方程的解为：

$$C(x,\ t) = \frac{C_0}{2}\left[1 + \mathrm{erf}\left(\frac{x}{\sqrt{4Dt}}\right)\right] \tag{1-14}$$

从式（1-13）、式（1-14）可以看出，Ti、Al元素的扩散浓度分布和扩散系数 D、扩散距离 x、扩散时间 t 是紧密联系的。可以看出，在理想的状态下分别对 Ti/Al 扩散界面 Ti、Al 元素的浓度分布进行数值计算模拟，并对扩散温度 T 和时间 t 对 Ti、Al 元素浓度分布的影响进行分析。图 1-26 与图 1-27 为不同扩散温度 T 与保温时间 t 条件下，扩散界面附近 Ti、Al 原子的扩散影响的浓度-距离曲线。

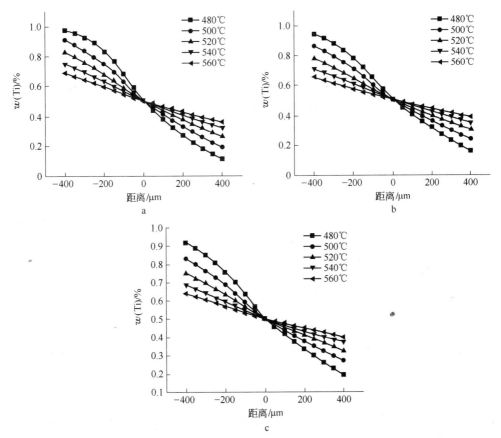

图 1-26　不同扩散温度 T 和保温时间 t 下扩散界面附近 Ti 原子的浓度-距离曲线
a—保温时间为 60min；b—保温时间为 90min；c—保温时间为 120min

由计算可知，升高温度或者延长时间，Ti、Al 元素在界面处的扩散距离都随之逐渐增大。在固定的扩散焊接温度下，Ti、Al 元素的扩散距离都存在着一最大值，当扩散距离达到最大值后，Ti、Al 元素的扩散距离随时间的延长而基本不发生变化。这是因为在一定的温度范围内，经过一段时间的扩散后，元素的扩散已经相当充分，即使再延长保温时间，元素在该温度下可获得的扩散能是一定的，因此元素的扩散距离将基本不变，元素的浓度分布将逐渐趋于稳定。虽然这时原

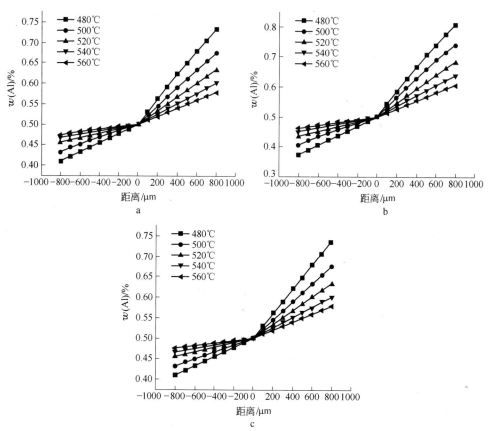

图 1-27 不同扩散温度 T 和保温时间 t 下扩散界面附近 Al 原子的浓度-距离曲线

a—保温时间为 60min；b—保温时间为 90min；c—保温时间为 120min

子依然处于扩散阶段，但此时扩散原子在晶体中每跃迁一次只移动（3~5）× 10^{-10} m，要扩散 1mm 的距离，则必须跃迁亿万次才行，所以该情况可以忽略不计[17]。

从图 1-26 和图 1-27 可以看出，在相同的扩散时间下，随着扩散温度的升高，Ti/Al 扩散界面附近元素的浓度分布趋势趋于缓和。例如，对于扩散层 Ti 元素的浓度分布而言，当保温时间在 90min，扩散温度为 480℃时，复合界面层中间位置距两侧±400nm 的范围内，Ti 元素的浓度从 96%降至 17%，降幅为 79%；扩散温度为 560℃时，Ti 元素的浓度从 66%降至 40%，降幅为 26%，是 480℃时浓度差的 1/3。对于 Al 元素的浓度分布而言，当扩散时间在 90min，扩散温度为 480℃时，复合界面层中间位置距两侧±800nm 的范围内，Al 元素的浓度从 37%上升至 77%，增幅为 40%；扩散温度为 560℃时，Al 元素的浓度从 47%上升至 58%，增幅为 11%，是 480℃时浓度差的 1/4。所以提高扩散温度可以使 Ti、Al 元素在扩散层中的浓度分布更均匀。而同一扩散温度下如 520℃时，随着扩散时间的延长，从 60~120min，对于扩散层 Ti 元素的浓度分布，在同一界面宽度±400nm 的距离中，Ti 元素的浓度差从 59% 降至 43%（520℃时各扩散时间下 Ti 元素的浓度变化区间：83%～24%，79%～31%，75%～32%）；Al 元素的浓度差从 25% 降至 17%（520℃时各扩散时间下 Al 元素的浓度变化区间：67%～42%，64%～44%，63%～46%），浓度分布同样均趋于缓和，元素的分布更均匀。本研究中，在温度的计算区间内，Ti 元素的浓度差值为 53%，Al 元素的浓度差值为 29%；而在时间的计算区间内，Ti 元素的浓度差值为 16%，Al 元素的浓度差值为 8%，且 Al 元素的计算距离还是 Ti 元素的两倍。因此，扩散温度对元素扩散速率的影响大于扩散时间。

1.5.2 Ti/Al 界面扩散层生长动力学模型

基于上述分析，本节将结合 Ti/Al 扩散层的实际厚度测量值来推导界面扩散层的生长动力学模型。表 1-11 为不同扩散工艺条件下，Ti/Al 扩散层厚度的扫描电子显微测量值。根据前面的分析，在 480℃和 500℃扩散温度下，Ti、Al 之间没有形成明显连续的界面扩散层，所以该工艺温度暂时不作考虑。根据扩散层厚度的测量结果，分别画出相同扩散时间不同扩散温度与扩散层厚度的关系曲线，相同扩散温度不同扩散时间与扩散层厚度的关系曲线，如图 1-28 和图 1-29 所示。

表 1-11　不同工艺条件下 Ti/Al 扩散层厚度测量值

扩散温度/℃	扩散时间/min	扩散层厚度/μm			
		δ_1	δ_2	δ_3	$\bar{\delta}$
520	60	0.510	0.519	0.482	0.504
	90	0.554	0.547	0.521	0.541
	120	0.601	0.600	0.592	0.598
	150	0.621	0.613	0.629	0.621
540	60	0.811	0.821	0.818	0.818
	90	0.858	0.846	0.852	0.852
	120	0.877	0.871	0.870	0.898
	150	0.910	0.916	0.921	0.916
560	60	1.108	1.165	1.094	1.122
	90	1.150	1.191	1.111	1.151
	120	1.193	1.198	1.200	1.197
	150	1.221	1.198	1.233	1.219

由图 1-28 可以看出，在扩散温度和压力不变的情况下，Ti/Al 结合界面扩散层的厚度随着时间的延长而逐渐变大，但是当保温时间延长到大于 120min 后，

扩散溶解层厚度的增长速率趋于平缓；扩散时间与 Ti/Al 界面扩散层厚度的数学关系基本呈现出幂函数（幂指数小于 1）关系的生长规律，即随着保温时间的不断延长，扩散层的厚度增长速率逐渐趋于平缓。

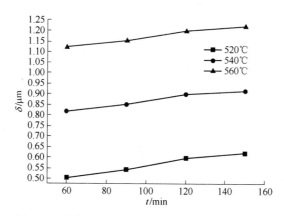

图 1-28   扩散时间与 Ti/Al 扩散溶解层厚度的关系

同样由图 1-29 可知，在扩散时间和压力不变的情况下，Ti/Al 结合界面扩散层的厚度随着温度的升高而逐渐变大，且随着温度升高其变厚速率增大；扩散温度与 Ti/Al 界面扩散层厚度的数学关系基本呈现出指数函数关系的生长规律。由阿伦尼乌斯（Arrhenius）公式 $D = D_0 \mathrm{e}^{-\frac{Q}{RT}}$ 可知，扩散系数和扩散温度之间呈现出指数函数关系。当温度升高时，材料原子的内部能量增加，组元的扩散系数变大，Ti/Al 界面扩散层的生长速度和温度之间呈现出指数函数关系，从而扩散层厚度和扩散温度之间也呈现出指数函数的关系。显然指数函数关系要比幂函数关系（幂指数小于 1）的增长速率快，因此，扩散温度对界面扩散层厚度的影响要远远大于时间的影响。

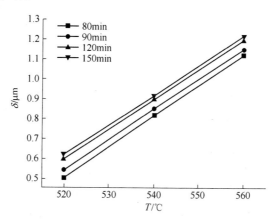

图 1-29   扩散温度与 Ti/Al 扩散溶解层厚度的关系

从图1-28扩散层厚度与保温时间的关系曲线可以得出，在本实验的热压扩散温度和时间范围内，Ti/Al扩散层的生长规律符合幂函数关系[18]，见下式：

$$y = K\left(\frac{t}{t_0}\right)^n \tag{1-15}$$

将上式两边取对数，得：

$$\ln y = \ln K + n\ln\left(\frac{t}{t_0}\right) \tag{1-16}$$

式中　　y——扩散层厚度，μm；

　　　　t——扩散时间，$\min$；

　　　　t_0——与t计量单位一致的单位时间，用来构成幂函数的无量纲自变量，$\min$；

　　　　K——特定温度下扩散层的生长系数，μm；

　　　　n——扩散层生长指数。

将实验特定扩散温度下，Ti/Al扩散层厚度随时间变化的结果（图1-28）进行双对数处理，如图1-30所示，可以确定在特定的热压扩散温度下Ti/Al扩散层的生长指数n值和生长系数K值，结果见表1-12。

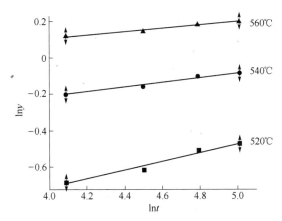

图1-30　Ti/Al扩散层厚度和扩散时间的双对数关系曲线

表1-12　不同热压扩散温度下Ti/Al扩散层生长系数K和生长指数n值

扩散温度/℃	扩散层生长系数K/μm	扩散层生长指数n
520	0.1901466	0.23659
540	0.4838937	0.12760
560	0.7632955	0.09323

从表1-12中可以看出，从520～560℃，Ti/Al扩散层的生长系数K和生长指数n都不是一个恒定的常数，而是随着热压扩散温度的上升，生长系数K不断增

大，生长指数 n 则不断减小。Tanaka Y 等人[20]认为，当生长指数 n 小于 0.25 时，扩散层的生长主要受晶界扩散的控制，并且还伴随着晶粒尺寸的长大。而生长指数 n 大于 0.25 时，表明晶界扩散与体扩散两者同时控制着扩散层的生长，且随着热压扩散温度的升高，这种由晶界扩散与体扩散共同作用的机制将逐渐转变为有明显晶粒长大的占主导地位的晶界扩散机制所控制。因此，Ti/Al 结合界面扩散层的生长指数 n 不仅仅是一个简单的常数，其与热压扩散温度有关。

前述中，扩散温度与扩散层厚度呈现出指数函数关系的生长规律，其可以由阿伦尼乌斯（Arrhenius）方程描述：

$$K = K_0 \exp\left(-\frac{Q}{RT}\right) \tag{1-17}$$

式中　K——特定温度下扩散层的生长常数，μm；

　　　K_0——生长常数的系数，μm；

　　　Q——生长激活能，J/mol；

　　　R——常数，8.314J/(mol·K)；

　　　T——扩散温度，K。

将式（1-17）两边取对数变换得：

$$\ln K = -\frac{Q}{R}T^{-1} + \ln K_0 \tag{1-18}$$

从上式可以看出：由于 Q、R 和 $\ln K_0$ 都为常数，所以 $\ln K$ 为 T^{-1} 的一阶线性方程。因此，以 $\ln K$ 为变量，T^{-1} 作为自变量，画出 $\ln K$ 与 T 的关系曲线，如图 1-31 所示。根据 $\ln K$ 与 T^{-1} 关系曲线的斜率，可求出 Ti/Al 扩散溶解层的生长激活能 $Q = 193.252$kJ/mol，生长常数系数 $K_0 = 1.09 \times 10^{12}$ μm。

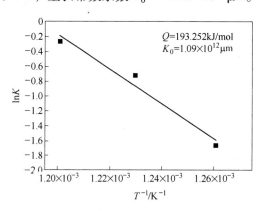

图 1-31　$\ln K$ 与 T^{-1} 关系曲线

将扩散温度 T 值和生长指数 n 值列于二维直角坐标系中进行线性拟合，结果如图 1-32 所示。拟合结果得到扩散温度 T 和生长指数 n 之间的关系为：

$$n = 3.06027 - 0.00358T \tag{1-19}$$

将上式代入式（1-15）得：

$$y = K_0 \left(\frac{t}{t_0} \right)^n \exp\left(-\frac{Q}{RT} \right) \tag{1-20}$$

将式（1-19）及相关计算结果（K_0、Q 等）代入上式即可获得 Ti/Al 扩散溶解层的生长动力学方程为：

$$y = 1.09 \times 10^{12} t^{3.06027 - 0.00358T} \exp\left(-\frac{193252}{RT} \right) \tag{1-21}$$

式中　y——扩散层厚度，μm；

　　　T——扩散温度，K；

　　　t——扩散时间，min；

　　　R——气体常数，8.314J/(mol·K)。

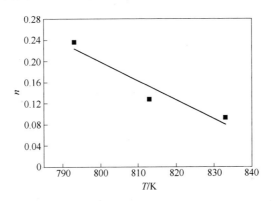

图 1-32　热压扩散温度 T 与生长指数 n 关系曲线

1.6　Ti/Al 层状复合基体电沉积 β-PbO₂ 初探

1.6.1　复合基体涂层电极的构成与电沉积机理

理想的阳极应具有导电性能好、催化活性高、耐腐蚀且使用寿命长以及成本低等优点。本研究获得的钛铝复合基体电极虽然具有良好的导电性及较好的催化活性，但该电极基体在 H_2SO_4 体系中做阳极使用时，须在其表层电沉积 β-PbO₂ 活性层，但该活性层的多孔性会导致阳极在电解过程中析出 O_2 的渗入，从而致使活性层脱落；并且电解液也会由孔洞侵蚀到基体外层的钛，从而产生 TiO_2 氧化层。这种现象不但会造成电极导电性能急剧下降，还降低了基体与 PbO_2 活性层的结合力，造成活性层的脱落，影响了电极的使用寿命。有研究表明[21]，在钛基体与 PbO_2 活性层之间加入中间层可以有效地改善这一状况。目前有使用 Ti/RuO_2-Sb_2O_5-SnO_2 电极的报道[22]，虽然改善了电极性能，但贵金属的使用增加了电极成本。本课题选用非贵金属的锡锑氧化物 $SnO_2+Sb_2O_4$ 作为中间层,制备了 $Ti/Al/Ti/SnO_2+Sb_2O_4/\beta-PbO_2$ 新型复合基体涂层电极。

由于 SnO_2 为四方金红石型结构,其晶格尺寸与晶胞体积介于 TiO_2 和 $\beta-PbO_2$ 之间,当在钛基与活性层之间加入 SnO_2 层时,可缓解两者之间晶格尺寸相差太大难以固溶的矛盾,降低了两层间的内应力,提高电极表面的附着力;此外,由于 SnO_2 与 TiO_2 的晶格尺寸相近,容易生成固溶体,在钛基界面阻止了 TiO_2 的生成。进入晶格的 Sb^{3+} 转化为 Sb^{5+} 时产生的大量自由电子,由于 SnO_2 是宽禁带 n 型半导体,它的电阻率约为 $2\times10^{-4}\Omega \cdot cm$。随着掺 Sb 量的增加,$SnO_2$ 的电阻率可以增加到一峰值,即含 6% 的 Sb 时,SnO_2 的电阻率最低,因此适当地加入 $SnO_2+Sb_2O_4$ 中间层可以提高电极的导电性,降低界面间的电阻。故而新型复合基体涂层电极 $Ti/Al/Ti/SnO_2+Sb_2O_4/\beta-PbO_2$ 不仅基体的导电性能良好,电极电化学性能优异,而且中间层成本低,电极使用寿命长。

电沉积 PbO_2 时的阳极反应为:

$$Pb(NO_3)_2 + 2H_2O \longrightarrow PbO_2 + 2HNO_3 + 2H^+ \tag{1-22}$$

在阳极表面沉积 PbO_2 的同时溶液的酸性增大。在发生上式所示反应的同时,还可能发生副反应:

$$2H_2O \longrightarrow 4H^+ + O_2 + 4e \tag{1-23}$$

副反应产生的 O_2 会使 PbO_2 层的结合力下降,因此,电沉积 PbO_2 时,可通过提高析氧反应的电位来减少氧气的产生。

阴极反应:

$$Pb(NO_3)_2 + 2H^+ \longrightarrow Pb + 2HNO_3 \tag{1-24}$$

副反应:

$$HNO_3 + 3H^+ \longrightarrow 2H_2O + NO \tag{1-25}$$

$$HNO_3 + H^+ \longrightarrow H_2O + NO_2 \tag{1-26}$$

总反应:

$$3Pb(NO_3)_2 + 2H_2O \Longrightarrow 3PbO_2 + 2NO + 4HNO_3 \tag{1-27}$$

1.6.2　电沉积 $\beta-PbO_2$ 的热力学分析

平衡电位的大小反映了物质氧化还原的能力,可以用来判断电化学反应进行的可能性。平衡电位的数值与反应物质的活度有关,对有 H^+ 离子或 OH^- 离子参与的反应来说,电极电位将随溶液 pH 值的变化而变化。因此把各种反应的平衡电位和溶液的 pH 值的函数关系绘制成图,就可以从图上清楚地看出一个电化学体系中,发生各种化学或电化学反应所必须具备的电极电位和溶液的 pH 值条件,或者可以判断在给定条件下某化学反应进行的可能性。这种图称为电位-pH 值图[23]。

1.6.3　Pb-H₂O 的电位-pH 值图

根据手册[24]得到 Pb-H_2O 系中 25℃时各个物质的自由能 G 值,见表 1-13;

根据电化学计算原理[25,26]，得出 Pb-H₂O 系电位-pH 值方程式，如表 1-14 所示；根据表 1-14 的计算结果，绘制 25℃下 Pb-H₂O 的电位-pH 值图，如图 1-33 所示。

表 1-13　25℃，Pb-H₂O 系中物质及其自由能

物　　质	H_2	H_2O	H^+	e	O_2	Pb^{2+}	PbO_2	$Pb(OH)^+$	PbO_2^{4-}
$G_T^0/\text{kcal} \cdot \text{mol}^{-1}$	-9.304	-73.299	1.491	-6.143	-14.61	1.94	-70.716	-64.533	-125.79

物　　质	PbO	$HPbO_2^-$	PbO_3^{2-}	Pb_3O_4	Pb^{4+}	Pb	Pb_2O_3	$Pb_3(OH)^{4+}$	
$G_T^0/\text{kcal} \cdot \text{mol}^{-1}$	-57.04	-110.99	-105.14	-186.87	92.25	-4.62	-127.04	-261.815	

注：1cal = 4.1868J。

表 1-14　25℃，常压下 Pb-H₂O 系电位-pH 值方程式

序号	反应方程式	ΔG_T^0	E_T^0 或 lgK	E-pH 值方程式
a	$2H^+ + 2e = H_2$	0.000	0.000	$E_T = 0 - 0.059\text{pH} - 0.0295\lg p_{H_2}$
b	$O_2 + 4H^+ + 4e = 2H_2O$	-113.379	1.2292	$E_T = 1.2292 - 0.0590\text{pH} + 0.148\lg p_{O_2}$
1	$Pb^{4+} + 2H_2O = PbO_2 + 4H^+$	-10.408	7.6285	$\text{pH} = -1.9071 - 0.25\lg[Pb^{4+}]$
2	$PbO_2 + H_2O = PbO_3^{2-} + 2H^+$	41.856	-30.6783	$\text{pH} = 15.3392 + 0.5\lg[PbO_3^{2-}]$
3	$PbO_4^{4-} + 2H^+ = PbO_3^{2-} + H_2O$	55.629	-40.7732	$\text{pH} = 20.3866 - 0.5\lg\dfrac{[PbO_3^{2-}]}{[PbO_4^{4-}]}$
4	$Pb^{4+} + 2e = Pb^{2+}$	-78.028	1.6918	$E_T = 1.6918 - 0.0295\lg\dfrac{[Pb^{2+}]}{[Pb^{4+}]}$
5	$PbO_2 + 4H^+ + 2e = Pb^{2+} + 2H_2O$	-67.62	1.4662	$E_T = 1.4662 - 0.118\text{pH} - 0.0295\lg[Pb^{2+}]$
6	$2PbO_2 + 2H^+ + 2e = Pb_2O_3 + H_2O$	-49.599	1.0754	$E_T = 1.0754 - 0.059\text{pH}$
7	$3PbO_2 + 4H^+ + 4e = Pb_3O_4 + 2H_2O$	-102.716	1.1136	$E_T = 1.1136 - 0.059\text{pH}$
8	$3Pb_2O_3 + 2H^+ + 2e = 2Pb_3O_4 + H_2O$	-56.635	1.228	$E_T = 1.228 - 0.059\text{pH}$
9	$3PbO_3^{2+} + 10H^+ + 4e = Pb_3O_4 + 5H_2O$	-228.284	2.4749	$E_T = 2.4749 - 0.1475\text{pH} + 0.04425\lg[PbO_3^{2-}]$
10	$2PbO_3^{2-} + 6H^+ + 2e = Pb_2O_3 + 3H_2O$	-133.311	2.8905	$E_T = 2.8905 - 0.177\text{pH} + 0.059\lg[PbO_3^{2-}]$
11	$PbO + H_2O = HPbO_2^- + H^+$	20.841	-15.2754	$\text{pH} = 15.2754 + \lg[HPbO_2^-]$
12	$Pb^{2+} + H_2O = PbO + 2H^+$	17.3	-12.68	$\text{pH} = 6.34 - 0.5\lg[Pb^{2+}]$
13	$PbO_3^{2-} + 3H^+ + 2e = HPbO_2^- + H_2O$	-71.335	1.5467	$E_T = 1.5467 - 0.0885\text{pH} + 0.0295\lg\dfrac{[HPbO_2^-]}{[PbO_3^{2-}]}$
14	$Pb^{2+} + 2H_2O = HPbO_2^- + 3H^+$	38.141	-27.9554	$\text{pH} = 9.3185 + 0.33\lg\dfrac{[HPbO_2^-]}{[Pb^{2+}]}$
15	$Pb_2O_3 + 6H^+ + 2e = 2Pb^{2+} + 3H_2O$	-85.641	1.8569	$E_T = 1.8569 - 0.177\text{pH} - 0.059\lg[Pb^{2+}]$
16	$Pb_3O_4 + 8H^+ + 2e = 3Pb^{2+} + 4H_2O$	-100.084	2.1700	$E_T = 2.1709 - 0.236\text{pH} - 0.0885\lg[Pb^{2+}]$
17	$PbO_3^{2-} + 6H^+ + 2e = Pb^{2+} + 3H_2O$	-109.476	2.3737	$E_T = 2.3737 - 0.177\text{pH} + \lg\dfrac{[Pb^{2+}]}{[PbO_3^{2-}]}$
18	$Pb_3O_4 + 2H_2O + 2e = 3HPbO_2^- + H^+$	14.279	-0.3096	$E_T = -0.3096 + 0.0295\text{pH} - 0.0885\lg[HPbO_2^-]$
19	$PbO_2 + H^+ + 2e = HPbO_2^-$	-29.479	0.6392	$E_T = 0.6392 - 0.0295\text{pH} - 0.0295\lg[HPbO_2^-]$

续表 1-14

序号	反应方程式	ΔG_T^0	E_T^0 或 lgK	E-pH 值方程式
20	$Pb_2O_3+2H^++2e=2PbO+H_2O$	-51.041	1.1067	$E_T=1.1067-0.059pH$
21	$Pb_3O_4+2H^++2e=3PbO+H_2O$	-48.244	1.0461	$E_T=1.0461-0.059pH$
22	$Pb^{2+}+H_2O=Pb(OH)^++H^+$	8.317	-6.0959	$pH=6.0959-\lg\dfrac{[Pb^{2+}]}{[Pb(OH)^+]}$
23	$3Pb(OH)^++H_2O=Pb_3(OH)_4^{2+}+H^+$	6.574	-4.8184	$pH=4.8184-\lg\dfrac{[Pb(OH)^+]}{[Pb_3(OH)_4^{2+}]}$
24	$Pb_3(OH)_4^{2+}=3PbO+2H^++H_2O$	20.375	-14.9338	$pH=7.4669-0.5\lg[Pb_3(OH)_4^{2+}]$
25	$PbO+2H^++2e=Pb+H_2O$	-11.572	0.2509	$E_T=0.2509-0.059pH$
26	$Pb^{2+}+2e=Pb$	5.728	-0.1242	$E_T=-0.1242+0.0295\lg[Pb^{2+}]$
27	$HPbO_2^-+3H^++2e=Pb+2H_2O$	-32.413	0.7028	$E_T=0.7028-0.0885pH+0.0295\lg[HPbO_2^-]$
28	$Pb^{4+}+3H_2O=PbO_3^{2-}+6H^+$	31.448	-23.0614	$pH=3.8437+0.167\lg\dfrac{[PbO_3^{2-}]}{[Pb^{4+}]}$

电位-pH 值图也称为电化学相图，图中每条线对应一个平衡反应，即为两相平衡线；而三条平衡线的交点表示三相平衡点[28]。从图 1-33 中可以看出各相的热力学稳定范围与各种物质生成的电位及 pH 值条件，若要生成 PbO₂，则必须满足①⑤⑧②反应所包围范围的电位和 pH 值。

从电位-pH 值图中可以了解金属的腐蚀倾向。在腐蚀学中，人们规定可溶性物质在溶液中的浓度小于 $10^{-6}mol/L$ 时，它的溶解速度可视为无限小，可把物质看成是不溶解的[28]，因此，金属电位-pH 值图中的 $10^{-6}mol/L$ 等溶解度线就可以作为金属腐蚀与不腐蚀的分界线。如果在平衡条件的计算中，有关离子的浓度均取 $10^{-6}mol/L$，则可以得到简化的电位-pH 值图，即金属腐蚀图，在图中划分了三种类型的区域[29]，即：

(1) 免蚀区：该区内的金属处于热力学稳定状态，不发生腐蚀，但在所在的电位和 pH 值条件下，有 H⁺ 离子还原为 H 原子或氢分子，故热力学上有向金属中渗氢或产生氢脆的可能性。

(2) 腐蚀区：该区内稳定存在的是金属的各种可溶性离子，如 Pb^{2+}、Pb^{4+}、PbO_3^{2-}、$HPbO_2^-$ 等离子。对于金属而言，则处于热力学不稳定状态，可能发生腐蚀。

(3) 钝化区：该区内稳定存在的是难溶性的金属氧化物，这些固体物质若

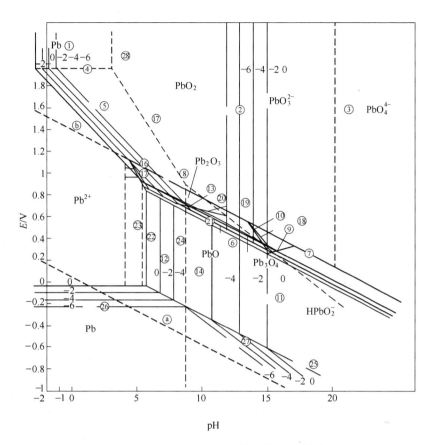

图 1-33　25℃下 Pb-H$_2$O 的电位-pH 值图

能牢固覆盖在金属表面上，则有可能使金属失去活性而不发生腐蚀。

　　根据电位-pH 值图可以找到控制腐蚀的途径，从图 1-33 中看出，在不同的电位和 pH 值条件下，金属腐蚀的倾向是不同的，因此，可以通过改变电位和 pH 值来控制金属的腐蚀。例如，需要得到 PbO$_2$，可以控制电位和 pH 值在钝化区内。据前人的研究报道可知[30,31]，在满足生成 PbO$_2$ 的条件下，在反应㉘画出的虚线的右边沉积的二氧化铅为 α-PbO$_2$ 区，左边是 β-PbO$_2$；也就是在 pH 值大于 9.3185（反应⑭对应的 pH 值），不会有 β-PbO$_2$ 出现，而 pH 值在小于 3.8413 时（反应㉘对应的 pH 值）不会出现 α-PbO$_2$。Hyde 等还认为，当 pH 值接近 7 时，会有 Pb$_3$O$_4$ 产生；Cao 等[32]在碱性条件下通过化学反应发现了 Pb$_3$O$_4$ 的存在；说明在强酸条件下 Pb^{2+} 直接氧化成 PbO$_2$；而随着 pH 值的增大可能会出现 Pb$_2$O$_3$ 和 Pb$_3$O$_4$ 的杂质。

　　由于电沉积 PbO$_2$ 是在阳极发生的氧化反应，在电沉积的过程中放出的氧气会阻止二氧化铅在电极表面沉积，进而造成镀层的凹凸点，因此需要提高镀液的氧超电压来抑制氧气的析出[33]。目前大多数研究[34~39]将电沉积二氧化铅的反应机理分为酸性与碱性，而反应⑤代表了酸性沉积的主反应，要满足反应⑤的顺利进行，即镀液中 [Pb^{2+}] 存在，其 pH 值须满足反应⑫，故而 pH 值要小于9.34。如要在酸性机理中电沉积 β-PbO_2，同时抑制反应的氧气析出来保证镀层的质量，则根据反应⑯的电位－pH 值方程：$E_T = 1.2292 - 0.059pH$，与 lg$p$(Pb^{2+}) = −6 时，反应⑤的电位-pH 方程：$E_T = 1.6432 - 0.118pH$，得到两反应相交的 pH 值为 7.0169，E_T 为 0.8152，所以在 0<pH<7.0169，控制电位大于0.8152，可以有效地抑制氧气的析出，使得酸性机理沉积 β-PbO_2 镀层的质量得以保障。

1.6.4　复合涂层分析

根据上述电沉积 β-PbO_2 的热力学机理研究，我们在 Ti/Al 复合涂层基体上电沉积 β-PbO_2 时，为了保证沉积层的物相及质量，需要控制镀液的 pH 值小于3.84，控制电位大于 0.82。

1.6.4.1　复合基体涂层与镀层物相

在 Ti/Al 复合基体上涂覆 $SnO_2+Sb_2O_4$ 中间层的物相检测结果与电极表面电沉积 β-PbO_2 活性层工艺的前期实验研究表明：传统 $SnO_2+Sb_2O_4$ 中间层的涂覆工艺不会因为基体构成的改变造成中间层物相的变化，Ti/Al 复合基体与纯 Ti 基体涂覆中间层的物相检测对比如图 1-34 所示，两者的 XRD 峰位与宽度都几乎完全相同，物相均为 $SnO_2+Sb_2O_4$，充分证明了两组物相结构的一致性[40]。

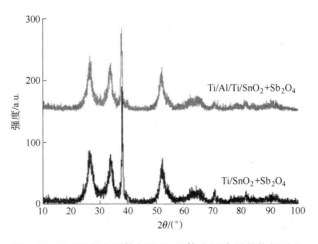

图 1-34　Ti/Al 复合基体与纯 Ti 基体中间涂层的物相对比

电沉积 β-PbO₂ 活性层需控制镀液在强酸性条件下，预设的探索性实验条件范围为：电沉积温度 70～80℃，沉积电流 1～5A/dm²（电位大于 0.82），时间 1～3h。并对该实验条件范围下获得的沉积层进行了 XRD 物相检测，结果如图 1-35 所示，验证了在该工艺范围内，沉积层的物相均为 β-PbO₂。

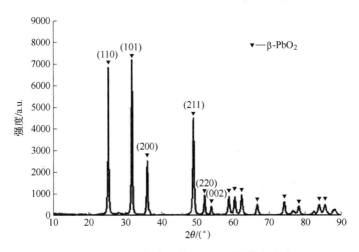

图 1-35　Ti/Al 复合基体电沉积层的物相研究

1.6.4.2　β-PbO₂沉积层的显微硬度

对预设实验条件范围内获得试样的沉积层厚度及显微硬度进行测量。在电沉积时间为 1h，电流密度分别取 1A/dm²、2A/dm²、3A/dm²、4A/dm²、5A/dm² 时，测得复合基体上沉积层厚度分别为 93μm、136μm、197μm、298μm、355μm，其对应的显微硬度值为 255HV、315HV、375HV、475HV、395HV；纯 Ti 基体上沉积层厚度为：67μm、89μm、123μm、169μm、219μm，对应显微硬度值为：103HV、167HV、251HV、319HV、362HV，两者的结果对比如图 1-36 所示。

由图 1-36 可以看出，各电流密度条件下，复合基体上沉积层的厚度及显微硬度均高于纯 Ti 基体的，且增长趋势较大。当电流密度大于 4A/dm² 时，沉积层厚度的增加速率开始下降，与此同时其显微硬度也随之下降。因此，我们将电流密度实验范围缩小至沉积层及其显微硬度同时稳步上升的电流密度区间 2～4A/dm² 内。

随之取电流密度为 3A/dm²，检测时间分别为 1h、1.5h、2h、2.5h、3h 时，测得复合基体沉积层的厚度分别为 101μm、152μm、202μm、237μm、251μm，其对应的显微硬度值为 375HV、435HV、475HV、495HV、435HV；纯 Ti 基体上沉积层的厚度为：84μm、122μm、154μm、178μm、195μm，对应的显微硬度值

为：289HV、332HV、368HV、387HV、396HV，对比如图 1-37 所示。

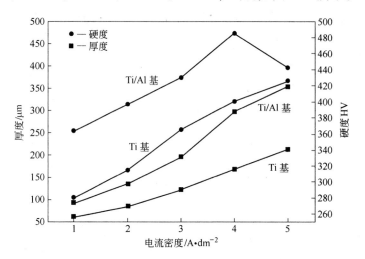

图 1-36 不同电流密度下沉积层的厚度与显微硬度的变化曲线

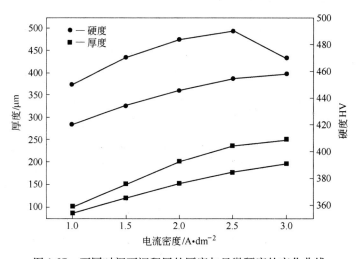

图 1-37 不同时间下沉积层的厚度与显微硬度的变化曲线

由图 1-37 可以看出，在不同沉积时间条件下，依然是复合基体沉积层的厚度与显微硬度高于纯 Ti 基体，增幅领先。当时间超过 2.5h 时，沉积层的厚度增幅及其显微硬度同时开始下降，沉积层的质量开始变差。因此，我们再次将电沉积的时间范围缩小至 1~2.5h 内，以确保沉积层的质量处于正向发展趋势。

1.6.5 Ti/Al 基体电沉积 β-PbO₂ 的优化实验

选取沉积层厚度及硬度相对良好的工艺条件，进一步设计正交实验，考察

Ti/Al 复合涂层基体电沉积 β-PbO₂ 时，各项工艺条件对沉积层表面形貌、结合力大小及电化学性能的影响，以此获得 Ti/Al 基体涂层电极表面 β-PbO₂ 活性层最佳的电沉积工艺。

1.6.5.1　实验因素的选择与正交实验设计表

根据表 1-15 中对 Ti/Al 复合涂层基体电沉积 β-PbO₂ 的三因素四水平工艺条件设计正交实验，见表 1-16，以此来考察各因素水平对沉积层的外观、结合力、孔隙率以及表面形貌和电化学性能的影响。

表 1-15　Ti/Al 复合基体电沉积 β-PbO₂ 的工艺水平

因素水平	A 复合板电镀电流密度 $/A \cdot dm^{-2}$	B 复合板涂层次数（n）	C 复合板电沉积时间/h
1	2.7	8	1
2	3.0	10	1.5
3	3.3	12	2
4	3.7	15	2.5

表 1-16　Ti/Al 复合基体电沉积 β-PbO₂ 的正交实验

实验编号	实 验 条 件	实验编号	实 验 条 件
1	i_1^0，涂层 10 次，$t=2h$	9	i_1^0，涂层 8 次，$t=2.5h$
2	i_3^0，涂层 15 次，$t=1h$	10	i_3^0，涂层 12 次，$t=1.5h$
3	i_2^0，涂层 15 次，$t=2h$	11	i_2^0，涂层 12 次，$t=2.5h$
4	i_4^0，涂层 10 次，$t=1h$	12	i_4^0，涂层 8 次，$t=1.5h$
5	i_1^0，涂层 12 次，$t=1h$	13	i_1^0，涂层 15 次，$t=1.5h$
6	i_3^0，涂层 8 次，$t=2h$	14	i_3^0，涂层 10 次，$t=2.5h$
7	i_2^0，涂层 8 次，$t=1h$	15	i_2^0，涂层 10 次，$t=1.5h$
8	i_4^0，涂层 12 次，$t=2h$	16	i_4^0，涂层 15 次，$t=2.5h$

1.6.5.2　沉积层表面形貌及分形维数

在镀液（180g Pb(NO₃)₂ + 60g Cu(NO₃)₂ + 0.48g NaF + 24mL HNO₃ + 1.2L 蒸馏水）中，根据表 1-16 设计的正交实验在 Ti/Al 复合涂层基体电沉积 β-PbO₂ 活性层。实验完成后，观察试样表面的显微组织形貌，如图 1-38 所示，图中照片的分形维数计算见表 1-17。

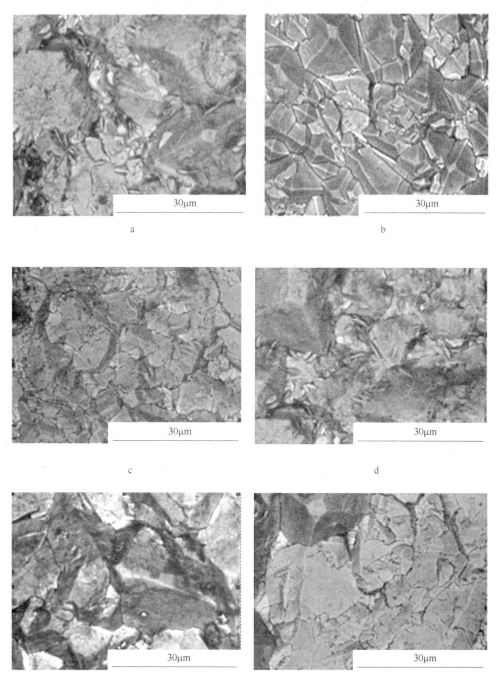

a

b

c

d

e

f

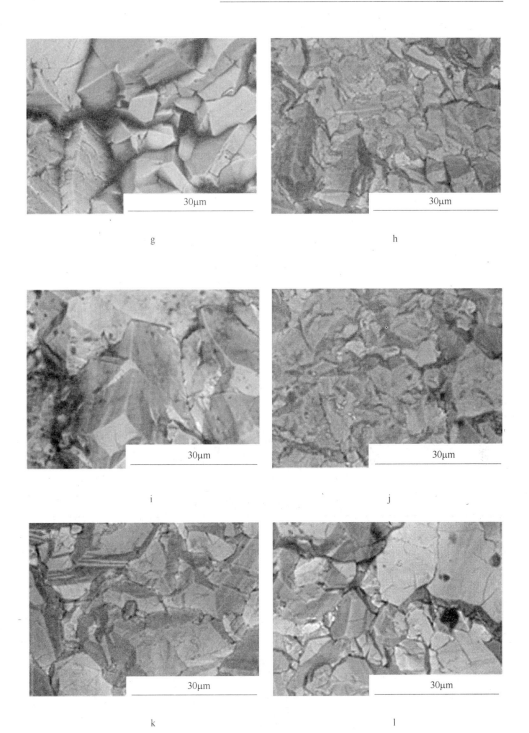

30μm

g

30μm

h

30μm

i

30μm

j

30μm

k

30μm

l

图 1-38   表 1-16 中试样的表面形貌

a—1 号；b—2 号；c—3 号；d—4 号；e—5 号；f—6 号；g—7 号；h—8 号；i—9 号；j—10 号；k—11 号；
l—12 号；m—13 号；n—14 号；o—15 号；p—16 号

表 1-17   图 1-38 中试样表面的分形维数计算结果

试样编号	表面分形维数值 D_f	相关系数 r
1	2. 22193	0. 96878
2	2. 33267	0. 96928
3	2. 33262	0. 96951
4	2. 21358	0. 96973
5	2. 19950	0. 96892
6	2. 21095	0. 96993
7	2. 20374	0. 96934
8	2. 32137	0. 96984
9	2. 19934	0. 96899
10	2. 32174	0. 96945
11	2. 23058	0. 96873
12	2. 21352	0. 96912

试样编号	表面分形维数值 D_f	相关系数 r
13	2.17937	0.96917
14	2.27589	0.96931
15	2.21033	0.96947
16	2.31997	0.96979

将表 1-17 中各试样表面的分形维数值从小到大分成四个等级（2.20 以下；2.20 ~ 2.25；2.25 ~ 2.30；2.30 ~ 2.35），分别以 1、2、3、4 表示，维数数值越大表示对应的试样比表面积越大，等级从小到大对应的表面形貌状况依次为：表面物质颗粒大，间隙较少；表面物质颗粒较大，间隙较多；表面物质颗粒较小，间隙较少；表面物质颗粒小，间隙较多。

1.6.5.3 正交实验试样的电化学性能测试

正交实验试样的电化学性能测试结果如图 1-39 所示。

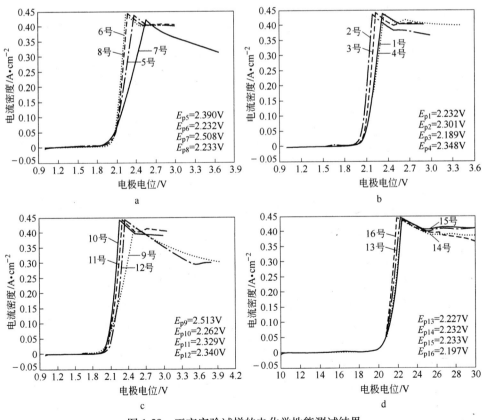

图 1-39 正交实验试样的电化学性能测试结果

a—1 号~4 号；b—5 号~8 号；c—9 号~12 号；d—13 号~16 号

将图 1-39 中正交实验试样的电化学测试结果也以致钝电位的大小差异划分成四个等级：2.1~2.2V，2.2~2.3V，2.3~2.4V，2.4V 以上。其中，致钝电位最高的区间为等级 1，电位区间每降低一次等级加 1。

1.6.5.4 正交实验结果分析

对正交实验试样表面的微观形貌、分形维数及试样的电化学性能进行测试与表征，分别将分形维数值及电化学性能检测结果以区间等级进行数字化划分，记录见表 1-18。

表 1-18 正交实验结果

因素编号	沉积层外观	结合力	表面形貌的分形维数等级	致钝电位等级	孔隙率
1	光滑、有细纹	易脱落	2	2	0
2	光滑、致密	较好	4	4	0
3	光滑、致密	较好	4	3	0
4	光滑、致密	较好	2	2	0
5	光滑、致密	较好	1	2	0
6	光滑、致密	较好	2	3	0
7	光滑、致密	较好	2	1	0
8	光滑、致密	较好	4	3	0
9	光滑、有细纹	易脱落	1	1	0
10	光滑、致密	较好	4	3	0
11	光滑、致密	较好	2	2	0
12	粗糙、疏松	易脱落	2	2	1
13	光滑、致密	较好	2	3	0
14	光滑、致密	较好	3	3	0
15	光滑、致密	较好	1	3	0
16	光滑、致密	较好	4	4	0

注：对于孔隙率的过多与适量，分别以 1 和 0 来表示。

从表 1-18 中的结果初步得到以下结论：在本实验的工艺条件下，不同的电镀电流密度、不同的涂层次数以及不同的电镀时间，所得到的镀层外观与结合力基本良好；电镀电流密度过小以及涂层次数的减少会造成镀层表面出现大量小细纹，镀层相比同等电镀时间的要薄，施以外力，镀层会从细纹处脱落；电镀电流偏大，涂层数减少会造成镀层表面粗糙、疏松，且有较大的孔洞，从而施以外力会发生破碎性脱落。据研究，镀层孔隙率占总面积的 50% 时其镀层结合力趋于良好状态，如大于 50% 导致镀层疏松度增大，结合力下降而发生脱落，如孔隙率小于30%则会减少催化面积，影响电极表面的催化活性。因此镀层气孔细密、分布均匀、孔隙率占总面积的50%时为最佳。中间层层数的增加还使得电极的电化学性能有明显提高。以此初步判断，电流过大或过小，以及涂层涂覆次数的减少都会直接影响镀层的质量，而电镀时间的长短对其表面形貌及结合力的影响没有前两个因素的大，从实验过程中判定，其只对镀层的厚度有直接影响，成正作用。

1.6.5.5　正交实验结果分析

正交实验中若要考量各因素影响作用的大小以及试验指标随各因素的变化趋势，就要对正交实验表的结果进行定量的计算分析，结合表1-15中电沉积电流密度A、中间层涂覆次数B、电沉积时间C各因素对应的各水平，以及表1-18中表面形貌分形维数等级、致钝电位等级的实验结果，分别对两个实验结果给出主次因素的优化方案，如表1-19及图1-40所示。

表1-19　正交实验结果分析

评定指标 试验编号	表面形貌等级指标评定			致钝电位等级指标评定		
	A（电沉积 电流密度）	B（中间层 涂覆次数）	C（电沉积 时间）	A（电沉积电 流密度）	B（中间层 涂覆次数）	C（电沉积 时间）
1	1	1	1	1	1	1
2	1	2	2	1	2	2
3	1	3	3	1	3	3
4	1	4	4	1	4	4
5	2	1	2	2	1	2
6	2	2	1	2	2	1
7	2	3	4	2	3	4
8	2	4	3	2	4	3
9	3	1	3	3	1	3
10	3	2	4	3	2	4
11	3	3	1	3	3	1
12	3	4	2	3	4	2
13	4	1	4	4	1	4
14	4	2	3	4	2	3
15	4	3	2	4	3	2
16	4	4	1	4	4	1
K_1	6	7	9	8	7	9
K_2	9	8	9	9	9	11

评定指标 试验编号	表面形貌等级指标评定			致钝电位等级指标评定		
	A（电沉积 电流密度）	B（中间层 涂覆次数）	C（电沉积 时间）	A（电沉积电 流密度）	B（中间层 涂覆次数）	C（电沉积 时间）
K_3	13	11	12	13	10	11
K_4	12	14	10	11	14	10
$k_1 = K_1/4$	1.5	1.75	2.25	2	1.75	2.25
$k_2 = K_2/4$	2.25	2	2.25	2.25	2.25	2.75
$k_3 = K_3/4$	3.25	2.75	3	3.25	2.5	2.75
$k_4 = K_4/4$	3	3.5	2.5	2.75	3.5	2.5
$R = k_{max} - k_{min}$	1.75	1.75	0.75	1.25	1.75	0.5
优化方案	主次因素：A，B→C			主次因素：B→A→C		

各因素水平对试样电极沉积层形貌及电化学性能的影响如图1-40所示。

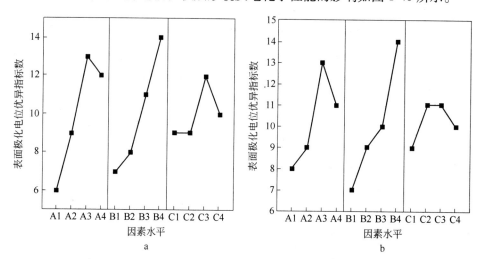

图1-40 正交实验结果分析

a—各因素水平对试样电极沉积层形貌的影响；b—各因素水平对试样电极电化学性能的影响

由正交实验结果计算表1-19、图1-40分析可知：

（1）影响试样电极表面形貌的因素主次顺序为：因素A（电沉积电流密度）与因素B（中间层涂覆次数）的影响作用基本一致，大于因素C（电沉积时间）的影响作用。影响试样电极电化学性能的主次因素为：首要是因素B（中间层涂覆次数），其次是A（电沉积电流密度），最后是C（电沉积时间）。

（2）对极差R值的分析显示，就某单一因素对试样表面形貌的影响进行分析：因素A（电沉积电流密度）的最优水平为3（$i_3^0 = 3.3\mathrm{A/dm^2}$）；因素B（中间层涂覆次数）的最优水平为4（涂层15次）；因素C（电沉积时间）的最优水平为 3（时间 2h）。就某单一因素对试样电化学性能的影响进行分析：因素 B（中间层涂覆次数）的最优水平为 4（涂层 15 次），因素 A（电沉积电流密度）的最优水平为 3（$i_3^0 = 3.3\text{A/dm}^2$），因素 C（电沉积时间）的 2（时间 1.5h）与 3（时间 2h）水平同为最优。综合以上两点，将试样电极表面形貌与电化学性能对各个因素的要求可以统一起来，初步确定 Ti/Al 复合基体上中间层与沉积层制备的较佳工艺为：中间层涂覆 15 次，电沉积电流密度 $i_3^0 = 3.3\text{A/dm}^2$，电沉积时间 2h。

（3）试验中，电沉积电流的变化对试样表面形貌及电化学性能的影响呈先正后负的作用；随着中间层次数的增加，电极表面活性层的颗粒不断细化，比表面积增加，电化学性能不断提高；而电沉积时间的影响作用并不十分明显。

分析主要影响因素作用效果的原因：电流密度对沉积层的形成有着直接的影响，随着本实验复合基体导电性能的提高，沉积层与基体结合性能的改善，电流将会更加均匀地作用于试样基体。在 i_3^0 之前，电流密度的增加增大了沉积速度，所以活性层表面的 β-PbO₂ 颗粒不会过分地生长，可以起到细化均化表面颗粒，增大表面积的作用，从而提高了电极的催化活性，改善了其电化学性能。但当电流密度达到 i_3^0 之后，再提高电流密度反而会使细化的颗粒重新生长，颗粒间隙减少，电化学性能下降。并且在较高的电流密度下，沉积速率较快容易造成固液界面处的浓差极化，从而引起沉积过程的不连续，表面剧烈波动的析氧反应引起沉积层结构疏松多孔，微观组织缺陷增多，会导致电极的耐蚀性能变差。同时，电流密度过大也会导致镀液中的溶质离子还没来得及扩散到阳极表面就已经析出，造成镀液中配合物 Pb（IV）的浓度增大，聚集沉积在镀层表面，使沉积层的 PbO₂ 晶体沿任意方向无序生长，晶型突变，亦会降低电极的耐腐蚀性能。而氧化物中间层的添加改善了镀层与基体之间的结合性，并提高了表层的反应活性。随着涂覆次数的不断增加，锡锑氧化物可以不断叠加，充分形成凹凸的表层，其多次重复可形成大量细小的二次间隙，并均化和加深了间隙的宽度，使得涂层的比表面积增大，很大程度上增加了沉积层附着面的粗糙度，改善了电沉积效果及沉积层的结合力。

1.6.6 Ti/Al 基体电沉积 β-PbO₂ 最佳工艺确定

通过对 Ti/Al 层状复合基体电沉积 β-PbO₂ 的初探，设计正交实验确认了 Ti/Al/Ti/SnO₂+Sb₂O₄/β-PbO₂ 电极的中间层涂覆最佳次数为 15 次，获得了电沉积 β-PbO₂ 活性层的最佳工艺条件是在酸性镀液中以 3.3A/dm² 的电流密度电沉积 2h。

1.7 Ti/Al/Ti/SnO₂+Sb₂O₄/β-PbO₂ 电极的扩大中试

前述实验表明，Ti/Al 复合基体的结构设计在电极的电解过程中不但能有效

地降低 β-PbO$_2$ 涂层电极的整体内在电阻（Ti/Al 复合基体内阻模拟值约为纯钛基体的 1/2），还能因为基体良好的导电性能提高表面 β-PbO$_2$ 活性层电沉积过程中的形核速率，细化了活性沉积层的颗粒粒径，最终增大了活性层的比表面积（Ti/Al 复合基体电极表面 β-PbO$_2$ 活性层的比表面积较纯 Ti 基体电极的增大了22.1%），提高了电极在使用过程中的催化活性。这种二次优化的效果体现在冶炼过程中不但降低了电极本身的内在电阻，减小了生产过程中的无功消耗；还能提高电极使用中电极表面活性层的催化活性，降低电极表面与电解液界面间的析氧反应电荷传递电阻（Ti/Al 复合基体 β-PbO$_2$ 电极的析氧反应电荷传递电阻仅为纯钛基体 β-PbO$_2$ 电极的 1/3）。因此 Ti/Al 复合基体的采用，使得电解过程中整体的电子转移电阻降低，起到了节能降耗的作用。为了验证 Ti/Al/Ti/SnO$_2$+Sb$_2$O$_4$/β-PbO$_2$ 电极在生产现场的综合使用效果，本章将该研究电极与传统 Pb-1%Ag 合金电极、Pb/Al/Pb 层状复合电极、Ti 网/ PbO$_2$ 电极制备成中试要求的 150mm×170mm 规格，于云南省蒙自矿业有限责任公司铟锌冶炼厂电解锌车间进行中试实验，考察 4 组电极在锌冶炼过程中的槽电压、锌产量、电流效率、电能单耗、极板耐蚀等技术指标。从中试指标差异分析本研究电极的使用优势，在可以获得低能耗、高效率、阴极锌品位高、阳极使用寿命长等效果的基础上，结合 Ti/Al 层状复合阳极的界面特征、电子传输方式等对本研究电极的性能进行机理分析与讨论，从材料结构、成分等角度揭示影响各指标的因素和规律。

1.7.1　研究阳极的扩大中试

1.7.1.1　参比阳极及其电化学性能的测试

结合企业的实际发展需要，本章的扩大中试实验选取表 1-20 中 4 种阳极材料进行对比研究。首先对各中试电极的极化性能进行测试，结果如图 1-41 所示。

表 1-20　企业中试电极试样

1 号	2 号	3 号	4 号
传统 Pb-1%Ag 合金阳极	Al/Pb 层状复合阳极	本研究最佳 Ti/Al/Ti/SnO$_2$+Sb$_2$O$_4$/β-PbO$_2$ 阳极	Ti 网/PbO$_2$ 阳极

从极化曲线的对比可以看出，在此过程中 3 号试样电极最先达到峰电流密度，其对应的致钝电压 E_p 为 2.22V。其次是 2 号、1 号、4 号，对应的致钝电压依次为 2.28V、2.35V、2.41V。较 1 号传统的 Pb-1%Ag 合金阳极而言，2 号与 3 号电极的极化电位分别降低 3% 与 6%，有效降低了电极的腐蚀溶解速率。并且，在实验扫描电位范围，2 号、3 号、4 号阳极的维钝电位均较 1 号低，表明实验阳极的析氧电位均较传统阳极的低。在实际电积锌生产中，阳极的析氧电位占槽电压的 45% 左右，据此估测，研究阳极的槽电压均低于传统的 Pb-1%Ag 合金阳极，

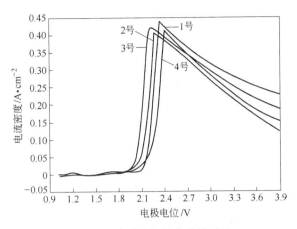

图 1-41　中试电极极化曲线对比

可实现节能降耗的目标。

1.7.1.2　中试实验设计

将性能较好的实验样品按照中试标准制作成 6.6mm×150mm×170mm 大小的复合阳极，与传统的铅阳极在相同冶炼条件下于云南省蒙自矿业有限责任公司铟锌冶炼厂电解锌车间进行对比实验。在相同条件下测试各阳极材料的槽电压、上板量（阴极锌片质量），计算电流效率和单耗。模拟现场如图 1-42 所示。

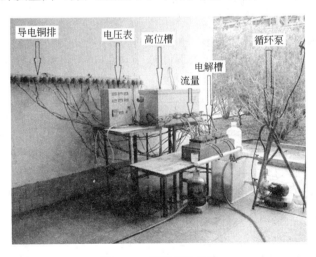

图 1-42　模拟实验现场

A　电解液成分及电极接线原理

蒙自矿业电积锌生产线电解液的组成成分见表 1-21；电解槽内阴阳极间采用 3+2（3 阳极夹 2 阴极）并联方式，极板间距离固定为 31mm，如图 1-43 所示；

电解槽之间采用串槽连接方式，如图 1-44 所示。

表 1-21 电解液成分

组成	Zn	H₂SO₄	Mn	Sb	Al	Mg
含量/g·L⁻¹	56	166	3.5	<0.0003	0.028	15.0
组成	Cl	Cu	Cd	Ca	Ni	Fe
含量/g·L⁻¹	0.55	<0.0004	<0.0002	0.91	0.005	<0.01

表 1-21 电解液成分

组成	Zn	H_2SO_4	Mn	Sb	Al	Mg
含量/g·L⁻¹	56	166	3.5	<0.0003	0.028	15.0
组成	Cl	Cu	Cd	Ca	Ni	Fe
含量/g·L⁻¹	0.55	<0.0004	<0.0002	0.91	0.005	<0.01

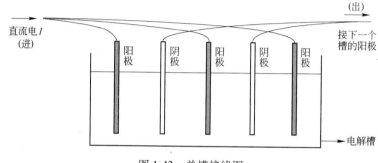

图 1-43 单槽接线图

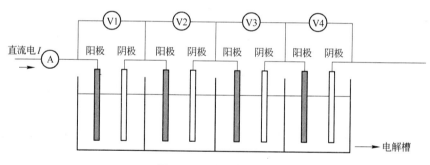

图 1-44 电解槽接线图

B 电解过程及条件控制

为保证电解液的酸锌比在一定范围内，需同时调节锌液与电解废液的比例，Zn^{2+} 浓度为 50~60g/L 的 $ZnSO_4$ 溶液和 H^+ 浓度为 155~165g/L 的 H_2SO_4 溶液。其中 H^+ 浓度和 Zn^{2+} 浓度的测量方法如下：

H^+ 浓度的测量方法为：取 1mL 待测溶液置于锥形瓶中，加入 50mL 蒸馏水、2 滴过氧化氢后摇匀，再加入 1 滴甲基橙，用标定好的 NaOH 滴定，待溶液从红色变为黄色时终止，然后根据滴入的 NaOH 体积计算 H^+ 浓度。

Zn^{2+} 浓度的测量方法为：取 1mL 待测溶液置于锥形瓶中，加入 50mL 蒸馏水，0.2g 抗坏血酸，再加入 20mL 缓冲液和 10mL 硫代硫酸钠，滴入 3 滴二甲酚橙后用标定好的 EDTA 滴定，然后根据滴入的 EDTA 体积计算 Zn^{2+} 浓度。

电解过程的流量为 100 ~ 600mL/min，阴极板的有效工作面积为 150mm×170mm，根据电流密度计算所需电流大小。采用加热高位槽控制电解槽温度在29~32℃。

1.7.2 中试实验结果

1.7.2.1 槽电压对比

采用不同电积电流密度 333 A/m²、450 A/m²、500 A/m²、550A/m²，对比研究中试过程中各电极槽电压的变化。在各电流密度标准下，记录各中试电极稳定生产时每 2h 的槽电压，以 24h 的平均值为实验结果。4 种参比阳极在不同电流密度下的槽电压对比结果如图 1-45 所示。

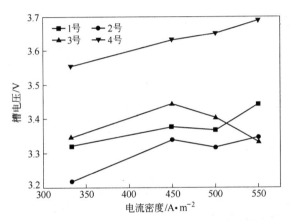

图 1-45　不同电流密度下中试阳极槽电压变化对比图

从实验结果可以看出，在电沉积 Zn 析氧体系中，Pb/Al 层状复合阳极对降低电沉积过程的槽电压有明显的作用，然而，Ti/Al 层状复合基体 PbO₂ 电极在大电流密度的电积条件下，其槽电压也明显低于传统 Pb-1%Ag 合金阳极（1 号），甚至低于 Pb/Al 层状复合阳极。因此，本研究阳极在高电流密度下，有着明显的节能效果。

1.7.2.2 锌产量对比

每 24h 将阴极板取出，剥落其表面电沉积的锌后称重记录，即为该阴极所对应阳极的锌产量，在不同中试电流密度下，4 组阳极的产量对比结果如图 1-46所示。

图 1-46 中，3 号 Ti/Al/Ti/SnO₂+Sb₂O₄/β-PbO₂ 阳极的对应阴极析出 Zn 的量最高，较传统 Pb-1%Ag 合金阳极（1 号）高了 5.2%，2 号 Pb/Al 层状复合阳极的次之，4 号与 Pb-1%Ag 合金阳极的产量相当。但结合上节中对槽电压的测试，

可以看出其是利用高能耗维系着高产量。

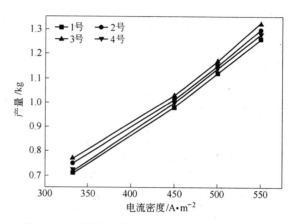

图 1-46　不同电流密度下中试阳极锌产量对比图

1.7.2.3　电流效率对比

根据公式：

$$\eta = \frac{Q}{qITn} \qquad (1-28)$$

式中　Q ——锌产量，t；

　　　q ——Zn 电化学当量，$1.22\text{g}/(\text{A}\cdot\text{h})$；

　　　I ——电流强度，A；

　　　T ——析出周期，h；

　　　n ——电解槽数。

结合上节中各阳极的 24h 产量，计算在不同电流密度下的电流效率，图 1-47 为 4 组阳极的对比结果。实验结果说明本研究阳极 Ti／Al／Ti／$SnO_2+Sb_2O_4$/β-PbO_2 的电流效率最高，平均值达到了 88.7%，较传统的 Pb-1%Ag 合金电极（1 号）提高了 5.7%。Pb/Al 层状复合阳极（2 号）与 Ti 网 PbO_2 阳极（4 号）的电流效率也有一定的提高，但幅度均小于 3 号阳极。

1.7.2.4　电能单耗对比

根据公式　　　$$W = \frac{1000UnIt}{Intq\eta} = 820\frac{U}{\eta} \qquad (1-29)$$

式中　W ——吨锌电耗，$\text{kW}\cdot\text{h/t}$；

　　　n ——电解槽数目，$8.314\text{J}/(\text{mol}\cdot\text{K})$；

　　　I ——电积直流电流强度，A；

　　　t ——电积时间，h；

q ——Zn 电化学当量，1.22g/（A·h）；

U ——槽电压，V；

$η$ ——电流效率,%。

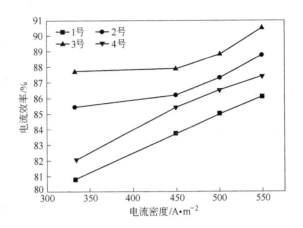

图 1-47　不同电流密度下中试阳极的电流效率变化对比图

计算 4 种阳极的电能单耗如图 1-48 所示。在电流密度小于 500A/m^2 时，4 号阳极的电耗最高，平均单耗在 3489.5kW·h/t，2 号和 3 号阳极的平均单耗分别为 3116.2kW·h/t 与 3124.9kW·h/t，较传统的 Pb-1%Ag 合金下降了 5.6% 与 5.3%。当电流密度达到 550A/m^2 时，3 号阳极的电能单耗将为最低，仅有 3018.7kW·h/t，吨 Zn 电耗较传统的 Pb-1%Ag 合金阳极少 259kW·h。

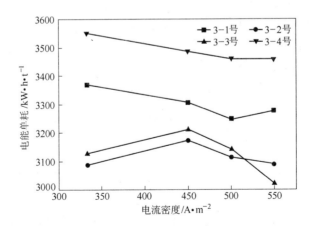

图 1-48　不同电流密度下中试阳极的电能单耗变化对比图

1.7.2.5　产品品质对比

中试过程中不同阳极所对应的阴极析出锌的外观形貌如图 1-49 所示，产品成分及含量见表1-22。

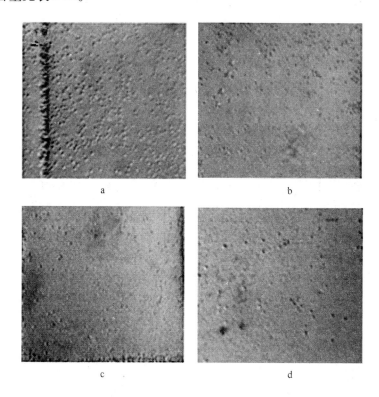

图 1-49 中试阳极对应的锌产品外观形貌

a—1 号；b—2 号；c—3 号；d—4 号

表 1-22 锌产品的主要成分及含量

产品成分	1 号	2 号	3 号	4 号
Zn	余量	余量	余量	余量
Pb	0.0051	0.0038	0.0030	0.0028
Cd	0.0002	0.0002	0.0002	0.0002
Cu	0.0008	0.0007	0.0004	0.0006
Fe	0.0003	0.0007	0.0003	0.0003

图 1-49 中，1 号传统 Pb-1%Ag 合金阳极的产品表面疏松多孔，形貌不佳；3 号 Ti/Al/Ti/SnO_2+Sb_2O_4/β-PbO_2 阳极的产品表面致密平整，无较大孔洞，形貌最佳，说明 3 号阳极在电解过程中始终能够保持平稳优良的性能。从表 1-22 中也可以看出，其总杂质含量较 Pb-1%Ag 合金阳极（1 号）同比下降了 49.1%，杂质 Pb 的含量下降了 40.4%，4 号阳极中杂质 Pb 的含量下降了 45.1%，而 2 号阳极的总杂质含量较 1 号阳极同比反而上升了 20.8%。这充分说明了本研究阳极

（3号）的析锌品质优良。

1.7.2.6　腐蚀速率对比

腐蚀速率是考察阳极耐蚀性能的主要指标，它直接关系到阳极的使用和阴极锌的品质。腐蚀率越低，阳极的使用寿命越长，阴极锌中的含铅量随之降低，从而提高阴极产品的合格率。对于电解过程的实际模拟实验，阳极腐蚀速率的测试一般采用失重法。其具体操作方法为：在电解前将阳极称重；经过一定时间的电解后将阳极取出，用糖碱溶液（由20g 葡萄糖和100g NaOH 溶于1000 mL 蒸馏水中配制而成）清洗表面的阳极泥，加热至沸腾半小时，然后再用去离子水冲洗，最后放入烘箱烘干后再次称重；测量电解前后阳极的质量之差，按式（1-30）来计算腐蚀速率。本节通过50天的生产电流密度（500A/m^2）电解，计算各中试阳极的腐蚀速率结果见表1-23。

$$v_k = \frac{m_1 - m_2}{St} \tag{1-30}$$

式中　v_k——阳极腐蚀速率，g/（m^2·h）；

　　　m_1——阳极使用前的质量，g；

　　　m_2——阳极使用后的质量，g；

　　　S——工作面积，m^2；

　　　t——电解时间，h。

表1-23　阳极的腐蚀速率

阳极编号	电解前的质量 m_1/g	电解后的质量 m_2/g	质量差 Δm/g	腐蚀速率/g·（h·m^2）$^{-1}$
1号	2647	2415	232	3.79
2号	1961	1877	84	1.99
3号	1357	1224	133	2.17
4号	978	851	127	2.07

从腐蚀速率的测试结果可知，本研究阳极的腐蚀速率较传统 Pb-1%Ag 合金阳极（1号）下降了42.7%，说明 Ti/Al/Ti/SnO$_2$+Sb$_2$O$_4$/β-PbO$_2$ 阳极的耐蚀性能较好。分析其原因为：在电解过程中当阳极的电流密度分布不均匀时，在电流密度较大的区域会出现腐蚀凹坑，随后腐蚀加快加深，最后连成一片而脱落，在电流密度大的地方又会不断地涌出新的腐蚀凹坑，腐蚀凹坑处又有电流会聚加深腐蚀，如此周而复始，腐蚀会逐步加深。但若电流密度分布均匀时，表面腐蚀速度一致，不易出现腐蚀凹坑或缺陷，呈现均匀腐蚀，降低了腐蚀速度。本研究阳极腐蚀速率的降低得益于其结构设计的合理和制备工艺的优化，使得电解过程中阳

极的实际电流密度分布更为均匀，中间氧化涂层还有效地阻止了 Ti 层的钝化失效。因此，Ti/Al/Ti/SnO$_2$+Sb$_2$O$_4$/ β-PbO$_2$ 阳极可以有效地降低腐蚀率，减少电解液中的 Pb 含量，进而提高阴极 Zn 品质。

1.7.2.7   各中试阳极的最佳性能

电能单耗作为综合考察整个电积系统性能的重要指标，是最终衡量电积过程技术水平及经济效益的重要指标之一，有着不可替代的地位。主要以每生产 1tZn 的耗电量为判断依据，单耗越低说明电沉积生产 Zn 时所使用的电能越少。因此，综合考虑各种阳极在使用过程中的各项性能指标，以电能单耗为判断依据优化出不同阳极的最佳使用条件，结果如表 1-24 所示，可以看出，本研究阳极适合在较大电流密度下进行生产，符合工业生产中的需求。同比中试条件下，其电流效率高达 90%，电能单耗较其他中试阳极的最佳值均低，锌产品产量最大的同时还能保证产品的品质最佳，是 4 种中试阳极中各项综合性能最优的，以此证明了本研究阳极具有的实际意义与价值。

表 1-24   各阳极的最佳使用性能

技 术 指 标	1 号	2 号	3 号	4 号
最佳使用电流密度/ A·m^{-2}	500	333	550	500
槽电压/V	3.367	3.216	3.333	3.651
阴极产品上板量/kg	1.12	0.75	1.325	1.14
电流效率/%	85	85.4	90.5	86.5
电能单耗/kW·h·t^{-1}	3246.7	3086.7	3018.7	3459.68

1.7.3   新型 Ti/Al 层状复合基体电极的节能效果及节能机理探究

在企业生产电流密度下（500A/m^2），各电极的电解指标见表 1-25。将传统 Pb-1%Ag 合金阳极（1 号）与 Ti/Al 复合基体 PbO$_2$ 涂层阳极（3 号）在 24h 电解过程中的槽电压波动值列出，如图 1-50 所示。

表 1-25   企业生产电流密度下（500A/m^2）各电极的电解指标

电解指标 （工业标准）	阳 极 类 型				性能 改善 /%
	1 号传统 Pb-Ag 合金阳极	2 号 Al/Pb 层状 复合阳极	3 号 Ti/Al 复合基体 β-PbO$_2$ 涂层阳极	4 号 Ti 网 PbO$_2$ 阳极	
槽电压/V	3.443	3.346	3.333	3.689	3.2
电流效率/%	85	87.3	88.8	86.5	4.5
能耗/kW·h·t^{-1}	3246.9	3114.3	3142.1	3459.7	3.2
腐蚀速率/g·（h·m^2）$^{-1}$	3.79	1.99	2.17	2.07	42.7

电解指标 （工业标准）	阳 极 类 型				性能 改善 /%
	1 号传统 Pb-Ag 合金阳极	2 号 Al/Pb 层状 复合阳极	3 号 Ti/Al 复合基体 β-PbO$_2$ 涂层阳极	4 号 Ti 网 PbO$_2$ 阳极	
析锌量/kg	1.12	1.15	1.17	1.14	4.5
锌含铅率/%	0.455	0.507	0.226	0.246	50.3

从表 1-25 中 Ti/Al 复合基体 PbO$_2$ 涂层阳极较传统 Pb-Ag 合金阳极的电解指标数据对比可以直观看出，无论槽电压、电流效率、能耗、产量以及产品品质均反映出本研究电极的使用性能最佳，直接或间接表现出其较传统 Pb-Ag 合金电极具有电阻低、电流分布均匀、槽电压低、能耗低、析锌量大、产品品质好及阳极使用寿命长等优势，且其使用条件最符合企业现场生产的大电流密度条件，中试结果良好。而中试过程中 2 号 Pb/Al 复合阳极的产品锌中 Pb 含量高达 0.51%，而 4 号 Ti 网 PbO$_2$ 阳极不能正常沉积阳极泥，导致电解液浑浊不能循环利用，故而该两组电极的中试情况不理想。

从图 1-50 中可以看出，两种阳极的槽电压随时间的延长都发生了一定的波动，但幅度均在小范围内，且趋势一致，因此判断是电解液中 Zn^{2+} 离子浓度的变化造成的统一影响。通过比较相同条件下两种阳极的槽电压可以看出，Ti/Al 复合基体 PbO$_2$ 涂层阳极在生产过程中 24h 的槽电压测量值均低于传统 Pb-1%Ag 合金阳极，其电耗情况平稳良好。

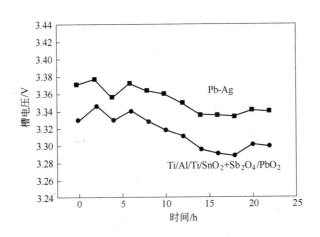

图 1-50 Pb-1%Ag 合金阳极与 Ti/Al 复合基体阳极的槽电压 24h 波动图

1.7.3.1 基体材料组织结构改变与阳极的节能机理

通过对 Ti/Al 界面间金属化合物性能的计算，指导性地给出最佳的界面间金

属化合物的物相为 $TiAl_3$，并结合对 Ti/Al 层状复合材料界面组织结构的研究，通过适当的制备方法与扩散焊接工艺控制 Ti、Al 基体材料之间良好的冶金式界面结合状态，得到导电性能最佳的，界面宽度约 $0.85\mu m$ 的 $TiAl_3$ 单一物相层。金属间化合物 $TiAl_3$ 在 4.2K 温度下的残余电阻率约为 $0.2\mu\Omega/m$，273K 时增加至约 $0.5\mu\Omega/m$，和纯钛相当。其中 Ti/Al 层状复合基体材料的制备关键是要防止导电性能不佳的多层硬脆相界面间金属化合物 $TiAl$、Ti_3Al、$TiAl_2$ 的生成。因此 Ti/Al 层状复合结构材料主要是利用内芯铝较低的内阻使整个复合阳极的导电性能与同体积的 Pb-Ag 合金阳极相比大幅提升，且同时使得电极质量减少、成本降低。基体材料及结构的改变导致了阳极在电解过程中电子传输方式的改变，以 Al 为内芯的电极基体缩短了电子穿过高电阻铅基体的路径，因此基体材料的节能机理有以下几个方面：

（1）在恰当的工艺技术条件下，获得了 Ti/Al 复合材料的稳定 $TiAl_3$ 单相界面层。冶金式的结合界面将钛与铝融为一体，强化了基体内部对电子的传输能力，为基体总电阻的降低创造了条件。本研究在试验范围内将钛层的厚度设计到了最低，充分发挥了内芯铝电阻小的优势。Ti/Al 复合基体从整体等效电路来看，是以 Ti/ $TiAl_3$/Al 的并联形式构成的，其内阻小于或等于 Al 的内阻；从单个电子的流向来看，是以 Ti/ $TiAl_3$/Al 的串联形式构成的，为电子在电极内部的传输提供了最短的路径。在 Ti/$TiAl_3$/Al 层状复合基体横向传输电阻相等的情况下，电流的纵向传输方式应沿着电阻最小的方向，所以整个基体的电流传输方式将采取"能量最小原则"，即电流由 Al 基体纵向流入后，再横向流向钛基体，从而由钛表面流出。由于金属铝的内阻仅为纯钛的 1/17，为纯铅内阻的 1/8，采用 Ti/Al 层状复合结构的电极基体，就为电子在电极内部的传输提供了最短的、电阻最小的导电通道。基体结构的整体设计，利用了层状复合材料的性能叠加效应来实现复合基体电极的高强度、低电阻优势。"钛包铝"复合结构的内芯金属铝作为电极的集流载体和导电通道，起到减小内阻、加快电极对电子的传输速度、降低电极电位的作用，从而降低了电解冶炼过程中的槽电压，而槽电压是节能降耗的重要指标之一。

（2）同理，电阻较小的铝芯电势分布也可视为均匀的等势面，由此分配到复合基体表面的电势分布也较为均匀，电势差较小，均化了电极总体的电流分布。由此降低了单位时间内阳极表面发生局部腐蚀破坏的可能性，有利于电极使用寿命的延长；在此次锌电解过程中，Ti/Al/Ti/SnO_2+Sb_2O_4/PbO_2 阳极的低腐蚀率可降低铅离子对电解液的污染，从而降低阴极锌的含铅量，提高产品锌的品位；阳极电流的均匀化可以使得阴极产品能够均匀地析出，减小由于边缘效应出现枝晶析出的可能性，从而避免由此造成的阴阳极间的短路烧板现象。

（3）复合基体相互接触的两相异性金属相间对电子的亲和能力不同，电子逸出不同金属的难易程度也就不相同。通常电子离开金属逸入真空所需的最低能量称为电子逸出功。显然，在电子逸出功高的金属相中，电子比较难逸出，当两种金属接触时，由于电子逸出功不等，相互逸入的电子数目将不相等，因此在界面层形成了双电层结构：在电子逸出功高的金属相一侧电子过剩，带负电；在电子逸出功低的金属相一侧电子缺乏，带正电。由于 Al 的原子半径小，Ti 的原子半径大，Al 比 Ti 对电子的亲和能力强，并且铝的自由电子密度（$18.1×10^{28}\,m^{-3}$）大于钛（$11.3×10^{28}\,m^{-3}$），所以在 Ti 与 Al 复合后将产生 12.1mV 的接触电势，当 Ti/Al 复合材料处于阳极的电化学反应时，其阳极极化电位的极性刚好与接触电势的极性反向串联，这样一来就抑制了极化电位的升高。

（4）在整个电化学反应过程中，影响电极反应速率的主要因素是电子在整个电解系统中的交换传递速率（包括在基体上的传输速率、活性层/电解液界面的交换率与电解液中的传递速率）。由于离子在液态电解液中的传递速率远高于电子在基体上的传输速率，因此固/液界面的电离子交换率受限于电子在基体上的传输速率。当基体的导电性增大时，电极内部的电子传输速率就越高，电极表面电荷的交换速率就越大，电极的反应速率提高。

1.7.3.2　基体材料力学性能的提高与阳极的节能机理

表 1-26 列出了金属材料的物理性能，从表 1-26 可以看出，一方面电极力学性能的改善可以延长电极的使用寿命。由于 Ti 的弹性模量是 Pb 的 6.6 倍，Ti/Al 复合相界面层 TiAl$_3$ 的弹性模量（220GPa）是 Pb 的 12 倍，Al 的弹性模量是 Pb 的 4 倍，Ti/Al 复合材料又具有良好的力学协同性能。同时 Ti 的强度是 Pb 的 13 倍，Al 的强度是 Pb 的 2.6 倍，因此采用 Ti/Al 复合材料作为电极基体无疑大幅提升了传统 Pb 电极的抗蠕变性能与强度，对电极基体在使用过程中的骨架支撑作用有良好的改善效果。从第 1 章 Ti/Al 复合材料抗弯力学性能测试结果可知，在加载应力达到 60MPa 时，其力学协同性能依然良好，试样产生塑形变形；而传统 Pb-1%Ag 合金在加载应力达到 8.70MPa 时，试样的塑性变形被破坏；课题组其他实验数据表明，Pb/Al 复合材料在加载应力达到 18.9 MPa 时协同变形阶段结束，试样失效。相比之下，Ti/Al 复合材料的平均抗弯强度较传统 Pb-Ag 合金提高至少 85%。加之 Al 作为电极基体的内芯材料具有良好的导热性能，且 Ti 在中等温度下仍能保持原有的强度。与传统的 Pb-1%Ag 合金阳极相比，极大地降低了使用过程中由槽内升温造成的阳极弯曲变形、阴阳极短路，保证了阴极产品的均匀析出与电极的正常使用。依据 Ti/Al 复合基体阳极中试的腐蚀率较传统 Pb-Ag 合金阳极降低了 42.7% 来看，该新型复合基体电极极大地改善了极板的腐蚀性能。以电解锌为例，不考虑同比消耗的 Ti/Al 复合阳极板比 Pb-1%Ag 合金阳极板的成本节约值，按每年耗 130 万片阳极的 1/3 计算，可节省传统铅合金阳极 15.3 万片，

减少铅消耗量 1.78 万吨，银 178t，仅此一项便可节省人民币 14.26 亿元。

表 1-26　金属材料物理性能的对比

材料	密度 /g·cm^{-3}	弹性模量 /GPa	抗拉强度 /MPa	伸长率/%	电阻率 /Ω·mm^2·m^{-1}	热导率 /W·(m·K)$^{-1}$
Ti	4.5	118	238	54	47.8×10^{-2}	15.24
Al	2.7	72	48	60	2.83×10^{-2}	237
Pb	11.3	18	18	40	20.83×10^{-2}	34.8

另一方面，同体积电极质量的减小可以降低耗材与成本。铝的密度是钛的1/2，铅的1/4，经过称重测量，在同体积（6mm×150mm×170mm）规格下，Ti/Al复合基体阳极的平均质量为1357g，而Pb-1%Ag合金阳极的质量为2647g，平均质量降低了48.7%。从材料设计及消耗的角度计算，以1.6m^{2}的大极板（厚度为6mm）为例，与传统涂层Ti电极相比，同等外形尺寸条件下，Ti/Al复合电极基体可减轻质量29.86%，成本由3450元降低到1120元，降低了67.53%。与传统的Pb-1%Ag合金阳极相比，Ti/Al复合电极可减轻质量48.73%，成本由3111元降低到1120元，降低64%。这对降低生产成本，减小金属资源的损耗，减少Pb对环境的污染以及提高操作过程的灵活性与效率，减轻工作人员的劳动强度都是有益的。依据Ti/Al复合基体阳极中试试验能耗降低3.2%计算，以电解锌为例，2011年底中国电锌产量达到600多万吨，每吨锌耗电3500度，每年仅电解锌一项就耗电210亿度，本项目技术仅在我国湿法炼锌企业中使用就可节省电耗6.72亿度，约合人民币2.688亿元（按0.4元/度计算）。

1.7.3.3　阳极表面 β-PbO$_2$ 活性层的改善与阳极的节能机理

对于基体表面电沉积PbO$_2$的阳极而言，Ti/Al复合基体没有改变电极活性层的物相，其与纯Ti基体电沉积层同为β-PbO$_2$。但两种电极的极化电位有所差异，除了基体在电化学反应过程中造成的电极电位负移之外，还有不同基体在电沉积过程中形成的电极表面β-PbO$_2$活性层的形貌与性能也不同。分析其原因为：由于纯Ti基体与Ti/Al复合基体为两类具有不同导电能力的阳极材料，镀液中Pb^{2+}在电场力和浓差极化的作用下向电极表面扩散，在电极表面参与下式的反应：

$$Pb^{2+} + 2H_2O \Longrightarrow PbO_2 + 4H^+ + 2e \qquad (1-31)$$

PbO$_2$开始形核并沿晶体生长线长大。当沉积速率大于其生长速率时，沉积层的晶粒尺寸减小。整个过程中沉积速率决定了PbO$_2$晶粒的大小。由于电荷在溶液中的传递速率远超过电子在电极内的传递速率，通过上述反应方程式可知，沉积速率主要取决于电极表面的电子交换率。当电极基体的导电性增大时，电极内部电子的传输速率越高，电极表面电荷的交换速率就越大，使得沉积速率增大，PbO$_2$晶粒得到细化，由纯Ti基体的0.1μm减小至复合基体的27nm，使得阳极表面 PbO₂ 活性层的比表面积增加了 22%。这点无论是对复合基体电沉积 β-PbO₂ 活性层时的形貌与性能，还是对最终阳极在电解工业中的反应速率均有正向作用，其对阳极性能的影响具有正向累积性效果。本研究的 Ti/Al 复合基体阳极较纯 Ti 基体阳极的极化电位负移了约 320mV，在相同表观电流密度下（1000 A/m²）的析氧超电压 η 下降了 3.3V，大大降低了电解过程中的能耗。

1.8 本章小结

本章的研究工作主要从以下三个方面进行：第一，Ti 包 Al 复合界面合成机理与性能的影响关系。文中结合第一性原理计算与扩散动力学计算系统研究了热压扩散复合工艺对 Ti/Al 复合基体性能的影响，结合 SEM、XRD 和 HRTEM 等测试手段分析复合基体界面扩散层的组织形貌、物相结构稳定性对电极基体导电性能与力学性能的影响。第二，SnO₂+Sb₂O₄ 中间层和 β-PbO₂ 活性层的制备工艺与性能。研究了 Ti/Al 复合基体的电沉积机理与工艺，根据 Pb-H₂O 系的电位-pH 值图，结合电沉积 β-PbO₂ 的热力学条件，探索在酸性硝酸铅体系中，Ti/Al 复合基体上涂覆 SnO₂+Sb₂O₄ 中间层后电沉积 β-PbO₂ 的工艺条件，采用 SEM、XRD 及 LSV 等测试手段研究不同工艺对沉积层的物相结构、显微硬度、表面分形维数及电化学性能的影响，揭示各参数对电沉积过程的影响规律；以及研究了 Ti/Al 复合基体制备工艺与 β-PbO₂ 活性层电沉积工艺的匹配对阳极性能的影响。第三，Ti 包 Al 复合基体 β-PbO₂ 涂层电极的生产应用对比研究。对 Ti/Al/Ti/SnO₂+Sb₂O₄/β-PbO₂ 阳极在企业进行了模拟生产对比试验，与传统 Pb-1%Ag 合金阳极、Al/Pb 层状复合阳极、Ti/PbO₂ 阳极进行对比，验证其性能优势，分析了该复合基体阳极的节能机理。本章主要结论如下：

（1）通过第一性原理计算，揭示 4 种 Ti-Al 间金属化合物的合金化能力：TiAl₃ > TiAl₂ > TiAl > Ti₃Al；化学稳定性：Ti₃Al > TiAl > TiAl₂ > TiAl₃。研究了 Ti/Al 界面扩散层的相变机制，分析其形成过程中发生的主要反应顺序为：Ti + 3Al ═TiAl₃，TiAl₃+2Ti ═3TiAl，4Ti+TiAl₃═Ti₃Al+2TiAl，TiAl₃+TiAl ═2 TiAl₂。由于复合基体导电性能的提高，不但可以降低生产过程中由电极基体电阻造成的电能无功消耗；还能提高电极内部的电子传输速率，增大电极表面反应的活性。因此设计相关实验，测试了不同 Ti 包 Al 基体制备工艺条件下 Ti/Al 复合界面的电阻率，获得了电阻率最低的界面扩散层为 TiAl₃ 单相层，厚度约 850μm，其制备工艺条件为：扩散温度 540℃，扩散时间 90min。并结合实际生产需要，优化出最佳的复合基体 Ti、Al 板厚度为：Ti 为 0.3mm，Al 为 6mm。对 Ti/Al 复合基体界面扩散层的生长动力学研究表明：扩散温度对其厚度的影响要远远大于时间的影响；扩散层的生长动力学方程为：

$$y = 1.09 \times 10^{12} t^{3.06027 - 0.00358T} \exp\left(-\frac{193252}{RT}\right)$$

（2）非贵金属 $SnO_2+Sb_2O_4$ 中间层的作用机理分析说明：该氧化物中间层不但可以有效地阻止阳极析氧反应产生的氧气扩散至基体表面形成 TiO_2 绝缘层，即使有部分 TiO_2 的形成，也因其与 SnO_2 具有相同的金红石结构，从而形成固溶体，降低了基体与中间层的内应力，使得中间层具有较好的附着性与致密性；并且 SnO_2 是一种 n 型半导体，其中掺入适量的锑可以增大 SnO_2 的导电性，降低电极基体的表面电阻，同时也可以改善电极表面 β-PbO_2 沉积层的晶体结构，进一步提高电极的电化学活性。本研究的相关实验证明：Ti 包 Al 复合基体结构的改变不会造成 $SnO_2+Sb_2O_4$ 中间层物相的变化；在后续 β-PbO_2 电沉积工艺中，中间层涂覆次数对 β-PbO_2 沉积层的性能影响最大，其最佳的涂覆次数为 15 次。

（3）通过对电沉积 β-PbO_2 过程的热力学机理进行分析，获得复合涂层基体上电沉积 β-PbO_2 时的 pH 值小于 3.84，电位大于 0.82。电沉积 β-PbO_2 时，影响因素的综合作用效果为：中间层涂覆次数>电流密度>电沉积时间；最佳 β-PbO_2 活性层的电沉积条件为：电流密度 $3.3A/dm^2$，沉积时间 2h。$Ti/Al/Ti/SnO_2+Sb_2O_4/\beta$-$PbO_2$ 阳极的析氧动力学研究表明：在 $1mol/L$ H_2SO_4 溶液中，其交换电流密度 i^0 是传统 Ti 基 PbO_2 电极的 15 倍；在工业电流密度下（1000 A/m^2），其析氧超电压 η 较传统阳极材料下降了 3.3V；其在酸性环境中有较好的稳定性，寿命长达 10.4 年，高出纯 Ti 基体 PbO_2 电极 50%，完全能够满足实际生产中的使用要求。

（4）本研究阳极 $Ti/Al/Ti/SnO_2+Sb_2O_4/\beta$-$PbO_2$ 的企业中试结果表明：在 $500A/m^2$ 的生产电流密度下，其槽电压波动较小，均值较传统 Pb-1%Ag 合金阳极下降了 3.2%；阴极的锌产量也提高了 4.5%，且产品含 Pb 量下降了 50.3%；电解电流效率高达 88.8%，较传统提高了 4.5%；吨锌电耗也同比下降 3.2%；阳极腐蚀速率下降 42.7%。验证了本研究阳极能够均化电流密度的分布、延长电极的使用寿命，具有提高电流效率、降低槽电压、减小吨锌电耗、提高产品品质等优势。

（5）从基体材料的组成结构改变与阳极表面 β-PbO_2 活性层形貌优化等影响因素分析了 $Ti/Al/Ti/SnO_2+Sb_2O_4/\beta$-$PbO_2$ 阳极的节能机理：Ti 包 Al 复合基体在利用组元金属 Ti 提高电极耐蚀性与强度，延长电极的使用寿命的同时，利用金属 Al 降低了电解过程中由电极内阻造成的无功损耗；电阻较小的 Al 芯，均化了电极的电流分布，使得阴极产品均匀析出，避免阴阳极间出现短路烧板现象，也使得电极的使用寿命延长；复合基体的 Ti、Al 复合后将产生 12.1mV 的反向接触电势，与阳极极化电位反向串联，抑制了极化电位的升高。并且在电积过程中，基体导电性的增大使得电极内部电子的传输速率提高，电极表面的电荷交换率增大，电极的电化学活性提高；对于电极表面活性沉积层 β-PbO_2 的形貌与性能，复合基体导电性的提高还可以起到二次优化的作用，提高了电极的催化活性；与此同时，等体积电极质量的减小可以降低阳极的耗材与成本。在生产中锌电积阳极规格下（6mm×150mm×170mm），对本研究阳极进行节能估算。以中试能耗降低 3.2%计算，其年节省电耗 6.72 亿度，约合人民币 2.688 亿元（按 0.4 元/度计算）；以电积锌的耗材节约计算，其年节省人民币 14.26 亿元，充分体现出 Ti/Al/Ti/SnO$_2$+Sb$_2$O$_4$/β-PbO$_2$ 阳极的工业化意义及经济价值。

参 考 文 献

[1] Trasatti S. Electrocatalysis in the anodic evolution of oxygen and chlorine [J]. Electrochemical Acta, 1984, 29 (11): 1503~1512.

[2] Trasatti S. Physical electrochemistry of ceramic oxides [J]. Electrochemical Acta, 1991, 36 (2): 225~241.

[3] 陈颙, 陈凌. 分形几何学 [M]. 北京: 地震出版社, 1998.

[4] Hine F, Yasuda M, Noda T, et al. Studies on the oxide-coated metal anodes for chlor-alkali cells [J]. J. Electrochem. Soc., 1977, 124 (4): 500~505.

[5] Stanley Langer H, Stephen J Pietsch. Porous ruthenium titanium oxide electrodes [J]. J. Electrochem. Soc, 1979, 126 (7): 1189~1202.

[6] Hrussanova A, MirkovaL, Dobrev T. Anodic behaviour of the Pb-Co$_3$O$_4$ composite coating in copper electrowinning [J]. Hydrometallurgy, 2001, 60 (3): 199~213.

[7] 刘荣义, 张文山, 梅光贵. 锌电积各种因素对阳极析出 MnO$_2$ 电流效率的影响 [J]. 中国锰业, 2000, 18 (4): 29~32.

[8] Kattner U R, Lin J C, Chang Y A. Metallurgical Transactions A, 1992, 23 A (8): 2081.

[9] 岳云龙, 吴海涛, 吴波. TiAl 化合物的热爆合成热力学与动力学分析 [J]. 济南大学学报, 2005, 19 (2): 106.

[10] 郭佳鑫. Ti/Al 复合材料的界面演变及性能研究 [D]. 昆明: 昆明理工大学, 2012.

[11] 郭鹤桐. 电化学教程 [M]. 天津: 天津大学出版社, 2000.

[12] 张招贤. 应用电极学 [M]. 北京: 冶金工业出版社, 2005.

[13] Winger E. On the interaction of electrons in metals [J]. Phys. Rev., 1934, 46 (11): 1002.

[14] 陈延禧. 电解工程学 [M]. 天津: 天津科学技术出版社, 1993.

[15] Milan Calabek. Influence of grid design on current distribution over the electrode surface in a lead-acid cell [J]. Journal of Power Sources, 2000, 85: 145~148.

[16] Vagra Миан, Елисей Yina, Как Исинбаева. The current distribution over electrode surface in Electrolytic deposition [M]. Zhao Zhencai, transl. Beijing: China Machine Press, 1958.

[17] 戚正风. 固态金属中的扩散与相变 [M]. 北京: 机械工业出版社, 1998.

[18] 潘金生, 仝健民, 田民波. 材料科学基础 [M]. 北京: 清华大学出版社, 2005.

[19] 蒋淑英. Al/Fe、Al/Ni、Al/Ti 液/固界面扩散溶解层研究 [D]. 北京: 中国石油大学, 2010.

[20] Tanaka Y, Kajihara M, Watanabe Y. Growth behavior of compound layers during reactive diffusion between solid Cu and liquid Al [J]. Materials Science and Engineering: A, 2007, 445~

446：355~363.

[21] 梁镇海, 张福元, 孙彦平. 耐酸非贵金属 Ti/MO$_2$ 阳极 SnO$_2$+Sb$_2$O$_4$ 中间层研究. 稀有金属材料与工程 [J]. 2006, 35 (10)：1605~1609.

[22] Chen Xueming, Chen Guohua. Stable Ti/RuO$_2$-Sb$_2$O$_5$-SnO$_2$ electrodes for O$_2$ evolution [J]. Electrochim Acta, 2005, 50 (20)：4155.

[23] 李荻. 电化学原理 [M]. 北京：北京航空航天大学出版社, 2000.

[24] 杨显万, 何蔼平, 袁宝州. 高温水溶液热力学数据计算手册 [M]. 北京：冶金工业出版社, 1983.

[25] 李仕雄, 刘爱心. 电解液质量对锌电积过程的影响及其在线控制 [J]. 中国有色金属学报, 1998, 8 (3)：519~522.

[26] Chen C Y, Urbani M D, Miovski P, et al. Evaluation of saponins as acid mist suppressants in zinc electrowinning [J]. Hydrometallurgy, 2004, 73：133~145.

[27] 李文超. 冶金与材料物理化学 [M]. 北京：冶金工业出版社, 2001.

[28] 安特罗波夫 (苏). 理论电化学 [M]. 吴仲达, 朱耀斌, 吴万伟, 译. 北京：科学出版社, 1984.

[29] 高颖, 邬冰. 电化学基础 [M]. 北京：化学工业出版社, 2004.

[30] Michael E Hyde, Robert M J Jacobs, Richard G Compton. An AFM study of the correlation of lead dioxide electrocatalytic activity with observed morphology [J]. J. Phys. Chem. B, 2004, 108：6381~6390.

[31] Jeanne Burbank. Anodization of lead and lead alloys in sulfuric acid [J]. Journal of Electrochemical Society, 1957, 104：693~701.

[32] Minhua Cao, Changwen Hu, Ge Peng, et al. Selected-control synthesis of PbO$_2$ and Pb$_3$O$_4$ single-single-crystalline nanorodes [J]. J. Am. Chem. Soc., 2003, 125：4982.

[33] 宋建梅, 黄效平, 陈康宁. 高氧超电极在电解法生产氯酸盐中的应用 [J]. 氯碱工业, 2000, 6：3~6.

[34] Marco Musiani, Ferdinando Furlanetto, Renzo Bertoncello. Electrodeposited PbO$_2$+RuO$_2$: a composite anode for oxygen evolution from sulphuric acid solution [J]. Journal of Electroanalytical Chemistry, 1999, 465：160~167.

[35] Devilliers D, Dinh Thi M T, Mahé E, et al. Electroanalytical investigations on electrodeposited lead dioxide [J]. Journal of Electroanalytical Chemistry, 2004, 573：227~239.

[36] Velichenko A B, Devilliers D. Electrodeposition of fluorine-doped lead dioxide [J]. Journal of fluorine chemistry, 2007, 128 (4)：269~276.

[37] 王峰, 俞斌. 一种新型 PbO$_2$ 电极的研制 [J]. 应用化学, 2002, 19 (2)：193~195.

[38] 陈振芳, 蒋汉瀛, 舒余德, 等. 电沉积 PbO$_2$ 工艺参数、结构组织、机械性能关系的研究 [J]. 化工冶金, 1991, 12 (2)：122~128.

[39] 庄京, 邓兆祥, 梁家和, 等. β-PbO$_2$ 纳米棒及 Pb$_3$O$_4$ 纳米晶的制备与表征 [J]. 高等学校化学学报, 2002, 23 (7)：1223~1226.

[40] 石绍渊, 孔江涛, 朱秀萍, 等. 钛基 Sn 或 Pb 氧化物涂层电极的制备与表征 [J]. 环境化学, 2006, 25 (4)：429~434.

2 Pb/Al 层状材料的制备与性能

Pb/Al 层状材料因其优异的耐磨、抗冲击、电化学性能等特点，被广泛应用于航天航空、湿法冶金等领域，并展现出重要的应用价值和开发潜力，尤其是在湿法冶金领域，Pb、Al 在力学特性、物理特性及电化学特性方面存在极大互补，使得材料具有优异的电化学性能、内阻低、质量轻、强度高等优点，表现出诱人的应用前景。但 Pb 与 Al 属于非混溶体系，热力学混合焓 $\Delta H_{\text{mix}} > 0$，且在 Pb/Al 界面结合处往往存在缺陷，难以形成冶金式结合。因此，合理设计结合界面、寻找最佳的第三组元过渡物质 X 是成功制备 Pb/Al 层状材料的关键。

2.1 构建 Pb/Al 层状材料第三组元的选择

2.1.1 Pb/Al 界面设计

多组分金属合金化后，会形成金属间化合物或固溶体，从材料的电学性能考虑，一般来讲不论金属间化合物还是固溶体的导电性都会低于纯组分的导电性。其原因分述如下：一方面，金属间化合物中元素的电负性差较大，使得结合键呈现一定的离子性或共价性，这两种结合键中电子的自由程度都比不上金属键，这些导电电子与晶格的作用比较强烈，因而材料的电阻率较高。鉴于此，合金系中如果存在金属间化合物，合金在该成分下一般应当具有较高的电阻率[1]。另一方面，当多元体系间形成固溶体时，考虑到纯组元间原子半径差引起的晶体点阵畸变，增加了电子的散射，故固溶体的电阻总要大于各组元纯金属的电阻，且原子半径差越大，固溶体的电阻也越大，但是晶体点阵畸变不是导致固溶体电阻增大的唯一原因，这种合金化对电阻的影响还有如下几个因素：一是杂质对理想晶体局部的破坏；二是合金化使能带结构发生变化，造成费米面移动并改变了电子能态的密度和有效电子数；三是合金化也影响了弹性常数，因此点阵振动的声子谱要改变，这些因素最终反映到固溶体的电阻增大上来[2]。虽然金属间化合物及固溶体较之纯组分元素都在一定程度上损失了导电性，但总要在其两者之间做出最终的选择。根据材料设计理论分析，材料的扩散连接性受以上两种生成物的影响区别很大，界面金属间化合物本身存在较大的脆性，会使接头强度降低，严重时则破坏界面结合的稳定性，因此当有金属间化合物层生成时，要通过尽量控制化合物的数量、分布形态和厚度来改善接头的力学性能；而相比之下，界面结合层若是固溶体就可以顺利地进行连接，并容易得到高质量的接头。

通过以上分析发现，对于 Pb、Al 难混溶界面而言，最理想的连接方式便是通过寻找一种第三组元 X 作为过渡物质，使 Pb、X、Al 三者之间形成固溶体过渡薄层。根据电阻的定义式，在一定的电阻率及界面面积条件下，尽量减少界面的宽度（同时还要顾及其宽度对力学结合性能的影响），将会大大降低界面的电阻，从而通过设计合适的工艺条件制备出 Pb-X-Al 层状复合材料，最终实现提高复合材料界面的整体性能（电学、力学、电化学）的目的。

2.1.2 第三组元过渡物质 X 的优化选择

根据陈念贻先生的键参数函数理论[3]，二元非过渡金属 A-B 间的"化学亲和力参数"η 定义为：

$$\eta = \Delta x - \lg\left[\frac{\left(\dfrac{Z}{r_k}\right)_A}{\left(\dfrac{Z}{r_k}\right)_B}\right] + 0.066 \tag{2-1}$$

式中，$\Delta x = | x_A - x_B |$，为电负性差（$\geqslant 0$）；$\dfrac{\left(\dfrac{Z}{r_k}\right)_A}{\left(\dfrac{Z}{r_k}\right)_B}$ 为元素 A、B 电荷半径比之商

（即价电子半径与原子实半径之商，原子实半径约近似于较低价离子实半径），$\dfrac{Z}{r_k}$

取较小者为分母，故 $\dfrac{\left(\dfrac{Z}{r_k}\right)_A}{\left(\dfrac{Z}{r_k}\right)_B}$ 的值恒大于或等于 1。

令式（2-1）中 $\eta = 0$，得：

$$\frac{\left(\dfrac{Z}{r_k}\right)_A}{\left(\dfrac{Z}{r_k}\right)_B} = 10\Delta x^{+0.066} \tag{2-2}$$

可以看出 $\dfrac{\left(\dfrac{Z}{r_k}\right)_A}{\left(\dfrac{Z}{r_k}\right)_B}$ 与 Δx 成指数函数关系，$\eta = 0$ 的拟合线见图 2-1。

由图 2-1 可清楚地看到 $\eta = 0$ 曲线将二维象限空间划分为上下两部分：

（1）$\eta \geqslant 0$ 时（曲线右下方），A、B 间有稳定的化合物生成；

（2）$\eta \leqslant 0$ 时（曲线左上方），A、B 间不易生成金属间化合物，且难以

互溶；

（3）$\eta \to 0$ 时，A、B 间生成介稳态化合物（中间相）或形成固溶体。

其意义在于：左上方距此线越远，η 越小于 0，被考察二元非过渡金属 A-B 间无金属间化合物生成；右下方距此线越远，η 越大于 0，被考察二元非过渡金属 A-B 间有稳定的金属间化合物生成；$\eta \to 0$ 时，A、B 间生成介稳态化合物（中间相）或形成固溶体。

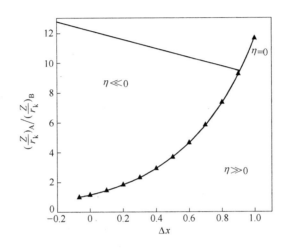

图 2-1 $\eta = 0$ 的拟合曲线

根据元素的电荷-半径比值及 Pauling 电负性[3]，综合研究了 Al-（Cu、Sb、Ca、Mg、Sn、Zn、Bi）与（Cu、Sb、Ca、Mg、Sn、Zn、Bi）-Pb 等多种二元金属间的键参数函数 η 的情况，部分二元非过渡金属间 η 的计算结果如图 2-2 所示。

通过分析计算，$\eta_{Pb,Al} = -0.2163 \ll 0$，$\eta_{Pb,Sn} = 0.002 \to 0$，$\eta_{Al,Sn} = -0.152 < 0$。其次，根据 Humu-Rothery 理论[4]，当原子半径差与溶剂原子半径的比小于 15% 时，则两组元之间可形成范围广的固溶体。Pb 的原子半径为 0.175nm（按配位数 12 计），Sn 的原子半径为 0.158 nm，Al 的原子半径为 0.143 nm，故理论上 Al 与 Sn、Pb 与 Sn 两两之间易于在 α 相中有较大的固溶度范围。从 Al-Pb、Al-Sn、Pb-Sn 二元相图分析（图 2-3），由 Al-Pb 二元合金相图可知，Al-Pb 两组元只有在高温（1560℃）下才互溶，但此温度已接近铅的沸点（1751℃）。Al-Pb 系在 659℃ 以上是宽广的双液区，固态下几乎无固溶度。Al-Sn 二组元在液态时无限互溶，在固态时有限互溶，且发生共晶反应。从 Pb-Sn 二元系共晶相图的双相区中任意引一条水平线，可确定与之毗邻的单相。水平线为共晶反应线，合金在此线对应的温度发生共晶反应，自液相 L 同时析出 α 和 β 两个固相，可以看出 Sn 在 Pb 中存在有限溶解的固溶体 α，Pb 在 Sn 中为有限溶解的固溶体 β。

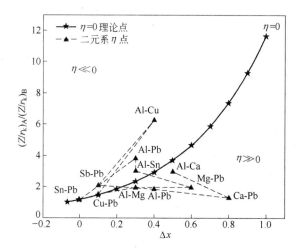

图 2-2　部分二元非过渡金属间的 η 值计算

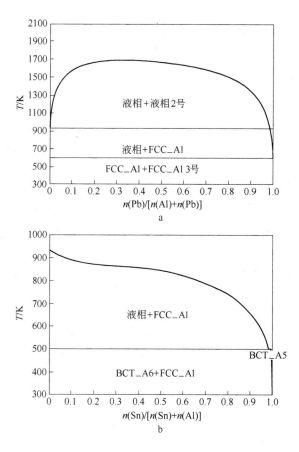

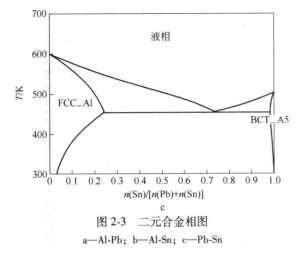

图 2-3　二元合金相图

a—Al-Pb；b—Al-Sn；c—Pb-Sn

同时，针对 Pb-Al 系混合焓 $\Delta H > 0$ 的问题，通过在 Pb-Al 之间引入第三组元，使体系总能量（$\Delta G = \Delta H - T\Delta S$）降低。另外，在 Pb 与 Sn、Al 的键合特征中，Al-Sn 键、Pb-Sn 键为共价键[5]，其结合性较强，具有这种优良特性的材料可以广泛用来制造大功率高速柴油机及拖拉机轴瓦的 Al-Sn 合金，它可以在110~130℃的温度下工作；也可以用于制作 Pb-Sn 基焊料和轴瓦耐磨材料[6]。综合考虑 Pb-Al 层状材料的各项性能，本书选择 Sn 作为中间过渡元素以解决 Pb、Al 的界面相容性。

2.2　Pb/Al 层状材料的制备方法

目前国内外研究者制备 Pb/Al 复合材料主要采用机械合金化法、快速凝固法、搅拌铸造法、粉末冶金法、失重条件下合成法、激冷铸造法和离子溅射法等方法，但仍存在诸多不可解决或难以解决的问题。然而，将第三组元作为过渡金属加入，有效地解决了其界面及后续的加工问题，且在制备成本和经济效益上体现了较大优势。因此，综合本研究组多年的研究成果和经验，制备 Pb/Al 层状材料的方法主要为热浸镀+浇铸法、固液包覆法和热压扩散焊接法等。

2.2.1　热浸镀+浇铸法

2.2.1.1　表面处理

金属基体镀前的表面状态和清洁程度是保证镀层质量的先决条件。若基体表面粗糙、有污物等，都将影响镀层与基体间的结合，镀层会出现鼓泡、花斑、剥落及抗蚀性能低等问题。铝的活性大，表面有一层致密的氧化膜，所以在铝上直接电镀很难，要先经过表面前处理去除它的氧化膜。铝合金电镀前表面处理的好坏，直接影响到镀层的结合力。镀前表面处理的目的是确保镀件表面不含任何油脂等污物，也没有其他会影响电镀过程及镀层质量的膜层。

采用 3003 铝板，表面处理工艺如下：铝板→化学除油→水洗→碱浸蚀→水洗→浸锌→水洗→硝酸褪锌→水洗→二次浸锌。化学除油利用碱溶液对皂化性油脂的皂化作用和乳化剂对非皂化性油脂的乳化作用而除去零件表面油污，保证电镀时的反应顺利进行，使镀层与基体金属结合牢固。浸蚀是利用碱的浸蚀和溶解作用除去铝板表面氧化物，利用氧化膜的活性层强烈地吸附浸渍液中的金属离子，提高镀层的结合力和耐蚀性。化学浸锌可以除去铝表面的氧化膜和其他有害表面物质，同时又在其表面沉积一层锌，防止铝的再氧化，使铝的表面电位向正方向移动，促进电沉积其他金属。化学浸锌适用于大多数铝合金，使镀层与基体金属结合良好，是应用最广泛最有效的表面前处理方法之一。当铝合金进入锌镀液中时，裸露的金属铝和溶液中的锌离子发生置换反应：$2Al+3ZnO_2^{2-}+2H_2O = 3Zn+2AlO_2^-+4OH^-$，得到均匀致密的锌层，浸锌层的颜色为青灰色。文献［7］采用二次浸锌可以在铝基材表面形成均匀、结构致密、结合力好的锌镀层，且性能稳定并明显优于一次浸锌。固液包覆法和热压扩散焊接法中此步骤均与本小节一致，下文不再赘述。具体工艺参数见表 2-1。

表 2-1　表面处理的具体工艺参数

处理工艺	化学除油	碱浸蚀	化学浸锌、二次浸锌	退锌
工艺参数	Na_2CO_3　15~50g/L $Na_4P_2O_7 \cdot 10H_2O$　10~15g/L Na_2SiO_3　10~20g/L 40~70℃ 3min	NaOH　2~5g/L Na_3PO_4　30~50g/L $NaHCO_3$　10~30g/L 50~70℃ 10~30s	ZnO　6~20 g/L NaOH　60 g/L $NaNO_3$　1 g/L 酒石酸钾钠　80 g/L $FeCl_3$　2 g/L 室温　0.5~1min	硝酸 50% 室温 15s

2.2.1.2　热浸镀

将经过表面处理的 Al 板，放入熔融态的 Sn 中，固态的 Al 和液态的 Sn 接触，发生 Al 原子溶解和 Sn 原子的化学吸附，从而在 Al 板表面镀上一层金属 Sn。实验过程为：Al 板→化学除油→水洗→碱浸蚀→水洗→溶剂处理→热浸镀 Sn。溶剂处理是将工件在热浸镀之前先浸入熔融溶剂或浓的溶剂中，去除工件表面残存的污垢和氧化皮，同时去除熔融金属的表面氧化物，降低其表面张力，改善与工件表面的润湿性。最佳的热浸镀温度为 328℃，时间为 2min。

2.2.1.3　覆铅

将镀有 Sn 的 Al 条定位于预热温度为 500℃ 的包覆钢模的中心位置，迅速均匀地将 420℃恒温的 Pb 液浇铸进钢模具中，实现液-固包覆成型，自然冷却。其中，制成不同需求规格的样品用自制的不同规格的钢模具浇铸。

工艺流程图如图 2-4 所示。

图 2-4　覆铅工艺流程图

此种工艺所制备的 Pb/Al 层状材料与传统的 Pb/Al 相比，腐蚀速率可减缓 88.3%，抗弯强度提高 32.3%，界面剪切强度可达 7.7304MPa。分别对比 Pb、传统 Pb/Al 和 Pb/Sn/Al 试样腐蚀后的 SEM 照片，如图 2-5 所示。由图可以看出腐

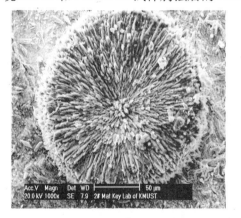

a

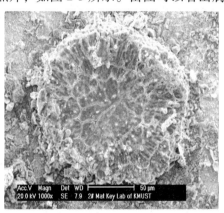

b

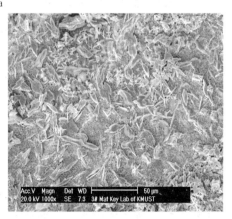

c

图 2-5　腐蚀试验后试样表面的 SEM 照片

a—Pb 合金试样；b—Pb/Al 试样；c—Pb/Sn/Al 试样

蚀后 Pb 试样的表面凹坑明显，Pb/Al 的表面虽然有凹坑，但是相比 Pb 试样还是有所改善，而 Pb/Sn/Al 试样的表面则没有出现凹坑或者缺陷。因此可看出在 Pb/Al 复合材料中的 Al 因其电阻率小从而可有效地改善 Pb/Al 复合材料的电流分布，而第三组元的加入使得 Al 和 Pb 能更有效结合，能很好地改善界面的导电能力，更有效地提高材料的耐电化学腐蚀性能。

2.2.2 固液包覆法

固液包覆法的总工艺流程为：Al 的表面处理→Al 表面热浸镀 Sn→液铅水平包覆→热处理。水平覆铅的具体工艺流程如下：将镀有 Sn 的 Al 条剪切成浇铸模具大小，置于包覆钢模的底部位置，保证其水平放置，镀有金属 Sn 的一面向上，然后进行 Pb 合金的外层固-液包覆。Pb 合金溶液的温度控制在 350℃ 左右，浇入钢模中，待自然冷却后放入电阻炉中进行热处理，其处理温度为 230℃，保温时间 1h。覆 Pb 用组合式模具如图 2-6 所示。

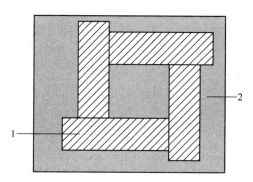

图 2-6 覆铅用组合式模具（俯视图）
1—阳模：钢板；2—阴模：Al 板

在制备过程中，热处理的温度、时间和压力在很大程度上影响着 Pb/Al 的界面。在较低温度时，影响界面宽度的主要因素是压力，在一定范围内，随着压力的增大，界面宽度增加。在较高温度时，影响基体 Al 元素向界面扩散的主要因素是热处理时间，时间越长，界面附近 Al 含量越高。Pb 与 Al 界面处实现冶金式结合。

2.2.3 热压扩散焊接法

热压扩散焊接法是本研究组多年总结出来的最佳制备工艺，其制备得到的 Pb/Al 层状材料具有优良的综合性能，Pb 与 Al 结合最为牢固。在制备过程中，Pb/Al 层状材料的热浸镀温度取值为 250~340℃，促使了 Al、Sn 金属间的热扩散，且自然冷却后的 Al/Sn 复合板暴露在空气中不易氧化。利用 Pb、Sn 二元间良好的热力学互溶性及 Al、Sn、Pb 三元混合特性，采用热压扩散焊接法制备出

Pb/Al 层状材料。

制备的工艺流程如图 2-7 所示。

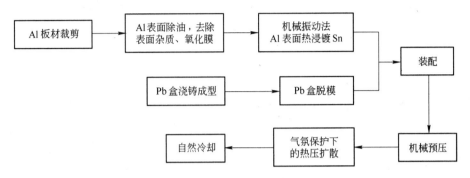

图 2-7　Pb/Al 层状材料制备的工艺流程

此外，根据热压扩散焊接工艺思想，本研究组对扩散焊接炉进行设计改造，原理图如图 2-8 所示。铝在高温不仅容易氧化，而且存在严重的吸氢行为，则扩散焊接中必须保持高真空或是气氛保护；为使异种材料连接表面相互接触，必须施加一定的压力。因此，扩散焊接炉不仅要求能提供足够的温度，同时要求炉体具有高密封性和加压装置。整个炉体经过精密焊接，炉体内套绕以电阻丝，衬缝

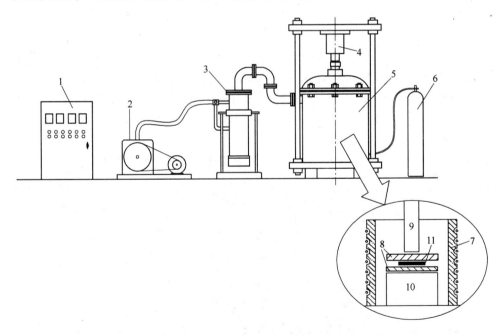

图 2-8　热压扩散焊接系统及炉内结构

1—控制柜；2—机械泵；3—扩散泵；4—液压系统；5—主炉体；6— 氩气瓶；
7— 内炉套及电阻丝；8—垫板（钢板）；9—压杆；10—底座；11—扩散复合工件

中填充保温石棉，外壁设计具有夹层，可通入循环冷却水保护并隔热。整个炉体活动接口装配以密封圈保证了高密封性。装炉完成后，通过液压系统施加一定压力，开启机械泵提供低真空，扩散泵提供高真空，通入高纯氩气洗炉，去除炉内氧气、氢气等对铅铝扩散焊接有害的气体，当炉内达到一定温度时，通入循环冷却水，升至工艺温度，保温保压一段时间，待炉体冷却至室温后，开炉取样，扩散复合过程结束。

2.3 Pb/Al 层状材料的组织结构与性能表征

本书就热压扩散焊接法制备 Pb/Al 层状材料进行组织结构的观测及性能的测试，阐明了该种工艺的社会及经济价值。

2.3.1 Pb/Sn/Al 界面组织结构

2.3.1.1 Pb/Sn/Al 界面组织形貌特征

在压力 0.5MPa、温度 230℃，保温时间 0h、1h、2h、3h、4h、6h、8h、12h的热处理条件下，Pb/Sn/Al 块体扩散偶的界面组织形貌如图 2-9 所示。图 2-9a为未经扩散烧结 Pb/Sn/Al 界面区的组织形貌特征图，从中可以看出，黑色区域代表铝，深灰色区域代表锡，白色区域代表铅，且原始界面在压力作用下呈紧密的机械结合状态，可见在 230℃保温 1h 条件下，中间 Sn 层与 Pb 侧发生了较明显的扩散溶解反应，并形成了层状交替分布的两相组织，与第 1.7 节中的研究结果相符，而中间 Sn 层与 Al 侧并没有明显的扩散溶解层出现，呈简单的机械式咬合状态且局部区域有裂痕存在，这可能是由于在较短的烧结时间内界面局部区域 Al侧表面氧化膜的存在阻碍了 Al 与 Sn 接触反应。随着烧结时间的延长，保温 3h后，在 Al 侧区域开始出现较明显的扩散溶解区域，且界面呈不连续分布，而在Pb 侧，由于 Pb、Sn 原子的继续扩散，先前的层状交叠分布的两相过渡组织转变

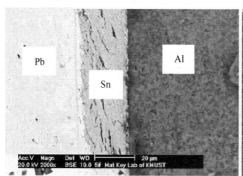
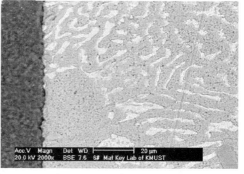

a   b

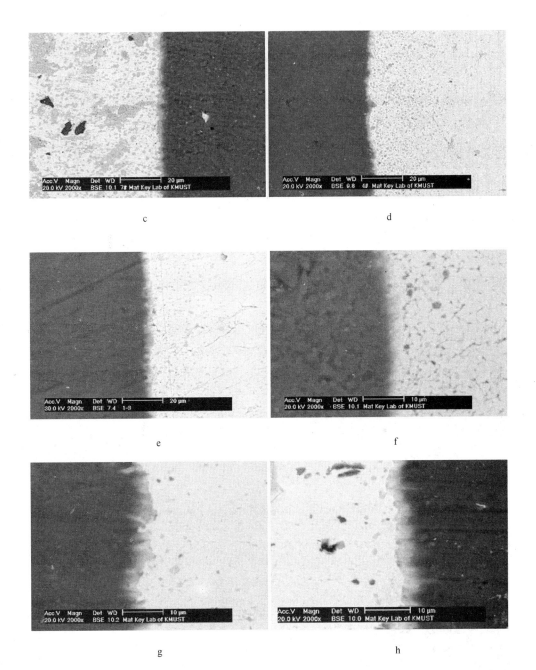

图 2-9 不同烧结时间下 Pb/Sn/Al 界面组织形貌

a—0h；b—1h；c—2h；d—3h；e—4h；f—6h；g—8h；h—12h

成了星点状分布，浅灰色区域（α-Pb 固溶体）增多而深灰色区域（β-Sn 固溶体）减少，在烧结时间达 12h 后，由于 Al、Sn、Pb 原子互扩散充分及相互间特有的热力学反应，在 Al 侧区域形成了较明显的连续的过渡层，同时 Pb 侧过渡区域由大量的 α-Pb 固溶体和少量星点分布的 β-Sn 固溶体组成。

2.3.1.2　Pb/Sn/Al 界面区成分分析

在异种材料扩散焊接过程中，过渡层元素的扩散程度及界面成分的均化程度直接影响着扩散焊接界面的强度，因此研究界面区元素的扩散分布特征有很重要的意义。为了进一步了解 Pb/Sn/Al 界面区 Pb、Sn、Al 元素的扩散分布特征，对在 230℃ 保温 1h、3h、4h、8h、12h 条件下的 Pb/Sn/Al 界面过渡区进行了电子探针能谱线成分与点成分分析，如图 2-10 所示。

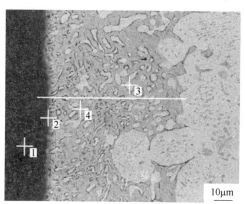 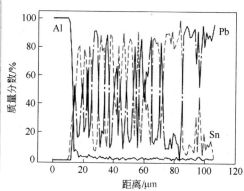

a

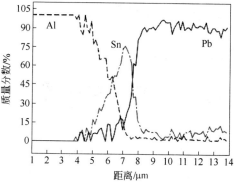

b

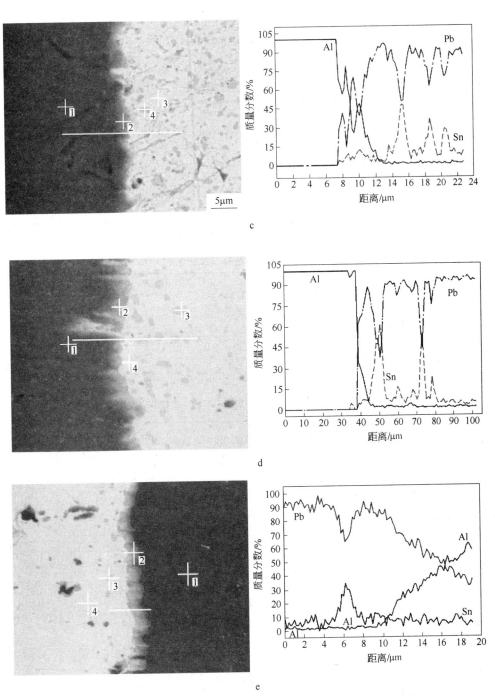

图 2-10 在 230℃不同烧结时间条件下扩散溶解层区域的能谱分析

a—1h；b—3h；c—4h；d—8h；e—12h

由界面区线扫描成分分析图（图 2-10）可知，中间过渡 Sn 层与 Pb 侧、Al 侧进行了很好的扩散溶解，在烧结 1h 时，Sn 层与 Pb 基体发生较好的扩散反应，并形成了锯齿状的界面特征，结合表 2-2 中各点成分分析及 Pb-Sn 二元相图，可知 Pb 侧过渡区是由大量的 β-Sn 固溶体和少量的 α-Pb 固溶体组成的，而在 Al 侧并未出现明显的扩散溶解层，随着烧结时间的延长，在烧结 3h 后，Al 侧出现了不连续的扩散溶解层，宽度约 1.52μm，经点分析测试，可知图 2-10b 中 3 点处 Sn 含量为 75.17%，Al 含量 8.68%，Pb 含量 16.25%，说明 Sn 组元和 Al 发生扩散，且受 Pb 原子在 Sn 层深度的继续扩散的影响，最终在 Al 侧形成了 Pb、Sn、Al 三组元共存的过渡组织，而在 Pb 侧，由于 Pb、Sn 原子继续发生互扩散反应，结合该区域的点分析可知，在 Pb 侧组织由大量 α-Pb 的固溶体和少量的 β-Sn 固溶体组成。在烧结 12h 后，Pb/Sn/Al 层状复合材料形成了约 3.4μm 的连续界面，可见，在过渡组元 Sn 的诱导作用下，实现了 Pb/Sn/Al 难混溶体系相界面的冶金结合。

表 2-2 Pb/Sn/Al 复合材料界面反应区的 EDS 分析

试 样	位 置	元素含量（质量分数）/%		
		Pb	Sn	Al
图 2-10a	1	—	—	100
	2	8.51	41.38	50.12
	3	97.64	2.36	—
	4	7.07	92.93	—
图 2-10b	1	—	—	100
	2	16.25	75.17	8.68
	3	93.19	6.81	—
	4	62.89	37.11	—
图 2-10c	1	—	—	100
	2	59.79	3.66	36.54
	3	96.50	3.50	—
	4	28.53	71.47	—
图 2-10d	1	—	—	100
	2	50.87	4.26	44.87
	3	25.05	74.95	—
	4	96.51	3.49	—
图 2-10e	1	—	—	100
	2	21.45	70.14	8.41
	3	23.88	76.12	—
	4	89.92	10.08	—

综合上述分析可知，初步认为 Pb/Sn/Al 层状复合材料的界面主要是由 Al 侧的 PbSnAl 合金过渡层与 Pb 侧的 α-Pb 和 β-Sn 固溶体区所组成的。

2.3.1.3　Pb/Sn/Al 界面过渡区物相分析

经上述对 Pb/Sn/Al 扩散焊界面过渡区显微组织结构和元素浓度分布的分析可知，Pb/Sn/Al 相界面实现了真正的冶金结合。为了进一步确定界面过渡层中可能存在的物相结构，同样采用线切割从 Pb/Sn/Al 扩散焊接头处切取试样，采用 D/MAX-3B 型 X 射线衍射仪对 Pb/Sn/Al 界面过渡区相结构的组成进行了测试与分析。

在 X 射线衍射试验中，通过施加剪切力将 Pb/Sn/Al 接头处分离成 Al 一侧和 Pb 一侧，然后分别对两侧界面进行 XRD 分析。X 射线衍射试样尺寸为 10mm×10mm×2mm，X 射线衍射试验采用 Cu-K_α 靶，工作电压 200kV，工作电流 200mA，扫描范围 15°~90°，扫描速度 10°/min，步宽 0.01°。

试验中选取了具有代表性的 Pb/Sn/Al 扩散偶试样，其工艺参数为：加热温度 230℃，保温时间 12h，焊接压力 0.5MPa，图 2-11 为试验所得到的 X 射线衍射图。

从 Pb/Sn/Al 扩散焊界面过渡区相结构的 X 射线衍射分析结果可知，在铝侧有铅相、Al 相和少量 Sn 相的衍射峰，且没有发生偏移，而 Pb 相的衍射峰发生了偏移，且向大角度方向偏移，以上现象说明了 Al 和 Sn 并没有生成固溶体相，而 Pb 相衍射峰向大角度偏移的原因可能有两个：

（1）界面过渡区形成了 Pb-Sn 固溶体导致晶格畸变的；

（2）在制样过程中导致 Al、Pb 侧表面有残余应力。

结合前面对界面过渡区的成分分析可知，界面过渡区存在的固溶体主要是具有面心立方结构的 α-Pb 固溶体，即 Sn 固溶于 Pb 基体中，而 Pb 相衍射峰的向右偏移，根据布拉格方程 $2d\sin\theta=\lambda$[8] 可知，晶面间距 d 是减小的，即 Sn 原子使 Pb 基点阵收缩，导致晶面间距减小。同时国内刘恒利等人[9]借助 X 衍射法研究了 Pb/Sn/Cd 三元系 Pb 基 α 相固溶体的点阵参数变化情况，研究表明 Sn、Cd 均使固溶体 Pb 基点阵间距收缩，由于较小的溶质原子 Sn（0.1862nm）、Cd（0.1727nm）取代较大的溶质原子 Pb（0.1935nm），点阵收缩，与上述分析结果一致，说明 Pb 衍射峰的偏移与 α-Pb 固溶体的形成有关。

而对于 Al 侧表面的残余应力来讲，由于 Pb/Sn/Al 试样在制备过程中，采用了撕裂的方式，会在 Al 层表面留有一定拉应力，而拉应力的存在势必会导致 Pb 基固溶体的晶面间距增大，即相对标准衍射图而言，Pb 相衍射峰会向右偏移，即小角度方向的偏移，这说明 Pb 相衍射峰向大角度的偏移主要是由 α-Pb 固溶体的生成所造成的。

图 2-12 为 Pb/Sn/Al 扩散界面相区 Pb 侧的 X 射线衍射图，从图中可以看出，Pb 侧界面过渡区主要是由 Pb 相和 Sn 相组成的，Sn 的衍射峰相对较弱，而 Pb 的衍射峰向大角度方向发生了较微弱的偏移，同时结合图 2-11 中 Al 侧过渡区的衍射分析，较清晰地看出，Pb 侧的并未出现 Al 的衍射峰，这可能是由于在制样过程中撕裂处发生在 Pb 侧，进而导致 Pb 侧 Sn 原子浓度偏低，即固溶体含量较低，在图中表现出 Pb 衍射峰较弱的偏移。

综上所述，可以断知 Pb/Sn/Al 界面过渡区的物相主要由纯 Al 相、α-Pb 固溶体及 Pb 相组成。

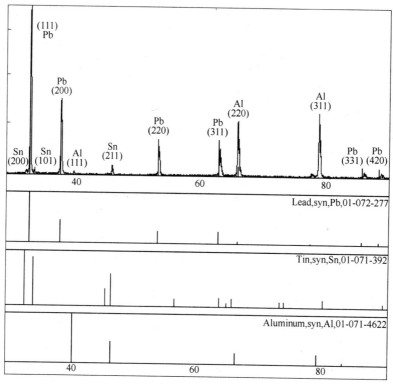

图 2-11　Pb/Sn/Al 扩散界面相区 Al 侧的 X 射线衍射图

2.3.1.4　Pb/Sn/Al 界面 TEM 观察与分析

A　Pb/Sn/Al 界面过渡区试样的制备

为进一步研究 Pb/Sn/Al 界面过渡区形成的相结构及其特征，除采用 X 射线衍射进行分析外，借助透射电镜（HRTEM）对热处理 12h 后的 Pb/Sn/Al 界面过渡区的相结构与分布特征进行深入分析。

采用 FIB（聚焦粒子束）技术对 Pb/Sn/Al 界面过渡区进行透射电镜样品制

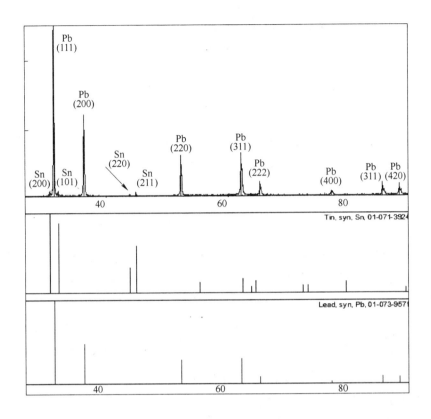

图 2-12 Pb/Sn/Al 扩散界面相区 Pb 侧的 X 射线衍射图

备，将制好的样品放置于铜网，测试样品的有效厚度在 150~50nm 范围内，然后借助 JEM-2010F 高分辨透射电子显微镜和选区电子衍射技术对 Pb/Sn/Al 界面过渡区的 Al 侧过渡层相结构进行分析。制样过程如图 2-13 所示。

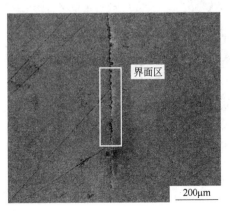

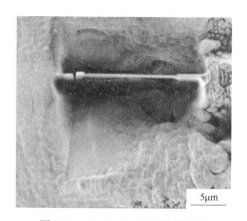

图 2-13   Pb/Sn/Al 界面制样过程

B   Pb/Sn/Al 界面过渡区 TEM 分析

图 2-14 为 Pb/Sn/Al 界面过渡区的 STEM 形貌图,可以清晰地看出,Pb 与 Al 界面处形成了良好的冶金结合。

结合表 2-3 中各点成分分析结果可知,在 Pb 侧的过渡组织主要由 α-Pb 固溶体组成,而在界面过渡区 Al 侧,随着远离 Pb 层,Al 基体中 Pb、Sn 的含量逐渐减小,尤其是 Sn 的含量在距 Pb 侧 5~10μm 时基本不存在。这可能是在较长烧结时间里界面过渡区中的 Pb 组元对 Sn 的诱导吸引和 Sn、Pb、Al 三组元间特有的扩散机制共同作用而导致的结果。

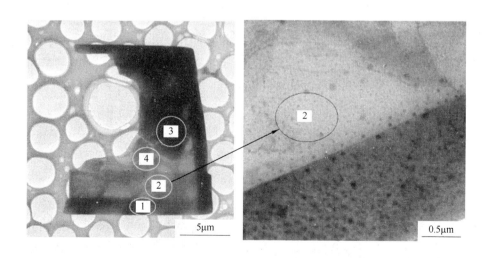

图 2-14   Pb/Sn/Al 界面扩散区的 STEM 形貌图

表 2-3 Pb/Sn/Al 界面扩散区定点成分结果

位　置	元素含量（质量分数）/%		
	Pb	Sn	Al
1	8.28	0.44	91.28
2	8.37	1.06	90.57
3	94.47	5.53	—
4	8.43	1.63	89.94

进一步结合高倍数的 Pb/Sn/Al 界面区形貌图，如图 2-15 所示，可以清晰地看出 Al 侧过渡区主要是由不规则形状的 10~100nmPb 相和极少量的 Pb-Sn 复合相镶嵌在 Al 基体中所组成的。这与印度 Sangita Bose 等人[10]利用快速凝固法制备的 Pb-Sn-Al 合金组织形貌分析结果相似，即 Pb、Sn 组元会在 Al 基体中呈现纳米级 Pb-Sn 复合相与纳米 Pb 相分布。

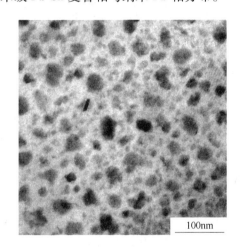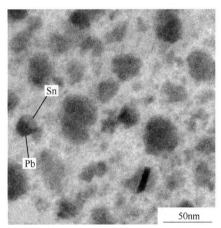

图 2-15 Pb/Sn/Al 界面扩散区的 TEM 形貌图

由于 Al 和 Pb 在热力学上非互溶，两者之间的相互作用很弱，在长时间的热处理条件下，Pb 颗粒在 Al 基体内会表现出较强的可动性，同时在 Sn 组元的诱导作用下，Pb 颗粒的扩散运动导致了 Pb 颗粒之间的碰撞接触和团聚长大，在团聚长大结束的时候，一些尺寸较大的 Pb 颗粒之间会相互重叠，形成岛状 Pb 复合颗粒，如图 2-16 所示。

电子衍射和高分辨像（图 2-17）分析表明，大多数的 Pb 颗粒与 Al 基体之间无特征取向关系，且形态各异。在相应的电子衍射谱（图 2-18）中，Al 的 [011] 取向衍射斑点与 Pb 的多晶衍射环共存，表明 Pb 纳米颗粒的晶体取向是随机的，且与 Al 基体没有择优取向。

然而，在试验中还观察到，少数在 Al 基体中的 Pb 颗粒，经长时间热处理

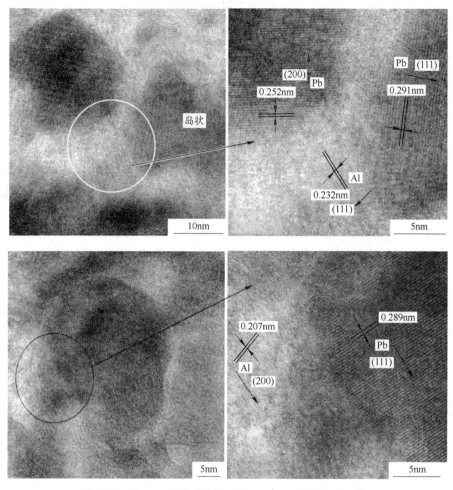

图 2-16　Pb/Sn/Al 界面扩散区的 HRTEM 形貌图（Al 侧）

后，Pb 颗粒呈现规则的八面体构型，电子衍射分析表明，这种 Pb 颗粒与 Al 基体具有立方-立方平行取向关系，其中较弱的衍射斑点为 Pb 的二次衍射斑点，如图 2-18 所示。

2.3.1.5　Pb/Sn/Al 撕裂宏观断口分析

弹性变形和塑性变形促使裂纹萌生和扩展，进而引起整体破断，由此导致受载体分离成两部分，形成分离层面，这样的分离表面称之为断口。在本实验中，Pb/Sn/Al 层状复合材料的扩散焊接区组织和断口特征直接影响其力学性能。为了分析热压扩散焊接近界面区组织结构和断口形态对接头性能的影响以及界面的结合状态，试验中采用扫描电镜对扩散焊 Pb/Sn/Al 复合材料界面区的撕裂断口形貌进行了观察和分析。

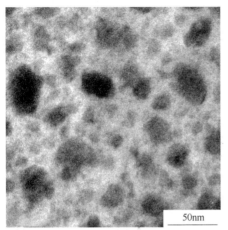 

图 2-17　不规则结构 Pb 相的 TEM 像及相应的电子衍射图

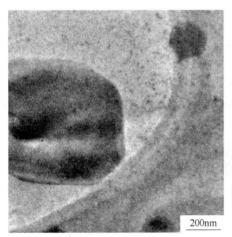 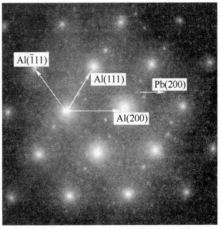

图 2-18　具有截面结构 Pb 相的 TEM 像及相应的电子衍射图

图 2-19 是 Pb/Sn/Al 的界面撕裂后的背散射电子形貌图，从图中可以清晰地看出，Al 层明显留有一层中间层的过渡组织，主要是铅组织和少量的铅锡固溶体，说明 Pb 与 Al 基体形成了较好的结合界面，而 Pb 层留有撕裂后的凹痕，这说明在活性组元 Sn 的作用下，Pb/Sn/Al 层状复合材料形成了较为稳定的相界面，可以断知铅铝复合材料真实的断裂失效发生在铅侧过渡区，而非 Al 侧过渡区。

2.3.1.6　Pb/Sn/Al 断口形貌特征分析

为了进一步弄清 Pb/Sn/Al 复合材料的断裂机理，本实验将对 230℃保温 2h、3h、4h、6h 扩散烧结后的 Pb/Sn/Al 复合材料试样进行撕裂剥离，并利用扫描电

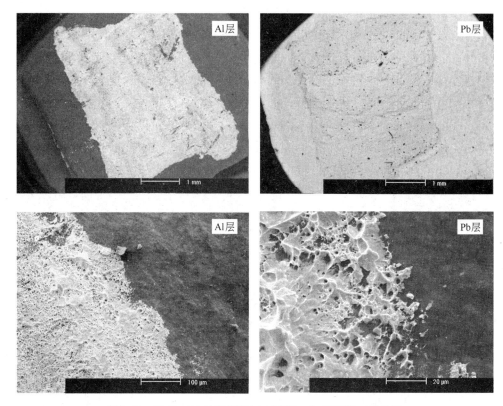

图 2-19　Pb/Sn/Al 扩散焊接区 Al 侧和 Pb 侧的断口形貌图

子显微镜分析了剥离 Al 一侧和 Pb 一侧的断口形貌。

　　图 2-20 为 Pb/Sn/Al 层状复合材料在 230℃ 时效不同时间下的室温撕裂断口形貌，从宏观上看，断裂首先沿过渡区靠近 Pb 侧发生，断裂时有明显的伸长与缩颈，即韧窝出现，属于韧性断裂。从断口的形貌和特征看，可明显观察到断口呈圆形或椭圆形分布，在宏观断口附近残留宏观塑性变形，断口凸凹不平且大小不均；从微观角度看，裂纹在不同高度的平面上扩展，形成韧性特征的撕裂棱，且出现明显的分层裂纹，可断知解理裂纹扩展到晶界附近形成韧窝或撕裂棱，并使裂纹终止扩展。因此界面组织以韧性断裂特征为主。

　　在保温 2h 后，发现 Pb 侧的韧窝较小且浅并分布均匀，而 Al 侧的撕裂韧窝呈抛物线形状，显微孔洞细小且在撕裂应力作用下沿撕裂方向而被拉长，随着烧结时间的延长，Pb 侧韧窝尺寸不均匀，部分韧窝尺寸增大且显微孔洞加深，在较大韧窝的内壁上可以发现"蛇行滑移""涟波"等滑移痕迹。而 Al 侧撕裂韧窝尺寸增大，显微孔洞稍有变大，在烧结 6h 后，Pb 侧韧窝尺寸变大，而 Al 侧的显微孔洞也随之增大，且韧窝内壁明显存在"蛇行滑移"，说明接头过渡区具有很好的韧塑性。

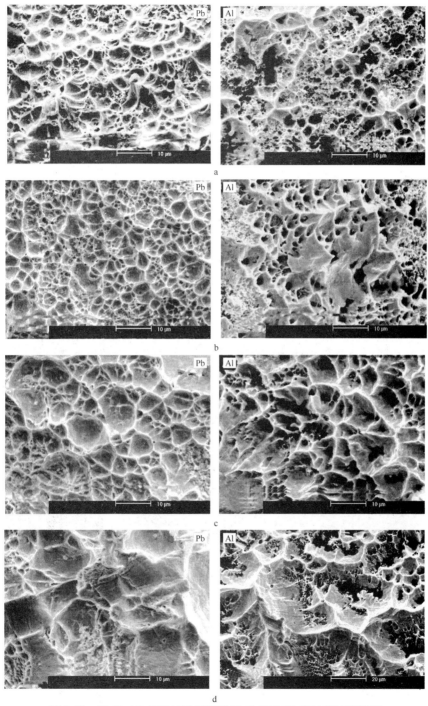

图 2-20 Pb/Sn/Al 焊接扩散区撕裂后 Al 侧和 Pb 侧的断口形貌图

a—2h；b—3h；c—4h；d—6h

　　Pb/Sn/Al 层状复合材料基体表面微观上的凸凹不平导致塑性或超塑流变的不均匀性，即使在相同的应力下，各微区也会因塑性变形量以及氧化膜、吸附层厚度的不同而呈现不同的破膜效应，形成不同的焊合状态，而使整个区域未达到冶金结合。待焊表面凸处的微区会因良好的接触和较明显的超塑性效应而形成冶金结合区，断口表现为撕裂痕迹或"孤岛状"冶金结合区。而"小刻面"则属于已发生塑性变形但焊合状态不良的机械结合区和粘着区，它可能是原界面中氧化膜、吸附层较厚的区域或待焊接面的凹处。随压接过程的进行，氧化膜和吸附层逐渐破裂或因原子的扩散而消失，待焊接面的凹处也逐渐与接头另一侧形成良好的接触以致形成冶金结合区。若压接时间较短，则局部微区仍处于未焊合状态。同时断裂与界面区结构中存在的缺陷或裂纹有关，在撕裂断口表面分布着杂质、空洞和氧化膜等缺陷，严重影响着 Pb/Sn/Al 扩散焊接区的结合状态。

　　综上所述，从断口形貌图中可知，扩散界面形成了高强度的原子间金属键结合，原子扩散层的强度大于 Pb 侧基体材料的强度，真实的断裂失效发生在 Pb 基体，而非界面过渡区。

2.3.1.7　Pb/Sn/Al 界面形成演化机理研究

A　界面过渡区组织结构演化

　　图 2-21 为 Pb/Sn/Al 复合材料在压力 0.5MPa、温度 230℃、不同烧结时间条件下，界面结合状态与近界面区组织结构演变图。

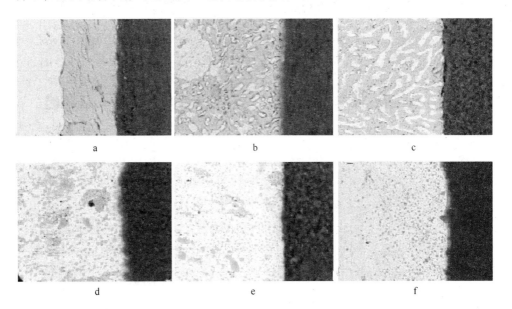

a　　　　　　　　　　b　　　　　　　　　　c

d　　　　　　　　　　e　　　　　　　　　　f

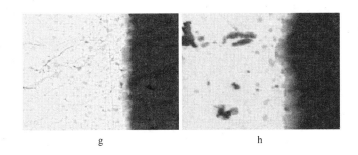

图 2-21   Pb/Sn/Al 界面组织演变图

a— 0h；b—0.5h；c—1h；d—1.5h；e—2h；f—3h；g—4h；h—12h

在扩散焊接初期，Pb/Sn/Al 复合材料呈机械层压"三明治"结构，在压力与温度场因素的交互作用下，Pb 与中间 Sn 层形成了波浪状的机械咬合接触形式，在 Al 侧与 Sn 层的接触界面较平直。随着烧结时间的延长，Pb、Sn 原子发生了互扩散与共晶反应，并形成了以 β-Sn 固溶体为主的且包裹着少量 α-Pb 的过渡层，在 Al 侧并未形成明显的扩散层。在烧结 1h 后，在 Pb 侧形成了 α 和 β 两相交替呈层状分布的过渡组织，在 Al 侧局部有裂痕存在。随着烧结时间的继续延长，β 相固溶体逐渐减少，且呈现星点状分布在 α 相固溶体中，而在 Al 侧形成了连续的过渡层（Pb、Sn、Al 共存的区域），在上述 TEM 分析基础上，可知靠近 Al 侧形成了纳米 Pb 及纳米 Pb-Sn 复合镶嵌在 Al 基体中的过渡层。

综上分析可知，Pb/Sn/Al 复合材料的界面过渡区的组织结构随烧结时间的演化规律如图 2-22 所示。

B   界面过渡区的形成过程模型

由于焊接材料（Pb、Sn、Al）的物性参数和试验条件不同，扩散焊界面过渡区的形成机理也不同。图 2-23 为 Pb/Sn/Al 扩散焊界面过渡区的形成过程模型。

按照焊接理论，只有连接表面达到原子间距时才会发生原子扩散及再结晶的物理化学变化，形成结合键，达到连接目的。可见，在扩散焊接前，尽管材料表面进行了机械加工及表面处理，仍存在微观不平，且 Al 表面极易形成氧化膜，因此 Al/Sn 很难达到金属之间的接触，存在较多的显微空洞。扩散焊接开始时，随着加热温度升高和焊接压力的增加，在材料塑性流变和蠕变的作用下，Al 表面氧化膜在局部会发生破裂，中间 Sn 层与 Al 层形成多处点接触，在 Pb/Sn、Al/Sn 接触界面两侧浓度梯度作用下，Pb、Sn、Al 原子获得一定的扩散迁移驱动力，开始向具有较多空位和显微空隙的不规则接触界面扩散。Pb/Sn、Al/Sn 不规则的接触界面逐渐平滑，并伴随着微观塑性流变，在接触界面处有显微空洞出现，

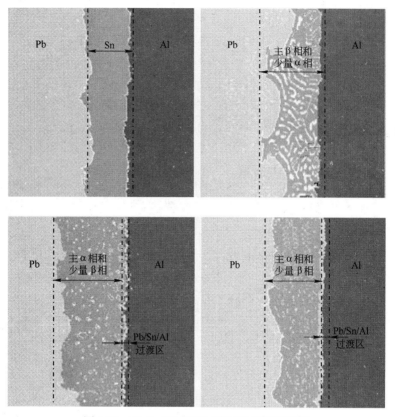

图 2-22 Pb/Sn/Al 界面过渡区的组织演变图

如图 2-23a、b 所示。

随着扩散焊过程的继续进行，由于 Sn 原子在 Pb 中的扩散速度（约 $1.38\times10^{-15}\text{m}^2/\text{s}$）要快于在 Al 中的（约 $1.0\times10^{-17}\ \text{m}^2/\text{s}$），因此，Pb/Sn 接触界面处优先达到共晶浓度而发生共晶反应且形成共晶液相，即 Pb/Sn 原始接触界面解体，此时，Pb/Sn 界面区原子的扩散行为可分为两部分：（1）随扩散时间的延长，反应液相区中邻近液相的固相 Pb 中 Sn 浓度达共晶液相成分时，固相 Pb 继续溶解并使液相层增宽，加速了整体共晶反应区合金系的液化；（2）同时由于液相中 Sn、Pb 原子的传输比固相中的扩散要快，Pb 原子不断向固相 Sn 层扩散，如图 2-23c、d 所示。

与此同时，在 Al 侧，由于烧结温度对于 Al 而言仅有其熔点的 0.4 倍，对于 Sn 而言接近其熔点，即 Al 原子的扩散活性较低，而 Sn 原子的扩散活性较高，在第 1 章分析的基础上，可知 Sn 原子优先向 Al/氧化膜界面侧扩散，由于 Sn 在 Al 中的固溶度仅有 0.15%（质量分数），Al 和 Sn 极易发生互扩散溶解反应而产生液相，生成的液相在界面张力的作用下将连接两母材而形成缩颈液柱，同时在反

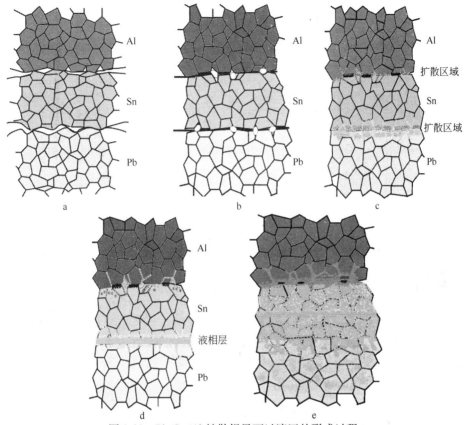

图 2-23 Pb/Sn/Al 扩散焊界面过渡区的形成过程

应点（晶界区、多点接触处）周围的微薄液相的形成将激活 Al 原子在液相中的扩散和溶解速率，进而将 Al 表面的氧化膜撕破而排开。随着扩散焊接时间的延长，液相量不断增加，Sn 在 Al 表面的互扩散溶解反应铺展也不断推移，整个液相也向四周不断扩展，如图 2-23c、d 所示。

在一定烧结条件下，Pb/Sn 原子的互扩散速度要远比 Al/Sn 原子的快，为此，中间过渡 Sn 层在厚度有限的条件下，相对而言，Pb 原子要优先扩散迁移到 Al/Sn 界面反应区，在相对长的烧结时间里，在 Al/Sn 界面液相中，由于 Sn 元素的存在，会不断地吸引 Pb 原子进入，形成了一个多相共存的过渡区。

随着 Pb/Sn 固液界面附近固相中的 Sn 元素在 Pb 基体中进一步扩散，导致此处 Sn 原子浓度降低，即浓度化学势差增大，这会促进液相中 Sn 元素继续向固相 Pb 中扩散，使 Pb-Sn 共晶液相和 Al-Sn 液相中 Sn 原子的浓度降低，使不同过渡区的熔点升高，进而导致在液固界面处凝固结晶，液相反应层逐渐减小，直至完全结晶凝固。

在 Al 侧过渡区中，Al-Sn 固溶体是一个亚稳相，在适当的热力学条件下会很快地分解，Pb 原子的存在更容易使 Al-Sn 固溶体发生分解，在 Al、Pb 非互溶特性和 Pb、Sn 易互溶的热力学作用下，界面过渡区形成了纯 Al 相、Pb 相、极少量 Sn 相及 Pb-Sn 复合相的界面组织结构，如图 2-23e 所示。

综上所述，Pb/Sn/Al 复合材料界面形成是熔合结合和扩散结合这两种机理综合作用的结果。

2.3.2 性能表征

Pb/Sn/Al 层状材料的导电性、力学性能及电化学性能等直接影响着其在湿法冶金应用中催化活性、能耗及阴极电流效率的高低。上节对 Pb/Sn/Al 层状材料的界面形成机理进行了研究，并分析了过渡组元 Sn 的添加对提高 Pb/Sn/Al 层状材料物理导电性和机械强度的作用机理以及对其电化学性能的影响关系，从而可通过采用最佳工艺及参数，获得综合性能最为优良的 Pb-Al 层状材料。

2.3.2.1 导电性测试分析

基体材料是电极的支撑骨架和集流载体，它既作为电子传导体，又兼有催化功能。而基体的导电性质直接影响着电极的过电位和催化活性，基体的导电性好，则电极过电位低；过电位低则化学反应速度快，催化活性强。

将在 0.5MPa 压力，230℃ 温度，不同保温时间下得到的 Pb/Sn/Al 复合试样与对比试样（Pb-Ag 合金）进行线切割加工后，采用四探针测电阻原理方法对其电阻率进行了测试与分析。测试结果如表 2-4 所示。

表 2-4 Pb/Sn/Al 层状复合电极电压测试数据

试样编号	1 号	2 号	3 号	4 号	5 号	6 号	7 号	8 号（Pb-Ag）
烧结时间/h	1	2	3	4	6	8	12	—
电压/μV	13.4	11.3	10.7	13.4	11.9	12.0	13.0	31.0

结合表 2-4 中电压测试数据，根据电导率公式：

$$\kappa = 1/\rho = 1/(C\Delta\Phi/I) \tag{2-3}$$

式中，C 为四探针的探针系数，它的大小取决于四根探针的排列方法和针距，并计算得到了图 2-24 的电导率结果。

从图 2-24 中可以看出，Pb/Sn/Al 复合试样的平均电阻率（约 $0.12×10^6\Omega \cdot cm$）要比 Pb-Ag 合金试样的电导率（$0.044×10^6\Omega \cdot cm$）大，可见，复合试样导电性的提高归功于导电性好的 Al 层和组元 Sn 的添加，在金属基复合材料中，电的传导是通过自由电子的传输实现的。电子的定向传输会因受到界面的散射而减弱，从而使复合材料的电导率降低，而 Pb/Sn/Al 复合试样的界面是由两层过渡组织构成的：

（1）在 Pb 侧由 α-Pb 固溶体和 β-Sn 固溶体组成区域；

（2）在 Al 侧由微米级尺寸的纳米 Pb 相嵌入 Al 中的过渡区域。

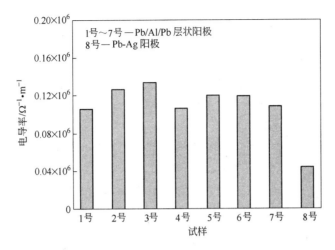

图 2-24　Pb/Sn/Al 复合试样与 Pb-Ag 合金试样的电导率测试结果

根据金属层压复合材料混合定律[11]，可利用下述经验公式来估算和分析 Pb/Sn/Al 层状复合材料的电导率：

$$\kappa = \sum \kappa_i \varphi_i \tag{2-4}$$

式中，κ_i 和 φ_i 分别为各组分的电导率和体积分数。

可知，在 Al 侧所形成的 $1\sim2\mu m$ 过渡层（主要由 Al 和极少量的 Sn 和 Pb 组成），因此对复合试样的导电性的影响作用可以忽略。而对于 Pb 侧所形成的 $100\sim200\mu m$ Pb-Sn 固溶体区域的导电性，土耳其 Yavuz Ocak[12] 等人研究了在不同温度条件下 Sn 含量的变化对 Pb-Sn 合金电导率的影响，研究表明，在 $250\sim450K$ 温度范围内，纯 Pb 的电导率要小于 Pb-（$5\%\sim95\%$）Sn 合金（数字代表质量分数）的电导率，如图 2-25 所示。可知在室温 300K 下，$\kappa(纯铅)\approx0.045\times10^8\Omega^{-1}\cdot m^{-1}<\kappa(Pb-Sn 合金)<\kappa(纯 Sn)\approx0.092\times10^8\Omega^{-1}\cdot m^{-1}$。

综上分析，过渡组元 Sn 的添加和 Pb/Al/Pb 三明治式的组成结构可有效地提高 Pb/Sn/Al 复合材料的物理导电性。

2.3.2.2　力学性测试与分析

对于 Pb/Sn/Al 层状复合阳极材料，其界面结合强度是一个非常关键的参数，直接关系到电极材料在湿法冶金应用中的综合性能和使用寿命，复合界面结合强度差，在应用过程中容易产生脱层、起包、变形等不良现象，甚至引起极板短路等问题。

Pb/Sn/Al 复合试样和 Pb-1%Ag 合金试样的室温弯曲强度采用三点弯曲法在日本岛津 AG-IS 型 $0\sim10kN$ 量程的万能材料试验机进行了测试。试样尺寸 10mm×10mm×100mm，加载速率为 0.2mm/min，跨距为 80mm。根据断裂载荷计算弯曲

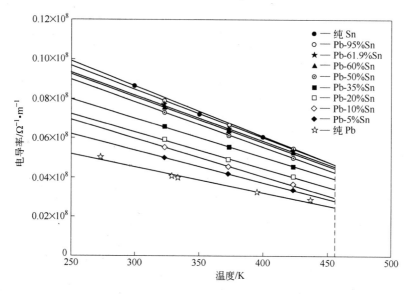

图 2-25 Pb-Sn 合金的电导率随温度变化的曲线[13]

强度 σ_b：

$$\sigma_b = \frac{3P_f L}{2H^2 W} \tag{2-5}$$

式中 P_f——试样断裂时最大载荷，N；

　　　　L——跨距，mm；

　　　　H——试样的宽度，mm；

　　　　W——试样的高度，mm。

图 2-26 为 Pb/Sn/Al 复合试样与 Pb-Ag 合金的弯曲应力-应变曲线和弯曲破坏后的实物照片。从图 2-26 中可以看出，在室温条件下 Pb/Sn/Al 复合试样的抗弯强度要明显高于传统 Pb-Ag 合金的抗弯强度，且复合试样比传统 Pb-Ag 合金的抗弯强度提高了 47.5%，这与复合试样的三明治式结构和界面连续稳定性有关。由于过渡组元 Sn 的加入，Pb 与 Al 界面处实现了冶金式结合。在弯曲过程中 Al 基材、界面过渡组织层与 Pb 合金化层的协同作用，有效地传递了由 Pb 到 Al 的载荷，由此说明，Pb/Sn/Al 复合材料具有良好的抗弯曲性能和力学协同性能，这对提高电极材料的机械强度和抗蠕变性能是有益的，可见，Pb/Sn/Al 三明治式结构与界面的稳定性有效地提高了其抗弯强度，很好地满足了在湿法冶金应用中的机械强度要求。

2.3.2.3 电化学性能分析

在上海辰华 CHI660 电化学工作站对烧结 2h、3h、4h、6h 后的 Pb/Sn/Al 复

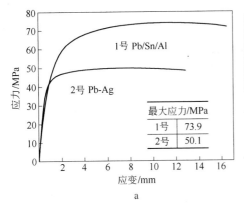
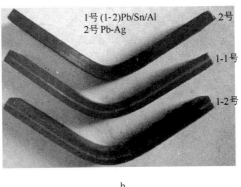

图 2-26　Pb/Sn/Al 复合试样与 Pb-Ag 合金的弯曲
应力-应变曲线（a）和弯曲破坏后的实物照片（b）

合试样与传统 Pb-Ag 合金试样进行线性扫描伏安曲线的测定，辅助电极为铂电极，参比电极为甘汞电极，电解液为 H_2SO_4 溶液。

从图 2-27 中看出，Pb/Sn/Al 层状复合电极的极化曲线相对于 Pb/Sn/Al、Pb-Ag 合金电极均负移，在相等的电极电位条件下，Pb/Sn/Al 层状复合电极的电流密度高于传统 Pb-Ag（1%，质量分数）的电极电位，电化学动力学认为[14]：稳态的极化曲线实际上反映了电极反应速度与电极电位（过电位）之间的特征关系，即 Pb/Sn/Al 层状复合电极的电极反应速度大于传统 Pb-Ag（1%）的，Pb/Sn/Al 层状复合电极的电极过程容易进行，在相同的电流密度条件下，反应界面的正电荷积累较少，说明 Pb/Sn/Al 层状复合电极的极化电位较低，降低了

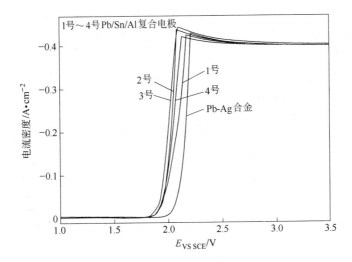

图 2-27　不同铅电极的线性扫描伏安曲线

电极反应推动力，提高了电极的电催化活性，而在同等电流密度下，Pb/Sn/Al 层状复合电极的过电位较小，同样证明了这一点，这也与电化学动力学[15]中"过电位是电极反应发生的推动力，过电位越小，所需推动力越小，电极反应越容易进行"是一致的。因此，较小的过电位，电极反应速度快，说明 Pb/Sn/Al 层状复合电极的电催化性高，在湿法锌电积中能降低槽电压。

可见，Pb/Sn/Al 层状复合电极催化活性的提高可能是由其物理导电性能的提高导致的。

综上所述，采用热压扩散焊接法制备的 Pb/Sn/Al 层状材料，在烧结温度为 230℃、压力为 0.5MPa、保温时间为 12h 的热处理条件下，可获得结合良好的 Pb/Sn/Al 焊接接头。利用 SEM、TEM 对其界面过渡区组织结构进行分析，界面过渡区由 Al 侧过渡层（由纳米 Pb 和 Pb-Sn 复合镶嵌在 Al 基体构成）和 Pb 侧过渡层（由 α-Pb 和 β-Sn 固溶体两相构成）所组成。从 Pb/Sn/Al 复合试样的撕裂断口形貌得知，Pb 侧和 Al 侧存在着尺寸不一的塑性韧窝，均属于典型的韧性断裂，从侧面说明了 Pb/Sn/Al 接触处实现了真正的冶金结合，而在 Al 侧存有一定数量的未焊合区及表面氧化物等，是导致断裂产生的主要原因。对 Pb/Sn/Al 层状试样的导电性能、抗弯强度及电化学性能的测试结果表明：过渡组元 Sn 的添加能有效地提高 Pb/Sn/Al 复合电极的物理导电性和抗弯强度，与传统 Pb-Ag 合金电极相比，导电性有所提高，抗弯强度提高了 47.5%，由于基体导电性能的改善，在电化学性能方面也相应有所提高，表现出较好的催化活性，对湿法冶金领域的节能降耗及 Pb/Al 层状材料的开发应具有重要的科学意义及经济价值。

2.4　本章小结

通过研究 Pb/Al 层状材料提供的理论和技术指导，为其他难混溶体系的层状材料制备和界面改善提供了可借鉴的理论依据，具有较大的社会意义，但 Pb/Al 材料的制备仍存在诸多不足，即便在添加第三组元过渡元素 Sn 有效改善 Pb/Al 界面的情况下，也有不少问题有待解决，如：

（1）过渡层成分的选择。采用何种合金成分可减少 Pb/Al 界面处的元素偏析和聚集，从而形成更为牢固的界面。

（2）应用领域的扩展。目前，Pb/Al 层状材料最为广泛地应用于电化学领域，而其他领域的应用较少，未实现工业化应用，没能有效利用该种材料的价值。

（3）更多的影响因素的确定。Pb/Al 层状材料制备过程中影响因素众多，确定更多的影响较大的因素对于成功制备性能优良的 Pb/Al 材料具有重大意义。

（4）研究和理论的深入。由于受多层软基体 TEM 制样的困难性及电化学测试手段的局限，对 Pb/Al 层状材料的界面相结构、晶体学关系、电化学性能测试尚需做更细致、深入的研究，Pb/Al 层状材料要实现工业化应用还需做更大规模、长时间的工程化试验。

参 考 文 献

[1] 龙毅. 材料物理性能 [M]. 长沙：中南大学出版社，2009.

[2] 连法增. 材料物理性能 [M]. 沈阳：东北大学出版社，2005.

[3] 陈念贻. 键参数函数及其应用 [M]. 北京：科学出版社，1976.

[4] 潘金生，田民波. 材料科学基础 [M]. 北京：清华大学出版社，1998.

[5] 周生刚，竺培显，孙勇，等. Pb-Al 层状复合电极材料制备与性能初探 [J]. 热加工工艺，2008，37（24）：5~7.

[6] 司乃潮，傅明喜. 有色金属材料及制备 [M]. 北京：化学工业出版社，2006.

[7] 李国斌，彭荣华，马淞江. 铝基体电镀前浸锌工艺研究 [J]. 电镀与精饰，2003，25（2）：24~26.

[8] 周玉，武高辉. 材料分析测试技术 [M]. 哈尔滨：哈尔滨工业大学出版社，2005.

[9] 刘恒利，龙骧，高忠民，等. Pb-Sn-Cd 三元系 Pb 基 α 相固溶体点阵参数、摩尔体积、超额摩尔体积的研究 [J]. 高等学校化学学报，1990，11（12）：1405~1409.

[10] Sangita Bose, Victoria Bhattacharya, Kananio Chattopadhyay, et al. Proximity effect controlled superconducting behavior of novel biphasic Pb-Sn nanoparticles embedded in an Al matrix [J]. Acta Materialia, 2008, 56：4522~4528.

[11] 武高辉，修子扬，张强，等. Sip/Al 复合材料导电性能研究及理论计算 [J]. 功能材料，2007，38（2）：437~440.

[12] Yavuz Ocak, Sezen Aksöz, Necmettin Marash, et al. Dependency of thermal and electrical conductivity on temperature and composition of Sn in Pb‐Sn alloys [J]. Fluid Phase Equilibria, 2010, 295：60~67.

[13] 倪礼忠，陈麒. 复合材料科学与工程 [M]. 北京：科学出版社，2002.

[14] 张招贤. 钛电极工学 [M]. 北京：冶金工业出版社，2000.

[15] 查全性. 电极过程动力学导论 [M]. 北京：科学出版社，2002.

3 Ti/Cu 层状复合材料的制备与性能

近年来，涂层钛电极因为具有尺寸稳定、析气过电位低、耐蚀性好、质量轻、强度高等优点，是目前电化学工业和电解提取工业公认的阳极材料。然而目前对钛阳极研究较多的是围绕着钛基体表面涂层材料的调配和工艺优化展开的，而载体材料对电极性能影响的研究却普遍被忽略，并且钛的内阻过大，成为钛作为电极材料的主要缺陷。本研究组从材料的组成结构入手，采用 Ti 板及 Cu 板制备的 Ti/Cu 双金属复合板，兼具铜板良好的导电性，钛板优越的耐蚀性、尺寸稳定性、使用寿命长、连续使用损耗小等特性，降低了生产成本及能耗，因此具有广阔的发展前景。

3.1 Ti/Cu 复合材料的制备方法

3.1.1 Ti/Cu 复合材料制备工艺研究现状

层状复合材料作为一种新型材料，其制备是利用复合技术，使物理、化学、力学性能不同的两种或两种以上的金属实现界面上牢固的冶金结合。所得到的新型材料中虽然各层金属仍保持各自的固有特性，但是不管是物理、化学性能还是力学性能，新材料综合了原有金属的性能，比单一金属优越很多。

在实际的工业生产中，金属层状复合材料常用的制备技术[1~3]如图 3-1 所示。其中有些方法是近年发展起来的新技术，如自蔓延（SHS）、喷射沉积、粉末烧结等，由于它们受到产品性能、组元性能、生产成本等诸多因素的限制，主要应用于特殊场合。

3.1.1.1 挤压复合法

组元金属经过表面清洁后，将其组装成挤压坯，并选定合适的温度和挤压比等参数挤压成型，从而使清洁后的金属表面在压力作用下实现金属界面间的冶金结合，称之为挤压复合法[4]。这种方法具有一定的局限性，主要应用于生产双金属棒、管、线材。

3.1.1.2 爆炸复合法

作为世界各国广泛应用的一种方法，爆炸复合法[5]利用炸药爆炸所产生的

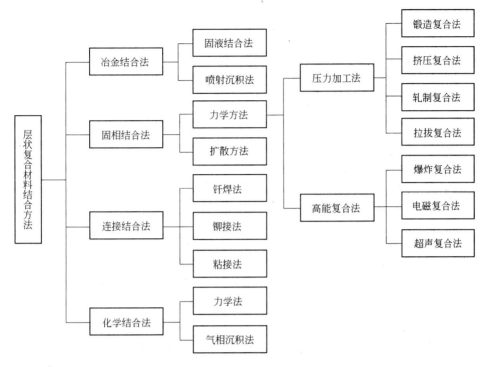

图 3-1 层状复合材料结合方法分类

能量，在炸药的高速引爆和冲击作用下，其速度可达 7~8km/s，在微秒级时间内，产生 104MPa[6,7] 的高压，从而实现两种或两种以上金属的大面积焊接，并且焊合区的厚度常在几十微米以内。因此，爆炸复合法侧重应用于单张厚的、面积较大的复合板材产品或复合板坯，以及多层复合板（最多可达 100 多层）和截面异型的复合板等。爆炸复合工艺示意图如图 3-2 所示。

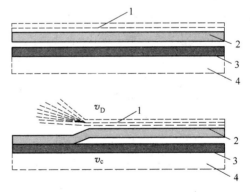

图 3-2 爆炸复合工艺示意图
1—炸药；2—复板；3—基板；4—工作平台

相比其他复合技术，爆炸复合具有以下优点：复合工件表面不需要太复杂的清理，只需去除表面氧化物和油污即可；复合界面上无明显的扩散层，不会产生脆性金属间化合物相，从而使产品性能比较稳定；可实现将两种性能差别很大或复合面积巨大，其他复合工艺无法连接的金属材料焊合。比如：Ti/Al、Ni/Ti、Ti/钢等大型复合板的生产一般采用该法；爆炸复合工艺简单，无需太复杂的设备。

然而爆炸复合操作难度较大且不易控制，多在室外操作，易受气候影响，工作条件差；且生产效率低，不适合大批量、自动化生产；生产安全性较差，为确保生产安全性，需特殊的保护措施和严格的操作规程；生产过程中噪声和气浪大，场地受限，且郊外操作需采取特殊的环保措施；更主要的是爆炸复合容易产生结合不良、变形、开裂等宏观缺陷和微裂纹、夹杂、飞线等微观缺陷，从而严重影响材料的复合质量。

3.1.1.3 粉末轧制法

粉末轧制法[8,9]分为两种：一种是在基体金属带坯上松装铺粉，通过粉末轧制成型，最后进行烧结，形成双金属复合材料；另一种则是用两个漏斗同时供粉，轧制形成双金属粉末带坯，再经过进一步烧结、轧制，以获得双金属复合材料。汽车轴瓦用复合板是通过粉末轧制复合法将 Al/Al-Pb 与钢复合而成的，如图 3-3 所示。

3.1.1.4 喷射沉积法

喷射沉积[10,11]是将熔融的液态金属或合金在气压或金属液体自重的作用下，由坩埚底部或侧面导流管流出形成稳定的金属液流（图 3-4）。首先是液态金属与气体的输送过程，其次是液态金属的雾化过程，即当金属液流经雾化器时，被高压高速下的惰性气体或半惰性气体分散为极细小的金属液体颗粒射流。其中，射流中部分小的颗粒冷却凝固，而部分大的颗粒则继续保持液相，处于半

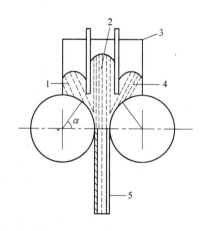

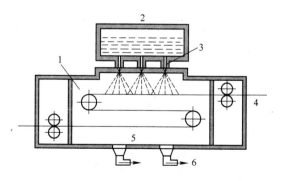

图 3-3 粉末轧制 Al-Pb 三层复合带示意图
1—Al 粉；2—隔板 Al-Pb 粉末；3—粉斗；
4—ASGC 粉末；5—三层复合带

图 3-4 喷射沉积复合技术
1—喷雾室；2—漏斗；3—喷雾器；
4—成品；5—基带；6—残余气体

固、半液态。紧接着是雾化熔滴向基体的输运过程，这种射流高速喷向下方基体材料，产生撞击、聚集、凝固，大部分形成沉积层，沉积层附着在基体上，冷却与凝固后便形成复合材料。

该工艺经济性好、工艺简单、成本低、周期短、效率高，并且所制备的复合材料成分均匀，组织细小，强度和韧性均高。在铝基合金、铜基合金、高温合金和钢铁材料等的生产中，喷射沉积法应用较多。

喷射沉积的局限性在于沉积物在顶部形成过厚的液相层，进而蜕化为一般的铸造组织，因此难以制备厚壁产品；再者，由于金属射流中物质分布不均，沉积层的尺寸精度较低；而且喷射沉积只适合制备回转体，对于制备板材等产品有困难；由于工艺的特殊性，因此难以精确控制喷射沉积层的组织和性能。

3.1.1.5 电磁成型复合法

20 世纪 60 年代，国内外兴起了电磁成型复合法，作为一种新型复合技术，电磁复合以瞬间产生的强脉冲磁场为能量，使异种材料通过高速碰撞来实现复合。主要应用于金属/金属、金属/陶瓷或金属/高聚物的连接。一般认为电磁复合机制同爆炸复合机制相近，但是电磁复合还具有以下特点：

（1）无需一系列复杂的安全设备，且设备的噪声小，生产过程不会污损金属表面或破坏其光洁度。因此可以不用加缓冲层，从而节约了大量能量。

（2）可以实现金属复合到非金属上，而不损坏非金属。

（3）高温下金属可以进行复合。

（4）能量控制精确且重复性好，便于实现机械化及自动化。

因此，目前电磁复合主要用于小件金属与金属、金属与高聚物或金属与陶瓷的连接，特别对于中空异型件来说，电磁复合是其唯一的连接方法。

3.1.1.6 压力加工复合法

压力加工复合法指在较大的压力作用下（热作用相结合），使待复合件在金属结合面上产生塑性变形，并在压力作用下使待复合表面的塑性变形破裂，持续的压力作用实现平面状的冶金结合，如图 3-5 所示。结合面的继续扩大，以及稳固结合的形成，则产生在后续的热处理扩散中。在压力加工复合法[12]的研究中，应用最广泛的还是轧制复合法。根据轧制复合的温度，可将其分为热轧复合与冷轧复合。冷轧复合在室温下进行，而热轧复合是在加热的条件下进行的。热轧复合工艺简单，成本低，且能够实现牢固结合。

加热设备及操作上的限制，使热轧复合一般以块式法进行生产，在生产中易出现：（1）加热温度、压下量、保温时间选择不当，容易造成结合面氧化及脆性中间化合物的生成。（2）总厚度及厚度难以控制，且经多次中间退火，容易

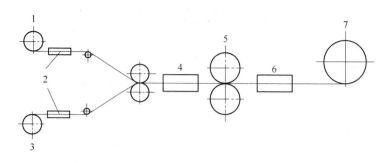

图 3-5　双金属轧制示意图

1—A 材；2—表面预处理；3—B 材；4—加热；

5—轧制复合；6—扩散热处理；7—卷取

形成宽的扩散区，不易获得极薄的包覆层。（3）板叠焊缝在轧制过程中容易产生破裂，造成报废，而且配料的长度受限制，头尾切边导致成品率降低。（4）受热压尺寸限制，无法制造很长的成品带材，带材的长度只能在 50m 以下。因此，热轧复合多用于厚的复合板及板坯生产。

3.1.1.7　真空热压扩散焊接（VHP）

近年来，真空热压扩散焊接[13~16]（vacuum hot pressing diffusion welding，简称 VHP）得到发展。采用这种方法实现板材结合已成为一种趋势。扩散焊接是将表面清洁后的金属以不同的形式叠放在一起，加热至一定的温度，同时加压，通过原子间互扩散使界面结合在一起。通过扩散焊接的金属无宏观变形，材料处也很少产生残余应力。

不同体系的钛合金和铜合金实现直接焊接的报道已有很多，对钛合金 BT1 与无氧铜 MB 的扩散连接，前苏联巴顿焊接研究所进行了研究，制备工艺参数为：$T = 850℃$，$t = 10min$，$p = 5MPa$，得到的焊接材料的抗拉强度较低。

当 Ti-Cu 复合材料用作电极材料时，为了减少界面缺陷对电极导电均匀性的影响，要求其复合界面均匀。爆炸复合界面易形成波形结合区，热轧后复合板的外层钛厚薄不一，喷射沉积的薄厚及均匀性也难以控制，所得的电极其性能均匀性将得不到保障。粉末轧制及挤压复合受基体材料形状的限制。因此，为了保证电极材料的导电性等性能，权衡上述各种制备方法的利弊，在本书中采用真空热压扩散烧结法。

3.1.2　实验材料与设备

实验中用到的主要实验材料列于表 3-1 中。

实验需要的设备和测试仪器如表 3-2 和表 3-3 所示。

表 3-1 实验材料

名　称	用　途	成　分
工业纯铜	原材料	含铜量大于 99.50%
TA2 钛板	原材料	含钛量大于 99.60%
钛板表面清洗液	清洗	蒸馏水 1000mL、48% 氢氟酸 12mL、试剂硝酸 40mL
铜板表面清洗液	清洗	10% 硝酸溶液
酒精	清洗	C_2H_5OH
硫酸溶液	测试溶液	0.5mol/L H_2SO_4
通用胶黏剂	复合材料镶样用材	
铜粉	原材料	99.70%Cu
钛粉	原材料	99.50%Ti
银丝	测量电阻	$\phi 0.1mm$

表 3-2 实验设备

设　备　名　称	用　途
剪板机	裁剪板材
LUCKY 数控超声波清洗机	金属表面处理
轮式钢丝刷	金属表面处理
自制真空热压扩散烧结炉	钛铜复合板制备
干燥箱	干燥试样
抛光机	抛光金相
真空热压烧结炉	钛铜复合样品制备

表 3-3 实验测试仪器

仪　器　名　称	用　途
CHI660 电化学工作站	电化学性能测试
KEITHLEY-2000 型精密测试仪	电流、电势测试
P-2 金相试样抛光机	金相制备
PHILIPS XL30ESEM-TMP 扫描电子显微镜	组织形貌观测
EDAX 能谱仪	成分分析
D8 ADVANCE X 射线衍射仪	物相分析
HRTEM	微观结构分析
MS 工作站	热力学计算分析

3.1.3　热压扩散炉设计及其结构

　　热压扩散复合工艺简单，其主体是热压扩散炉的设计，钛、铜的熔点分别是1083℃和1660℃，热压扩散过程中必须保持足够高的温度；铜在高温条件下易被氧化，钛在高温下不仅容易氧化，而且存在严重的吸氢和吸氮行为，则扩散复合必须保持高真空或是气氛保护；扩散复合为使钛、铜连接表面相互接触，必须施加一定的压力。因此，热压扩散炉要求能提供高达900℃的高温，同时要求炉体具有高密封性和加压装置。

　　热压扩散系统和炉内结构示意图如图3-6所示，热压扩散系统实物图如图3-7所示。整个炉体经过精密焊接，炉体内套绕电阻丝为炉体加热，内套外面填充石棉保温，炉子外壁具有夹层，可通入冷却水与炉外保持隔热。整个炉子活动接口配以密封圈使烧结炉具有高密封性，避免钛、铜被氧化，保证钛-铜扩散复合质量。装炉完成后，通过液压系统施加一定压力，开启机械泵提供低真空，扩散泵提供高真空，通入高纯氩气洗炉，去除炉内氧气、氮气等对钛-铜扩散有害的气体，当炉内达到一定温度时，通入循环冷却水，升至要求温度，保温一段时间，炉冷至一定温度，开炉取样，整个扩散复合环节结束。

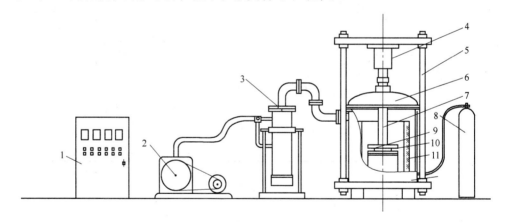

图 3-6　热压扩散炉原理图

1—电源控制柜；2—机械泵；3—扩散泵；4—油压机；5—支架；6—炉外壳；
7—传压杆；8—氩气瓶；9—压板；10—试样；11—加热体

　　利用下面横向电动牵引机移动炉子的位置，启动上面滑轮开盖取样，整个系统结构为实验室设计，购置扩散泵、机械泵、电动机等配件，加工炉子及支架，组装而成。炉内的压杆、支座和垫板所选用的材料为1Cr18Ni9Ti耐热钢，在温度高达900℃亦具有良好的强度，从而能充分保证热压扩散中压力的提供和扩散复合件的均匀受力。

图 3-7　热压扩散系统实物图

3.1.4　实验方案与技术路线

依据本书的研究内容并结合理论分析,利用四探针法测电阻法测试复合材料的导电性,抗弯实验测试界面结合强度,分析钛-铜复合材料对电极基体材料导电性的提高、复合界面协同性和制备工艺对复合材料导电性能的影响规律。磨制金相试样,通过金相显微分析和 SEM、EDS 检测手段观测界面形貌、组织结构和界面成分分布,研究界面形成规律。通过电化学工作站测试涂层试样的线性扫描伏安曲线,研究基体材料对电极电解反应的影响。利用参比电极测试极板电势分布状况,分析复合电极材料均化极板电势及电流分布,从改善基板表面电势分布的角度来研究复合电极材料性能稳定性和提高电流效率的作用。具体的工艺路线如图 3-8 所示。

3.1.5　试样制备

3.1.5.1　钛-铜复合板制备

将 0.8mm 厚的钛板剪切成 50mm×50mm 大小,为方便接线,夹层铜板的尺寸为 50mm×60mm(0.8mm 厚),用于参数优化和界面、导电性、电化学性能对比分析。根据优化的工艺参数,制备大尺寸试样,模拟电解现场,测试极板表面电势分布,复合板示意图如图 3-9 所示。

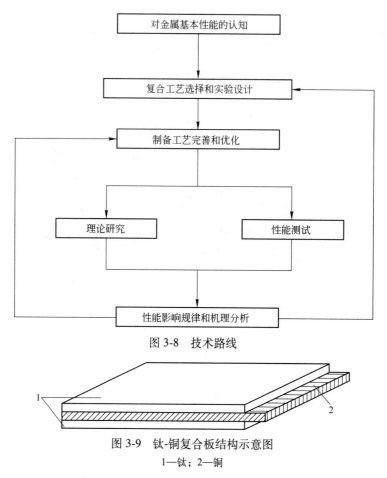

图 3-8　技术路线

图 3-9　钛-铜复合板结构示意图

1—钛；2—铜

A　表面处理

为得到良好的钛-铜扩散复合板，需对试样板坯表面进行处理，它是扩散烧结的关键步骤之一，必须清除表面油污和氧化层，以保证钛铜可靠接触。

钛处理：碱洗除油，放入钛表面处理液中用超声波清洗 5min，取出用清水冲洗干净，后用酒精脱水，晾干。

铜处理：碱洗除油，放入 10%HNO$_3$ 溶液中用超声波清洗 5min，取出用水冲洗干净，酒精脱水，晾干。

B　热压扩散复合

热压扩散复合中温度是最主要的参数，因此制备试样时，参考相关工艺条件，选择固定的压力和保温时间，优化扩散温度，研究温度对界面原子扩散和金属间化合物生成的影响。

热压扩散复合条件：压力 10MPa、保温时间 1h、氩气气氛、烧结温度 735~820℃。

升温速度: 500℃以下为 6℃/min, 500~600℃ 为 5℃/min, 600~700℃ 为 4℃/min, 700℃以上为 2.5℃/min。

压力: 扩散第一阶段保持 10MPa 的压力, 为防止烧结板的变形, 第二、三阶段压力降至 6MPa。

钛-铜直接复合制备试样编号及对应复合温度见表 3-4。

表 3-4 钛-铜直接复合试样扩散温度

烧结温度/℃	700	735	760	800	820
试样编号	1-1 号	1-2 号	1-3 号	1-4 号	1-5 号

3.1.5.2 加入中间层

过高的热处理温度将导致过大的电耗和复合制备成本升高, 异种金属扩散焊接中钛与铜直接扩散焊接, 其接头强度不高, 低于铜材的强度, 而加入中间过渡层, 能减少金属间化合物的生成, 接头强度高, 并具有一定的塑性。特种焊接相关文献数据显示, 添加铜中间层能提高钛-铜界面复合强度, 本书中为验证其准确性和寻求高性能钛-铜复合工艺, 选择 0.28mm 铜箔作为复合中间层, 试样制备工艺参数与直接扩散复合制备参数相同, 扩散温度选择 720~800℃, 试样编号及对应温度见表 3-5。

表 3-5 铜中间层试样扩散温度

扩散温度/℃	720	760	800
试样编号	2-1 号	2-2 号	2-3 号

复合电极材料的主要目的是提高极板基体的导电性, 因此中间层材料必须具备优良的导电性, 在较低的烧结温度条件下与钛、铜具有良好的结合性。对比分析各导电材料, 初步选择中间层材料为铝和锡。锡的熔点低, 价格便宜, 200℃温度下锡与铜能发生扩散, 然而锡与钛复合效果较差。铝是良好的导电材料, 价格低廉, 而且课题组对钛-铝复合制备试验结果显示, 在压力为 6MPa、烧结温度为 550℃、保温时间为 1h 的复合条件下取得了良好的复合效果。因此本文选择铝作为中间过渡层, 为对比铝中间层的作用效果, 同时选择铜箔作为另一种中间层。根据相图和文献资料, 添加铝中间层试样制备的工艺参数为压力 6MPa、保温时间 1h、扩散温度 520~570℃, 试样编号及烧结温度见表 3-6。

表 3-6 铝中间层试样烧结温度

烧结温度/℃	520	530	540	550	570
试样编号	3-1 号	3-2 号	3-3 号	3-4 号	3-5 号

3.1.5.3 涂层制备

本书前两节所制备的涂层电极基板，再经热氧化分解技术进行活性物质涂覆，工艺步骤如下：

表面预处理：利用钢丝刷打磨复合板表面，形成凹凸不平的麻面，以增加与涂层物质的结合力；打磨后，放置于微沸的 10% 草酸溶液中蚀刻 2h，取出用清水冲洗干净，晾干后备用。

涂覆工艺：按典型涂层配方（$RuCl_3$ 49.6mg、$Ti(C_4H_9O)_4$ 204mg、36% HCl 4 滴、正丁醇 1.7mL）配制好前驱体溶液，将前驱体溶液均匀涂覆在预处理好的复合基板上，在温度为 150℃ 的干燥炉内烘干 5min，于 450℃ 加热炉中热氧化 15min，反复多次至试样表面 Ru 含量为 10mg/cm²，最后在 450℃ 烧结 60min。工艺流程如图 3-10 所示。

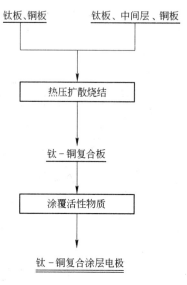

图 3-10　试样制备工艺流程

3.2　界面显微组织观察

将三组实验试样进行切割取样，经镶样、打磨、抛光后，对复合界面进行金相分析，通过 SEM、EDS 等测试手段观察试样形貌及微观组织。利用样品表面的二次电子及背散射电子像分析界面结构成分和界面演变状况，分析成分变化对合金显微组织的影响。同时利用能谱分析仪测试样品中各组成相的元素含量。

3.2.1　钛-铜界面组织形貌观察

4 个试样的复合界面在不同温度下的 SEM 背散射电子像如图 3-11 所示。

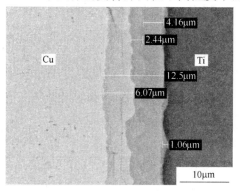

a

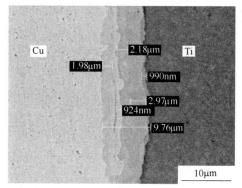

b

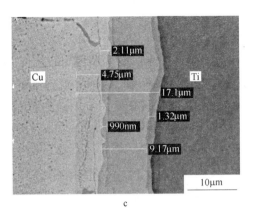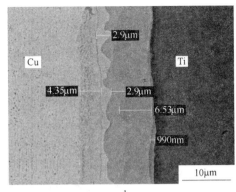

图 3-11 不同温度下钛-铜直接复合界面的背散射电子像

a—1-2 号；b—1-3 号；c—1-4 号；d—1-5 号

3.2.2 添加铜箔试样复合界面形貌观察

2-2 号、2-3 号试样钛-铜界面扫描电镜背散射电子像及对应温度的钛-铜直接复合（1-3 号、1-4 号试样）界面对比如图 3-12 所示。

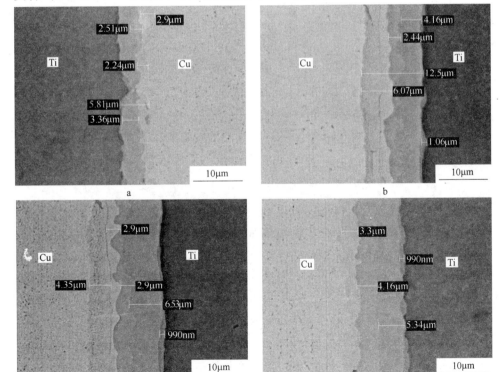

图 3-12 钛-铜直接复合和添加铜箔复合界面

a—2-2 号；b—1-3 号；c—2-3 号；d—1-4 号

3.2.3　钛-铝-铜试样界面形貌观察

利用扫描电镜观察添加铝箔中间层试样的界面显微组织，3-1 号、3-2 号、3-3 号试样界面形貌类型一致，3-3 号、3-4 号、3-5 号试样的背散射电子像如图 3-13 所示，其中 3-3 号试样包括铜-铝界面和钛-铝界面。

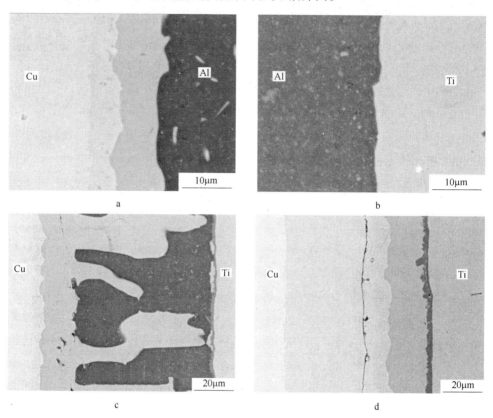

图 3-13　铝中间层试样复合界面背散射电子像

a—3-3 号 Cu/Al 侧界面；b—3-3 号 Al/Ti 侧界面；c—3-4 号 Cu/Ti 形貌；d—3-5 号 Cu/Ti 形貌

3.3　力学性能及电学性能测试

3.3.1　试样抗弯强度测试

对于复合涂层阳极，其界面结合强度是一个非常关键的参数，直接关系到电极材料的综合性能和使用寿命，复合界面结合强度差，在应用过程中容易产生脱层、起包、变形等不良现象，甚至引起极板短路等问题。异种金属扩散焊接指出钛-铜扩散焊接添加中间层铜均能达到提高结合强度的目的。经过小试样优化工艺参数后，选择 2mm 厚的铜板和 0.8mm 厚的钛板制备 100mm×100mm 的大尺寸试样，钛-铜直接复合试样扩散复合温度为 800℃，添加铜中间试样的复合温度为 800℃，铝中间层试样复合温度为 540℃，其他参数与对应小试样的相同。

经过抗弯强度测试实验检测试样复合界面形变的协同性，通过测试复合界面协同性的好坏反映其界面结合强度的强弱，从而为钛-铜复合工艺的选择起到指导作用。抗弯示意图如图 3-14 所示。

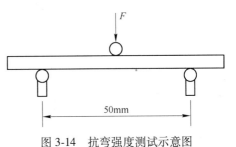

图 3-14 抗弯强度测试示意图

两支点间距选择 50mm，被测试样尺寸为 100mm × 10mm，厚度为 3.6~4.0mm。

3.3.2 抗弯强度测试结果分析

三种试样的抗弯测试应力-应变曲线结果及弯曲后试样的照片如图 3-15 和图 3-16 所示。

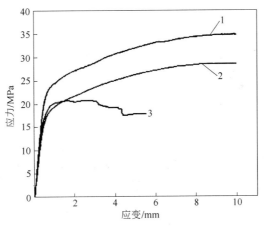

图 3-15 应力-应变曲线
1—添加铜箔；2—直接复合；3—添加铝箔

由图 3-15 和图 3-16 可知，添加铜箔的钛-铜复合界面的强度高于直接复合界面强度，其界面协同性较好，铜中间层试样由于中间铜箔阻碍了钛-铜界面化合物的生成，同时添加铜箔均化了界面应力，钛-铜界面复合得更为均匀，复合效果更好，从而提高了钛-铜界面的结合强度。添加铝箔试样的形变曲线比钛-铜直接复合和添加铜中间层试样的都低，则其复合界面结合强度最低；对比三个试样发现，钛-铜直接复合试样和添加铜箔试样都具有良好的弹塑性变形阶段，添加

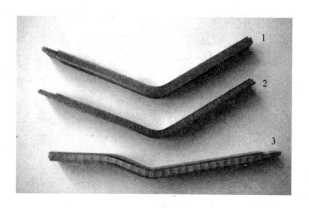

图 3-16　弯曲后的试样

1—添加铜箔；2—直接复合；3—添加铝箔

铜箔试样弯曲后，其结合界面破坏不明显，直接复合试样的结合界面出现裂缝，而添加铝箔试样的弹塑性变形阶段比较短，其界面层就受到严重破坏，钛层与铜层已明显分离。结合界面形貌分析发现铝-钛界面在 540℃ 左右形成的界面扩散层较少，而铜-铝界面的扩散反应比较快，容易生成脆性相，从而降低了其界面结合强度。因此对比分析说明铜中间层复合试样的强度最好，达到了提高钛-铜复合界面结合强度的目的。

3.3.3　界面导电性能测试

　　本文通过制备钛-铜复合板替代传统的纯钛极板基体，从而提高钛阳极基体的导电性，因此导电性能测试是钛-铜复合板主要的性能测试实验之一，采用四探针法测电阻原理，比较扩散复合温度对复合板导电性能的影响，优化钛-铜扩散复合温度工艺参数，同时对比纯钛和钛铜复合板导电性能的差异。根据电极的实际应用情况，得出四探针法测电阻原理如图 3-17 所示。

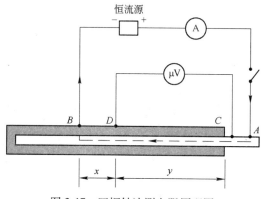

图 3-17　四探针法测电阻原理图

A、B 两点连接直流恒流电源，回路中串联毫安电流表和开关，C、D 两点连接微伏电位仪。图 3-17 中 BD 两点连接在内层铜上，AC 两点连接在钛层，模拟复合电极实际应用的情形，电流由 A 流入，按照最小电阻线路，电流按图中虚线线路通过内层铜进入钛层，再由 B 流出，同时测试相同尺寸大小的钛板，比较分析钛-铜复合板的导电性能。BD 两点间距为 x，C 点靠近钛层边沿，CD 间钛层距离为 y，根据试样尺寸确定两距离 x 和 y 值。

将试样表面打磨干净，按图 3-17 连线，四个点通过银导线与压铟实现与试样的连接，A、C 两点尽量靠近但不能相互接触，此方法可忽略连线的接触电势的影响。接好线，开启电源输入恒定电流，记录电位计读数，将电流换向再记录数据，循环测试 4 次取平均值。

3.3.4 导电性测试结果分析

钛-铜直接复合试样经线切割后再进行电阻测试，其试样尺寸（表层钛尺寸）为 15mm×25mm，x、y 值分别取 5mm 和 15mm，恒流源输出电流为 0.500A，测试结果记入表 3-7 中。

表 3-7　钛-铜直接复合试样的导电性测试数据

试样编号	1-1 号	1-2 号	1-3 号	1-4 号	1-5 号	Ti
电压值/μV	13.1	10.7	10.0	10.2	12.8	159.2

添加中间铜和铝层试样未经切割直接进行导电性测试，试样尺寸（表层钛尺寸）为 50mm×50mm，x、y 值分别取 5mm 和 20mm，电流为 0.500A，导电性测试数据如表 3-8 所示。

表 3-8　添加中间层试样的导电性测试数据

试样编号	2-1 号	2-2 号	2-3 号	3-1 号	3-2 号	3-3 号	3-4 号	3-5 号	Ti
电压值/μV	7.8	7.8	8.6	8.0	8.3	9.1	12.4	13.4	125.8

比较第一组钛-铜直接复合试样的测试数据，试样的内阻均远远小于纯钛试样，其导电性是纯钛的 12~15.9 倍。1-1 号试样到 1-5 号试样的测得电压值表现出先降低后增大的趋势，1-1 号试样的测试电压值比 1-2 号的大 2.4μV，而 1-2 号试样的测得电压值比 1-3 号试样的大 0.7μV，1-3 号试样以后，电压值不断增大。剥离 1-1 号试样钛-铜复合层后发现其复合面积不到四分之一，而 1-3 号试样的复合率达到 80% 以上，因此在尽量减少界面金属间化合物生成的同时，应保证界面扩散复合率，界面结合性不好将严重影响复合板的导电性。本组数据显示，在压力为 10MPa、保温时间为 1h、氩气气氛条件下钛-铜直接扩散复合的最优复合温度为 760~800℃ 范围内。

对比第二组试样的测试数据发现，三个试样的电压值差异较小，导电性均为纯钛的 13~15 倍。每个复合试样的两个钛-铜界面均添加 0.27mm 厚的铜箔中间层，由受力方面分析，通过添加铜箔，增加了两个铜-铜界面，则降低了钛-铜界面应力，抑制了金属间化合物的生成；同时铜箔相对较软，均化了界面受力，增加了钛-铜界面贴合率，从而使得界面扩散复合更为均匀。因此，扩散复合时添加中间铜层，有助于提高钛-铜界面的复合率，复合结合更为均匀，同时延缓了界面扩散反应的进行，减少了界面金属间化合物的生成，对比钛-铜直接复合，由复合界面形貌可知，相同扩散温度下，添加铜箔试样的界面金属间化合物宽度较小，从而可得出结论：添加铜箔复合界面宽度的减小，提高了复合板的导电性。

第三组试样测试数据显示，添加铝箔试样的导电性是纯钛的 9~15.7 倍。3-1 号和 3-2 号试样的测试电压值与铜箔中间层试样的差不多，在较低扩散温度下，添加铝中间层试样的导电性可以与添加铜箔的相媲美，结合界面形貌结果可知，随着扩散复合温度的提高，铜铝界面和铝钛界面发生的扩散反应不断加剧，生成的金属间化合物急剧增多，其导电性降低得较快，试样所测得的电压值大幅增加，因此在添加了中间铝层的试样制备过程中，需严格控制扩散温度，在确保复合效果的同时，扩散温度不能超过 540℃。

综合三组试样的导电性测试数据可知，复合试样的导电性远好于纯钛，随着扩散复合温度的升高，导电性逐渐降低。在达到较好的复合程度后，随着扩散复合温度升高，不管是钛-铜直接复合试样，还是添加中间层的铜、铝试样，其扩散界面层宽度不断增大，复合界面生成的金属间化合物不断增多，使得界面电阻逐渐增大，从而降低了复合板的导电性。因此，复合板的扩散温度直接影响到复合界面层化合物的生成，温度越高，界面宽度越大，而金属间化合物层越宽，其界面电阻越大，在保证复合板的结合率的同时，为提高复合板的导电性，应选择尽可能低的扩散温度。

3.3.5   电极极化性能测试分析

3.3.5.1   线性扫描伏安曲线测试

线性扫描伏安曲线（LSV）测试实验是电极电化学性能常用的一种测试方式，在上海辰华 CHI660 电化学工作站对试样进行线性扫描伏安曲线的测定，辅助电极为铂电极，参比电极为甘汞电极，电解液为饱和 KCl 溶液（电极涂层为析氯型），将各复合涂层电极和纯钛涂层电极试样连接好导线，取 10mm×10mm 工作面，其余部分用环氧树脂密封处理。由于试样制备和测试的批次不一样，第一组直接复合试样的扫描电压范围是 -0.2~1.5V，扫描速度为 0.005V/s，为更好地区分不同工艺试样的性能差异，后面添加中间层试样的扫描电压范围设定为

1.00~1.22V，扫描速度是 0.3333mV/s。

3.3.5.2 测试结果分析与讨论

第一组试样、第二组试样、第三组试样的线性扫描伏安曲线如图3-18所示。

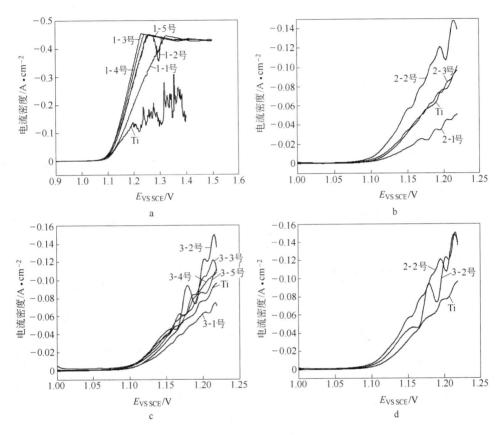

图3-18 线性扫描伏安曲线图

a—第一组试样；b—第二组试样；c—第三组试样；d—第二、三组最佳试样与纯钛对比

由图3-18各组析氯极化曲线图可知，各组较好的试样其极化曲线均明显较纯钛的负移，以直接复合1-3号试样为例，如图3-19所示，与纯钛涂层电极相比，可知：

（1）扫描电压在1.05V以前，两试样的极化曲线一致，当超过1.05V时，电极开始出现电流，随着极化电位的增大，极板的电流密度均增大。当电流密度为 $0.05A/cm^2$ 时，复合试样的极化电位为1.114V（电势或电位均是相对参比电极而言），而纯钛的极化电位为1.128V，高出0.006V，随着电流密度的升高，其电位差值不断增大。这是由于复合涂层电极中，中间铜层的电阻率为 $1.7×10^{-6}$

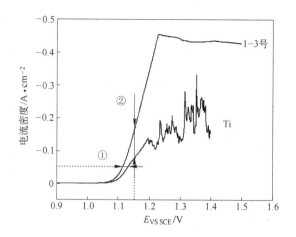

图 3-19   1-3 号试样和纯钛电极极化曲线图
①—同电流密度下电位对比；②—同电位下电流密度对比

$\Omega \cdot cm$，而钛的为 $4.2 \times 10^{-5} \Omega \cdot cm$，从极化反应过程分析，复合电极提高了极板的电子传输能力，加快了电化学反应速度，同时降低了极化电位，因此复合涂层电极在较低的电极电位下具有较好的电催化活性。

（2）随着极化电位的提高，复合电极的电流密度增大的幅度较快，极化电位为 1.15V 时，纯钛的电流密度为 $0.075 A/cm^2$，而复合电极的电流密度为 $0.155 A/cm^2$，提高了 1 倍多，因此复合电极的导电性好，在相同槽电压下，提高了电极的工作电流密度，增加了阴极产品的产量，从而提高了电流效率。

（3）对于纯钛电极，当极化电位增大到 1.90V 时，极化曲线出现严重的波动，而复合电极的极化曲线比较稳定。复合电极基板由于铜的加入，随着极化电位的提高，极板表面电势的分布还较均匀，极板的电极反应比较稳定。然而对于纯钛电极，由于表面电势分布不均，当电极电位进一步提高时，其不稳定性得到加剧，从而引起电极反应出现波动。因此复合电极的导电性好，具有高电流密度电极反应稳定性，应用于电解工业可提高电解槽的工作电流密度，提高工作效率。

结合导电性测试结果，分析各组复合试样的极化曲线，如图 3-20 所示。各试样极化曲线的位置与其导电性有着直接的关系，钛-铜直接复合试样中 1-3 号试样的导电性最好，而其极化曲线最负移；添加中间层试样中，温度最低的 2-1 号试样和 3-1 号试样电阻测试其电压值较低，然而其界面结合性不好，从而其极化曲线均比纯钛电极的低，而 2-2 号和 3-2 号试样的界面结合性较好，同时导电性也较好，则同组试样中其极化曲线均最负移。因此复合试样的极化曲线均比纯钛的负移，在相同的电流密度下，复合电极具有较低的极化电位，则具有较好的电催化活性，提高了钛阳极的电化学性能；复合电极的导电性直接影响电极的电化

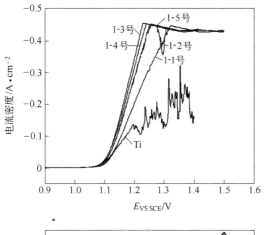

试样编号	电压值/μV
1-1号	13.1
1-2号	10.7
1-3号	10.0
1-4号	10.2
1-5号	12.8
Ti	157.2

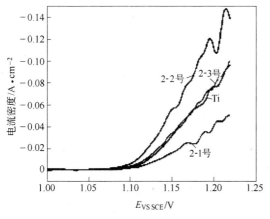

试样编号	电压值/μV
2-1号	7.8
2-2号	7.8
2-3号	8.6
3-1号	8.0
3-2号	8.3
3-3号	9.1
3-4号	12.4
3-5号	13.4
Ti	115.8

图 3-20 各组复合试样极化曲线及对应的导电性测试结果

学性能，导电性好，其电化学性能好，同时复合界面结合程度严重影响其电化学性能，钛-铜复合极板的制备中，在降低扩散温度的同时需保证其界面结合效果。

对比添加铜箔和铝箔的试样，添加铜箔的 2-2 号试样的电化学性能比铝箔 3-2 号试样有所提高，同时 2-2 号试样的导电性略高于 3-2 号试样，因此从导电性、界面结合强度、电化学性能等方面分析，添加铜箔复合工艺为最佳制备工艺。

综合上述电化学性能分析结果，结合试样的制备工艺、界面形貌、导电性、界面结合强度和电流分布分析结果，试样扩散温度提高，界面原子扩散加剧，促进了界面扩散反应的进行，生成的界面化合物层宽度逐渐增加，界面电阻逐渐增加，从而导致复合板的导电性逐渐降低，同时界面结合强度越低；导电性降低，导致极板自身的电压降增大，影响到电化学性能的提高。对比直接复合工艺，添加铜箔复合工艺提高了钛-铜界面复合的均匀性，减少了界面金属间化合物的生成，提高了极板的导电性和电化学性能；而添加铝箔复合工艺大幅降低了钛、铜的复合温度，然而铜、铝容易发生扩散反应，生成脆性金属间化合物，界面结合强度明显低于添加铜箔试样，试样的导电性和电化学性能均略差于添加铜箔的试样。

3.4 本章小结

本章在综述钛阳极发展状况和钛-铜复合制备工艺的基础上，根据钛、铜两种金属的特性和各钛-铜复合制备工艺的缺陷，提出了利用热压扩散复合工艺制备钛-铜层状电极材料方法，制备出导电性良好、界面结合稳定的钛-铜复合电极基体材料。对比钛-铜直接复合、添加铜中间层、添加铝中间层等三种复合工艺制备的试样性能得出结论：

(1) 利用热压扩散复合工艺，成功制备了界面结合稳定和导电性良好的钛-铜复合材料，与纯钛相比电导率提高了 12~16 倍。

(2) 添加铜箔中间层试样，阻碍了界面化合物的生成，提高了界面结合强度；添加铝箔中间层有效地降低了钛-铜复合的扩散温度，同时需严格控制扩散温度。

(3) 性能测试分析显示，钛-铜复合电极提高了电极的导电性，改善了极板电势的均匀分布，降低了电极电位，提高了电极的电催化性。

钛-铜复合电极应用于电解工业，均能降低槽电压，提高电极反应稳定性和工作电流密度，对节能降耗和新型电极材料的开发具有重要的指导意义，从而为层状复合材料在电极材料的应用提供一定理论基础，为高性能电极材料的开发提供了一种新的途径。

参 考 文 献

[1] 彭大暑. 金属层状复合材料的研究状况与展望 [J]. 材料导报，2000，14 (4)：23~26.

［2］ Lesuer D R. Mechanical behavior of lamina. International Material Reviews，1996，41（5）：169~171.

［3］ Fitzgerald A G. Micorbeam analysis studies of the copper-silver interface ［J］. J. Mater. Sci.，1993（28）：1819~1826.

［4］ 山口喜弘. 高壓押加工用容器ソ設計 ［J］. 塑性与加工，1974，15（164）：677~682.

［5］ 郑远谋，张胜军. 不锈钢-碳钢大厚复合板坯的爆炸焊接和轧制 ［J］. 钢铁研究，1998，10（1）：30~34.

［6］ 郑远谋. 爆炸焊接和金属复合材料 ［J］. 稀有金属，1999，23（1）：56.

［7］ 郑哲敏，杨振声. 爆炸加工 ［M］. 北京：国防工业出版社，1981.

［8］ Birat J P，Steffen R. Current R&D work on near-net-shape continuous casting technologies in Europe ［J］. Metallurgical Plant and Technology International，1991，14（3）：44~57.

［9］ Merzhanov A G. Thermal explosion and ignition as a method for formal kinetic studies of exothermic reactions in the condensed phase. Combust and Flame，1967，11（3）：201~211.

［10］ 宁洪龙，王一平，黄福祥，等. 多层喷射沉积铝/钢双金属板材的研究 ［J］. 功能材料，2002，33（2）：166~168.

［11］ 汤琼，宁洪峰，付定发，等. 多层喷射沉积制备双金属板材的机理初探 ［J］. 粉末冶金，2004，2（1）：12~15.

［12］ 张彩碚. 不锈钢/Al 固液轧制复合板材界面剪切强度与界面结构 ［J］. 金属学报，1999，35（2）：113~116.

［13］ 冷水孝失，高木柳平. CHIP 接合システム ［J］. 溶接技术，1990（9）：108~112.

［14］ Cam G，Bohm K H，Mullauer J. et al. The fracture-behavior of diffusion-bonded duplex gammatial ［J］. JOM，1996，48（11）：66~68.

［15］ Maehara Y，Komizo Y，Longdon T G. Principles of superplastic diffusion bonding ［J］. Mater. Sci. Technol，1998，4（8）：669~674.

［16］ Kim S T，et al. The direct bonding between copper and MgO-doped Si_3N_4 ［J］. J. Mater. Sci.，1990，25（2）：5185~5191.

4 Pb/钢层状复合材料的制备与性能

铅及铅合金电极因其优越的耐蚀性能、制备简单、易成型且价格低廉，被广泛用作电化学工业的阳极材料，有着难以替代的作用。但是，铅的导电性差、质量大、机械强度低、污染环境等缺点，使得铅及铅合金在很多领域的应用受到限制。

钢具有导电性好、强度高等优点，其力学性能、物理性能、电化学性能与铅形成良好的互补。如果利用铅、钢间性能的极大互补性，制备出 Pb/钢层状复合材料，有望实现提高强度、降低内阻，全面改善电极材料的综合性能。

本章对 Pb/钢层状复合材料的制备方法及制备出铅/钢层状复合材料的界面组织结构、力学性能、界面电阻率、电化学性能、耐蚀性能及界面结合强度进行研究；阐述最佳 Pb/钢层状复合材料的制备方法，为 Pb/钢层状复合材料能进一步作为节能型工业化应用提供基础条件。

4.1 Pb/钢层状复合材料的制备方法

生产中常用的金属层状复合加工方法如图 4-1 所示[1]。按照组元状态的不同，目前金属层状复合材料的生产方法可分为三类：固/固相复合法（轧制复合法、挤压复合法、爆炸复合法）、固/液相复合法（喷射成型法、浇铸法）和液/液相复合法（电磁连铸复合法），其中固/固相复合用的最为普遍。下面介绍几种常用的生产方法的基本特点。

4.1.1 热压扩散焊接法

热压扩散焊接法[2~5]是将表面处理后的被焊金属以不同的方式紧压在一起，在真空或保护气氛中加热到一定温度（母材熔点温度以下），同时施加压力，使金属表面紧密接触，通过金属表面的微观塑性变形，原子间距离达到 $(1 \sim 5) \times 10^{-8}$ cm 以内形成金属键，再经过一定时间的保温，界面两侧原子相互间的不断扩散，相互渗透，形成牢固冶金结合的一种焊接方法。热压扩散焊接法制得的复合材料无宏观变形、材料内部很少有残余应力存在，可用于尺寸和性能相差很大的两种或多种金属进行焊接[6]。焊接压力、温度、保温时间及待焊接金属的表面粗糙度是影响焊接接头的主要因素，增大焊接压力，复合界面处原子间的距离减小，更利于原子的互扩散；增加焊接温度，界面处原子的活性增加，原子的互

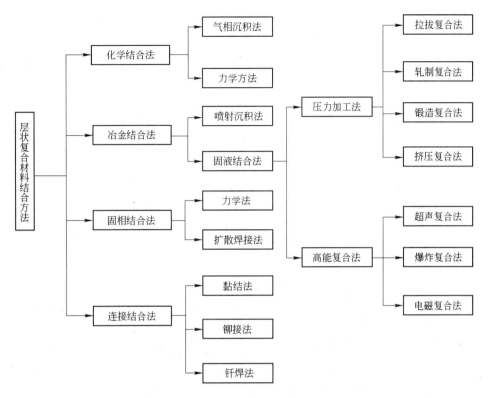

图 4-1 层状复合材料结合方法分类

扩散速度增加；延长保温时间，界面处的原子可进行充分的互扩散，增加界面结合强度；增加表面的粗糙度，复合界面更易形成分散的点接触，利于扩散的进行。扩散焊接法制备复合材料的过程及原理如下：在外加压力的作用下，待焊合金属表面微观不平的部分发生塑性变形，在持续压力的作用下，最终达到面接触，形成面接触的部位原子发生互扩散，初步形成界面结合，随着保温时间的延长，界面处及附近的孔洞、缺陷逐渐消失，继而形成牢固的冶金结合。

4.1.2 爆炸复合法

作为生产复合材料最广泛的一种方法，爆炸复合法[7]具有工艺简单、生产灵活、成品率高、表面质量好等优点，杜邦公司早在 1957 年就已研究成功。爆炸复合（又称爆炸焊接）是两种或两种以上被复合的金属在炸药瞬间轰炸作用下产生高达 10000MPa 的高压[8~10]，使得待复合金属间发生高速的碰撞，碰撞过程中产生的瞬间高压破坏了金属表面的氧化层，内部的新鲜金属挤出，露出新鲜的金属表面。同时，金属碰撞产生的高压使金属活性表面紧密接触，通过原子间的作用力，实现异种金属间的可靠连接。爆炸复合工艺示意图如图 4-2 所示。

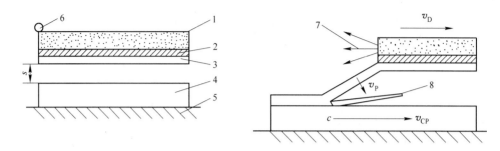

图 4-2　爆炸复合工艺示意图

1—炸药；2—缓冲区；3—复板；4—基板；5—基础；6—起爆器；7—爆炸产物；8—再入射流；

s—基复板安装间距；v_D—炸药爆速；v_P—复板运动速度；v_{CP}—碰撞点运动速度；c—碰撞点

爆炸复合由于其特殊的成型工艺，可使绝大多数金属相互复合，制备出所需性能的两种或两种以上金属（合金）复合材料，极大地扩展了现有金属的应用范围。爆炸复合法优点为：（1）对待复合材料的限制少，可实现强度、硬度、熔点等性能相差很大的金属间的复合；（2）爆炸复合的时间极短，复合界面间几乎不会产生金属间化合物，提高了复合界面的强度；（3）爆炸复合工艺简单，不需要对待复合金属表面进行表面处理。爆炸复合法缺点为：（1）爆炸复合操作难度较大且不易控制，多在室外操作，易受气候影响，工作条件差；（2）爆炸复合受场地和周边环境限制，难以实现大批量、自动化生产；（3）生产安全性较差，为确保生产安全性，需特殊的保护措施和严格的操作规程；生产过程噪声和气浪大，场地受限，且郊外操作需采取特殊的环保措施；（4）更主要的是爆炸复合容易产生结合不良、变形、开裂等宏观缺陷和微裂纹、夹杂、飞线等微观缺陷，从而严重影响材料的复合质量。

4.1.3　铸造复合法

用浇注法生产金属与金属或金属与非金属复合材料的一种复合加工工艺。在两个固体金属之间浇注熔融的其他金属或在一定形状的固体金属外表面注以熔融的其他金属是生产复合材料的最常用的方法。在复合界面上靠液相凝固、固相塑性变形生成新表面以及复合组元紧密接触使原子扩散加剧，而加强包覆层的牢固复合。影响铸造复合效果的因素主要是温度和压力，跟其他复合技术一样，复合试样铸造过程中应尽量减少界面上金属氧化物的生成甚至避免产生。比如，需在金属表面上覆镀一层金属陶瓷，则可以用铸造法完成，步骤为：准备好所需尺寸的铸模，将金属陶瓷喷涂在铸模内表面，然后将事先熔化好的金属倒入铸模内，则可以得到表面覆有金属陶瓷的复合材料制品，可以根据需要制备出局部或多层的制品。

铸造复合法的特点为：（1）由于试样的形状及尺寸取决于铸模，因此，可以制备任何形状的铸造制品；（2）对于要求试样局部特殊性质或者对覆镀层厚度有要求的，均可用铸造法实现；（3）可以用于纤维强化的金属复合材料，如铅水浇入到纤维中，使铅强化。

4.1.4 轧制复合法

轧制复合法是将两种或两种以上物理、化学性质不同的待复合的金属或合金按照一定的厚度比及其他要求，送入轧机进行轧制，在轧机的强大压力作用下，使待复合金属在整个结合界面上发生塑性变形，表面氧化层破裂，挤出新鲜金属，从而金属原子在整个接触面上形成金属键，异种金属借助金属键的引力形成结合，在随后的扩散退火过程中实现冶金结合的加工方法。

轧制复合基本工艺可分为表面预处理—轧制复合—热处理三个阶段。表面预处理目的是清除待复合金属表面氧化层及油污等，以获得洁净表面，表面处理的方法通常先采用丙酮洗掉金属表面的油污，然后再用钢丝刷打磨金属表面的氧化层；轧制复合是将经过表面处理的待复合金属叠放在一起通过轧机进行大压下量的复合轧制；热处理是为了增强结合面原子的扩散，使复合结点长大，增加实际复合面积，提高结合强度，以满足继续加工或使用的性能要求，如图4-3所示。

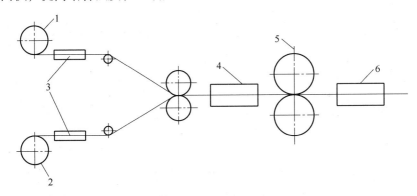

图 4-3　双金属轧制示意图

1—A材；2—B材；3—表面热处理；4—加热；5—轧制复合；6—扩散热处理

Pb/钢复合板常规的生产方法有浇铸法、电解法、喷射法等，但由于这些方法普遍存在铅层疏松、缩孔、结合不牢，以及能耗高、生产效率低、污染严重等缺点。而爆炸焊接法具有材料适应性广、结合强度高、生产效率高等优点，因此，Pb/钢复合板大多采用爆炸焊接法制备。

爆炸焊接法缺点有：表面质量差，污染严重，有一定危险性，生产率低等。竺培显[11~13]等人提出以锡作为第三过渡组元，利用真空热压扩散焊接法，通过Pb/Sn和钢/Sn的互溶性解决Pb/钢界面结合问题，制得安全环保的Pb/钢层状复合材料。该电极以导电性优且质轻、低成本的钢作为层状复合的内芯，采用固/固复合法制备出外层为铅且呈"三明治式"结构。其中内芯钢起到了降低基体内阻、均化电流密度分布、增加强度的目的。

对于 Pb/钢层状复合材料，轧制复合法亦有着明显的特点[14]：尺寸精度和表面质量高，生产过程环保；结合强度高，可任意调整复合材料的厚度比；层与层之间的厚度比及性能均匀，生产效率高、成本较低，可实现机械化、自动化及连续化生产。

4.2 Pb/钢层状复合材料的组织结构与性能

4.2.1 热压扩散焊接法制备 Pb/钢层状复合材料的组织结构与性能

4.2.1.1 钢板热浸镀媒介金属工艺方案

通过键函数参数理论计算得到的 Sn 作为 Al、Pb 非互溶合金过渡组元的理论基础上，结合 Fe-Sn 二元相图，初步选取 Sn 作为媒介金属，采用热浸镀法在钢板表面热浸镀 Sn，根据文献 [15] 给出的热浸镀方法，设计实验方案如表 4-1 所示。

表 4-1 热浸镀锡工艺方案

编　号	热浸镀时间 t/min	热浸镀温度 T/℃	助焊剂处理 t/min
1	2	300	2
2	2	350	2
3	2	400	2
4	4	300	2
5	6	300	2
6	8	300	2

通过热浸镀 Sn 实验发现助溶剂处理时间对镀层影响较小，考虑到温度过高可能导致钢板与锡层间脆性相厚度过大，影响其力学性能，最终取 350℃，2min 热浸镀工艺。根据 Pb-Sn 二元合金相图可知，Pb-Sn 共晶温度为 183.15℃，要实现过渡液相焊接，设计 Pb/钢层状复合材料扩散焊接实验方案如表 4-2 所示。

表 4-2 Pb/钢层状复合材料扩散焊接实验方案

编　号	温度/℃	时间/h	压力/MPa
A1	210	2	5
A2	210	2.5	5
A3	210	3	5
A4	220	2	5

编　号	温度/℃	时间/h	压力/MPa
A5	220	2.5	5
A6	220	3	5
A7	230	2	5
A8	230	2.5	5
A9	230	3	5

在研究初期发现，使用纯 Sn 作为媒介金属确实可以改善铅、钢界面结合，但是由于纯 Sn 的价格昂贵，增加制作成本，Pb-Sn、Pb-Sn-Zn 为两种重要的合金焊料，其与钢板的润湿性良好[16,17]。提出不同媒介金属层对 Pb/钢层状复合材料界面结合性能影响的研究。两种媒介金属热浸镀工艺及复合工艺如表 4-3、表 4-4 所示。

表 4-3　两种合金媒介金属的热浸镀工艺

样　品	60%Pb-40%Sn	样　品	50%Pb-45%Sn-5%Zn
a 号镀膜钢板	300℃，2min	e 号镀膜钢板	300℃，2min
b 号镀膜钢板	320℃，2min	f 号镀膜钢板	320℃，2min
c 号镀膜钢板	340℃，2min	g 号镀膜钢板	340℃，2min
d 号镀膜钢板	360℃，2min	h 号镀膜钢板	360℃，2min

表 4-4　不同媒介金属层的铅/钢层状复合材料工艺方案

样　品	镀媒介金属钢板	温度/℃	保温时间/h	压力/MPa
B1	a 号	230	2	5
B2	b 号	230	2	5
B3	c 号	230	2	5
C1	e 号	210	2	5
C2	f 号	210	2	5
C3	g 号	210	2	5

4.2.1.2　热浸镀钢板的制备

剪取 60mm×40mm×1.8mm 的 Q235 钢板若干，用 5%HCl 溶液处理钢板表面铁锈，用去离子水清洗钢板表面，空气中干燥。采用 NH_4Cl，$ZnCl_2$（NH_4Cl：$ZnCl_2 = 1.4:1$）混合盐溶液作为助溶剂，将钢板经过 70~80℃ 助溶剂处理 3min，将钢板干燥直至干透，随后将干透的钢板浸入熔融的媒介金属中，直至出现"沸腾"现象，将钢片迅速取出。

4.2.1.3　Pb/钢层状复合材料的制备

Pb/钢层状复合材料采用过渡液相焊接技术制备，具体工艺流程图为：热浸镀钢板表面打磨→剪切铅板→铅板表面打磨→热浸镀钢板与铅板热压扩散焊接→Pb 钢层状复合材料。最终制得的样品示意图如图 4-4 所示。

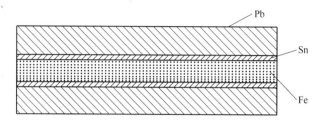

图 4-4　Pb/钢复合试样结构示意图

4.2.1.4　热浸镀钢板金相组织分析

利用热浸镀法在不同工艺条件下得到热浸镀 Sn 钢板，金相显微镜观察得到其界面宏观形貌图如图 4-5 所示。

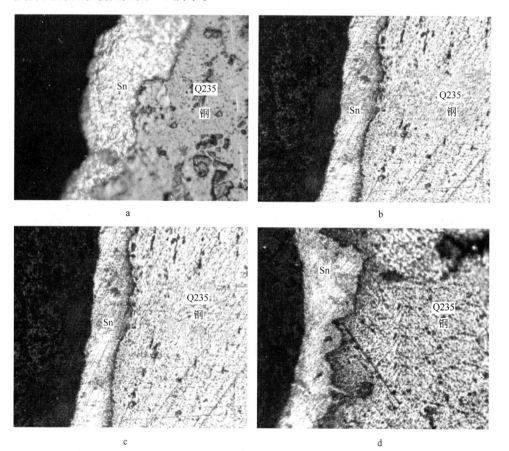

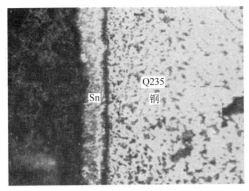
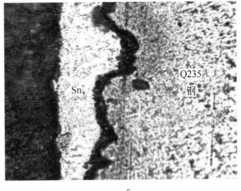

e   f

图 4-5 不同工艺参数得到的镀 Sn 钢板界面放大 200 倍金相照片

a—1 号：300℃，2min；b—2 号：350℃，2min；c—3 号：400℃，2min；

d—4 号：300℃，4min；e—5 号：300℃，6min；f—6 号：300℃，8min

图 4-5 中 a ~ f 分别为不同热浸镀温度和时间条件下制备的镀 Sn 钢板界面在 200 倍下的金相照片，镀 Sn 层和钢基体已在图中标出。从图 4-5 可以看出在相同的时间下，热浸镀温度越高，在钢基体与镀层之间的黑色条带状生成物越宽，在相同温度下，随热浸镀时间的延长也得到相同结果，从图 4-5a ~ c 可以看出在相同提取速度下，随热浸镀温度的提高，金属液流动性变好，Sn 层厚度逐渐变窄。

为了对镀 Sn 钢板界面处金属间化合物的相貌及与钢基体间的结合特点进行更深入的研究，利用扫描电子显微镜对 6 号（300℃，8min）热浸镀 Sn 钢板进行显微组织观察，如图 4-6 所示。

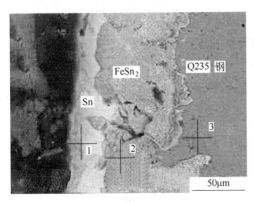
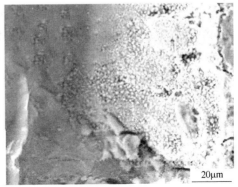

a   b

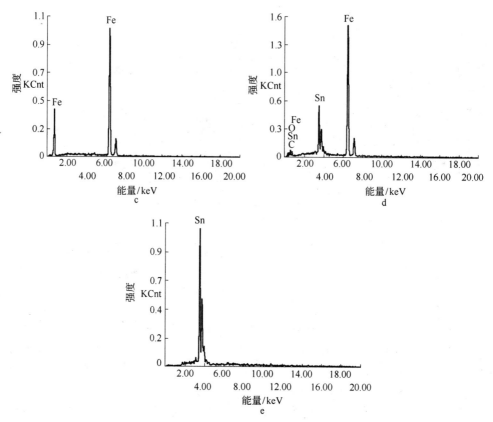

图 4-6　镀 Sn 钢板界面区 SEM 及 EDS 分析图

a—界面 SEM 图；b—FeSn₂ 区域 SEM 图；c—图中 1 特征点微区 EDS 分析；

d—图中 2 特征点微区 EDS 分析；e—图中 3 特征点微区 EDS 分析

图 4-6a 为镀 Sn 钢板界面区背散射电子图，根据原子系数衬度，从左到右依次为 Sn、Fe-Sn 金属间化合物区、Q235 钢基体。其中 FeSn 金属间化合物区放大图 4-6b 中可以看出 Fe-Sn 金属间化合物多为颗粒状存在，是由于在 Q235 钢板从金属 Sn 液中迅速取出后空冷，此时温度梯度较大，产生了极冷的效果，导致 Fe-Sn 金属间化合物层来不及结晶长大。利用 EDS 对 Sn、Fe-Sn 金属间化合物区、Q235 钢基体进行元素分析结果见图 4-6c、d、e，元素成分表见表 4-5。可以看出

表 4-5　EDS 元素分析结果

编　号	元素/%	
	Fe	Sn
1	0	100. 00
2	66. 59	33. 41
3	100. 00	0

元素组成和成分与选材基本一致，同时在元素成分表中没有发现钢表面的助熔剂 $ZnCl_2$、NH_4Cl，说明助熔剂已经流入镀液废渣中，对镀层质量没有影响。

4.2.1.5　Fe-Sn 金属间化合物物相确定及其动力学生长过程

对 6 号（300℃，8min）样品进行 XRD 分析得出，该黑色生成物为 $FeSn_2$ 金属间化合物。有学者在文献[18~20]中报道了利用有效形成热预测出了 Fe-Sn 体系金属间化合物初生相 $FeSn_2$ 和 $FeSn_2$ 相的动力学生长过程。根据 Fe-Sn 二元合金相图（见图 4-7）可知，Fe-Sn 体系有 4 种金属间化合物（如：Fe_5Sn_3、Fe_3Sn_2、FeSn、$FeSn_2$），利用有效形成热模型计算得到 4 种金属间化合物的有效形成热 $FeSn_2$ 为最负，是最有可能首先生成的相。

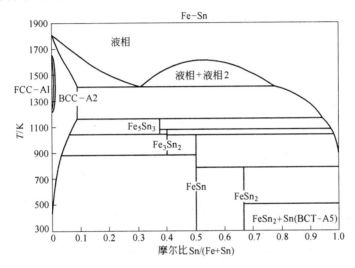

图 4-7　Fe-Sn 二元合金相图

在热浸镀过程中由于金属液 Sn 与 Fe 基体在助焊剂的作用下降低了 Fe 原子向 Sn 液中的扩散激活能，推动固-液界面扩散反应的进行。由于 Sn 的含量过高，根据相图可知，Fe-Sn 熔体在凝固过程中会发生式（4-1）反应：

$$\text{Liquid} \rightleftharpoons FeSn_2 + \text{BCT（Sn）} \tag{4-1}$$

根据界面扩散动力学反应过程，可以认为 $FeSn_2$ 金属间化合物层的生长过程分为两步：

一是 Sn 原子通过已生成的 $FeSn_2$ 层从界面 2 扩散到界面 1（见图 4-8），而后与 Q235 钢板表面的 Fe 原子发生反应形成 $FeSn_2$：

$$Sn_{diff} + Fe_{sur} \longrightarrow FeSn_2 \tag{4-2}$$

二是 Fe 原子沿着相反的方向穿过化合物层，然后与界面 1 的 Sn 原子反应生成 $FeSn_2$：

$$\mathrm{Fe_{sur}} + \mathrm{Sn_{diff}} \longrightarrow \mathrm{FeSn_2} \tag{4-3}$$

通过对 Q235 钢板进行助焊剂处理，改变了 Fe 原子的激活能和扩散系数，促使了反应式（4-3）的进行。

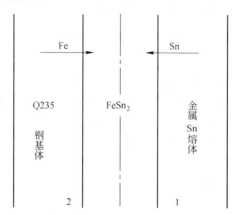

图 4-8   FeSn$_2$ 金属间化合物在 Sn-Q235 钢界面生长模型图

4.2.1.6   Pb/钢非混溶体系复合材料相界面形成的热力学分析

本文采用目前较为认可的 Miedema 理论模型[21]对 Pb-Fe、Pb-Sn、Fe-Sn 混合焓进行计算。

A   Pb-Fe、Pb-Sn、Fe-Sn 二元合金系混合焓计算

a   Pb-Fe 二元合金系混合焓计算

依据 Miedema 关于混合焓的经典理论，从合金体系特点出发，考虑溶解热、成分体积等对混合焓的贡献，混合焓的理论模型如下：

$$\Delta H = x_\mathrm{A} \cdot f_\mathrm{B}^\mathrm{A} \cdot \Delta H_\mathrm{Sol}^\mathrm{AinB} \tag{4-4}$$

式中 x_A——A 元素的摩尔分数；

f_B^A——A、B 原子相接触的比例；

$\Delta H_\mathrm{Sol}^\mathrm{AinB}$——A、B 原子的溶解热（或形成热）。

f_B^A 表达式如下：

$$f_\mathrm{B}^\mathrm{A} = \frac{x_\mathrm{B} V_\mathrm{B}^{\frac{2}{3}}}{x_\mathrm{A} V_\mathrm{A}^{\frac{2}{3}} + x_\mathrm{B} V_\mathrm{B}^{\frac{2}{3}}} \tag{4-5}$$

此参数为 Miedema 理论中重要的理论基础，溶解热（或形成热）的表达式由二元合金体系的合金元素决定。对于一种过渡族金属和一种非过渡族金属形成的二元合金体系[22]，溶解热的具体表达式由式（4-6）给出。

$$\Delta H_{\text{Sol}}^{\text{AinB}} = \frac{2PV_{\text{A}}^{\frac{2}{3}}}{(n_{\text{ws}})_{\text{A}}^{-\frac{1}{3}} + (n_{\text{ws}})_{\text{B}}^{-\frac{1}{3}}} \left[-(\Delta\Phi^*)^2 + \frac{Q}{P}\left(\Delta n_{\text{ws}}^{\frac{1}{3}}\right)^2 - \frac{R}{P} \right] \quad (4\text{-}6)$$

对于 Pb-Fe 二元合金体系，Fe 为过渡族金属，Pb 为 V 族金属，利用式（4-6）计算其合金溶解热。而 Miedema 模型计算合金溶解热公式中，有三个模型参数： Φ^*，$n_{\text{ws}}^{\frac{1}{3}}$，$V^{\frac{2}{3}}$，其中 Φ^* 为电子化学势，$n_{\text{ws}}^{\frac{1}{3}}$ 为电子密度，$V^{\frac{2}{3}}$ 为摩尔面积。由 Miedema 提供的标准参数[23]可知，对于 Pb，Sn，Fe 的 Miedema 坐标如表 4-6 所示。

表 4-6 Pb，Sn，Fe 三元素的 Miedema 坐标

元　素	Φ^*/V	$n_{\text{ws}}^{\frac{1}{3}}$ [（du. n.）$^{1/3}$]	$V^{\frac{2}{3}}/\text{cm}^2$
Fe	4.93	1.77	3.70
Pb	4.10	1.15	6.94
Sn	4.15	1.24	6.43

在 Miedema 理论模型中除以上三个模型参数外，还有三个常数 P，Q，R，只有确定了它们，才能计算出混合焓。Miedema 确定了各种不同合金系统的 Q/P 值近似有 $Q/P=9.4$，而在一种过渡族金属与一种非过渡族金属形成的二元合金系统中 P 取 12.35，R/P 值由过渡族之值，非过渡族金属之值以及相因子之值相乘得到。由文献 [21] 查得 Pb-Fe 二元合金系统的 R/P 值为：液态时，$R/P=1.533V^2$。将以上相应参数代入式（4-4）~式（4-6）得出 Pb-Fe 二元合金系混合焓计算公式（4-7）。

$$\Delta H_{\text{mix}} = 2P \frac{x_{\text{A}} x_{\text{B}} V_{\text{A}}^{\frac{2}{3}} V_{\text{B}}^{\frac{2}{3}}}{\left(x_{\text{A}} V_{\text{A}}^{\frac{2}{3}} + x_{\text{B}} V_{\text{B}}^{\frac{2}{3}}\right) \cdot \left[(n_{\text{ws}})_{\text{A}}^{-\frac{1}{3}} + (n_{\text{ws}})_{\text{B}}^{-\frac{1}{3}}\right]} \cdot$$

$$\left[-(\Delta\Phi^*)^2 + \frac{Q}{P}\left(\Delta n_{\text{ws}}^{\frac{1}{3}}\right)^2 - \frac{R}{P} \right] \quad (4\text{-}7)$$

b　Fe-Sn 二元合金系混合焓计算

由于 Fe 属于过渡族金属，Sn 属于 V 族金属，故 Fe-Sn 二元合金体系混合焓计算同上，模型参数已在表 4-6 中给出，$Q/P=9.4$，P 取 12.35，$R/P=1.533V^2$。利用公式（4-7）得到 Fe-Sn 二元合金体系混合焓。

c　Pb-Sn 二元合金系混合焓计算

由于 Pb、Sn 属于 V 族金属，由 Miedema 理论可知两种非过渡族二元合金系统 Pb-Sn 二元合金体系混合焓中形成热的表达式可表示为式（4-8）[22]。

$$\Delta H_{Sol}^{AinB} = \frac{2PV_A^{\frac{2}{3}}}{(n_{ws})_A^{-\frac{1}{3}} + (n_{ws})_B^{-\frac{1}{3}}} \left[-(\Delta\Phi^*)^2 + \frac{Q}{P}\left(\Delta n_{ws}^{\frac{1}{3}}\right)^2 \right] \qquad (4\text{-}8)$$

模型参数已在表 4-6 中给出，$Q/P=9.4$，P 取 10.6，$R/P=1.533\text{V}^2$。依次利用式（4-4），式（4-5），式（4-8）得出 Pb-Sn 二元合金体系混合焓计算公式（4-9）。

$$\Delta H_{mix} = 2P \frac{x_A x_B V_A^{\frac{2}{3}} V_B^{\frac{2}{3}}}{\left(x_A V_A^{\frac{2}{3}} + x_B V_B^{\frac{2}{3}}\right) \cdot \left[(n_{ws})_A^{-\frac{1}{3}} + (n_{ws})_B^{-\frac{1}{3}} \right]} \cdot$$
$$\left[-(\Delta\Phi^*)^2 + \frac{Q}{P}\left(\Delta n_{ws}^{\frac{1}{3}}\right)^2 - \frac{R}{P} \right] \qquad (4\text{-}9)$$

最终得到三种合金混合焓随组元 i 摩尔分数（其中 i 在 Pb-Fe 合金和 Fe-Sn 合金中为 Fe，Pb-Sn 合金中为 Pb）的变化曲线如图 4-9 所示。

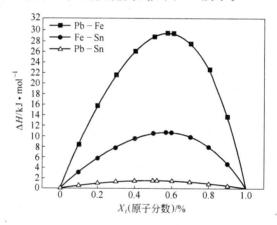

图 4-9　Pb-Fe、Fe-Sn、Pb-Sn 二元合金系混合焓随组元 i 变化曲线

可看出，随成分的不断变化，Pb-Sn、Fe-Sn 二元合金系统的 Miedema 混合焓皆小于 Pb-Fe 二元合金系统。其中 Pb-Sn 二元合金系混合焓为最低，由元素周期表可知 Pb、Sn 属于第Ⅳ主族元素二者性质相似，而 Fe 属于第Ⅷ族元素，与 Pb、Sn 元素性质差别较大，故在利用 Toop 模型计算 Pb-Sn-Fe 三元合金系混合焓时，Fe 作为非对称组元。

B　Pb-Sn-Fe 三元合金体系混合焓计算

为进一步明确 Sn 组元在 Pb-Sn-Fe 三元合金体系中的作用，本文采用 Toop 模型将 Miedema 理论推广的三元合金体系混合焓理论公式对 Pb-Sn-Fe 三元合金系混合焓进行计算。Toop 模型表述如下[24]。

在三元系 A-B-C 中，组元 B 和 C 为对称组元，组元 A 为非对称组元，可以通过式（4-10）由 3 个二元系的热力学性质外推出三元系 A-B-C 的热力学性质。

$$\Delta H_{ABC} = \frac{x_B}{x_B + x_C}\Delta H_{AB}(x_A,\ 1 - x_A) + \frac{x_C}{x_B + x_C}\Delta H_{AC}(x_A,\ 1 - x_A) +$$

$$(x_B + x_C)^2 \Delta H_{BC}\left(\frac{x_B}{x_B + x_C},\ \frac{x_C}{x_B + x_C}\right) \tag{4-10}$$

式中　ΔH_{ABC}——三元系热力学性质；

　　　ΔH_{AB}——二元系热力学性质；

$x_i(i = A, B, C)$——组元 i 在三元系中的摩尔分数。

在三元合金中为更好地研究某一元素在合金系中的作用，可以将除此元素之外的另外两元素固定成一比例，研究该元素成分变化对合金某一热力学性质的影响，即研究该三元系过一元素点的垂直截面[24]。本文选择研究的垂直截面的成分比例如表 4-7 所示。

表 4-7　Pb-Sn-Fe 系的垂直截面成分比

截面	A	B	C	D	E
$X_{Fe} : X_{Pb}$	1:9	3:7	5:5	7:3	9:1

根据以上数据 Pb-Sn-Fe 三元合金系混合焓与 Sn 元素摩尔分数之间的关系如图 4-10 所示。

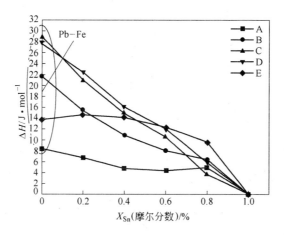

图 4-10　Pb-Sn-Fe 三元合金系混合焓与 Sn 元素摩尔分数之间的关系

图 4-10 中左边圆圈内为 Sn 的摩尔分数为 0 时计算得到的 Pb-Sn-Fe 三元合金系混合焓，即为 Pb-Fe 二元合金混合焓，整体来看随着 Sn 元素摩尔分数的增大，Pb-Sn-Fe 混合焓是不断下降的，而且随着 $X_{Fe} : X_{Pb}$ 比例不断增大混合焓不断增加，当 $X_{Fe} : X_{Pb} = 7:3$ 时，基本达到最大值，通过对图 4-9 中 Pb-Fe 二元合计系混合焓进行数学处理后得到，当 $X_{Fe} = 67.31\%$ 时，Pb-Fe 混合焓达到最大值，二者比例较为接近。

根据 Boltzmann 提出的熵变与系统混乱度的关系，假设 n 种等摩尔元素混合形成固熔体时产生的摩尔熵变（配位熵）$\Delta S = R\ln(n)$，则当 $n = 2$，3，5 时，ΔS 分别为 $0.69R$、$1.10R$ 和 $1.61R$。如果考虑原子振动组态、电子组态、磁矩组态等的正贡献，系统熵变得更大[25]。可以看出引入过渡层金属 Sn 的作用：首先可以降低体系混合焓，其次还可以增加体系混合熵，进而达到降低体系吉布斯自由能的目的。说明前期采用热压扩散焊接法制备 Pb/钢层状复合材料的方法是可行的。

4.2.1.7 Pb/钢层状复合材料界面区形貌、相组成及成分分析

A 媒介金属 Sn 对 Pb/钢层状复合材料界面形成机理的影响

根据表 4-2 的 Pb/钢层状复合材料扩散焊接实验方案，分别制备出 1~9 号试样，利用扫描电子显微镜（SEM）对 9 组试样的界面形貌进行分析观察发现每组样品界面结合均达到预期效果。

a 不同温度相同保温时间下制备的 Pb/钢层状复合材料界面区 SEM 分析

在扩散焊接过程中材料的物理接触是材料之间发生扩散的必要前提，由于铅基体软，塑性好，210℃温度以上、5MPa 压力下，铅基体发生蠕变变形填补钢表面镀锡层的凹凸部位，从而使镀锡钢板与铅板达到良好的物理接触。从 A1，A4，A7Pb/钢复合试样的背散射电子形貌图中可以看到界面结合处没有凹坑或者空洞，界面结合良好。根据 Arrhenius 方程[26]：

$$D = D_0 e^{-Q/(RT)} \tag{4-11}$$

式中 D——扩散系数；

$\quad\quad D_0$——扩散常数或频率因子；

$\quad\quad Q$——扩散激活能，J/mol；

$\quad\quad R$——气体常数；

$\quad\quad T$——扩散温度，℃。

D_0 和 Q 随成分和结构而变，与温度无关。故可对式（4-11）进行数学处理得：

$$\ln \frac{D_2}{D_1} = \frac{Q}{R}\left(\frac{1}{T_1} - \frac{1}{T_2}\right) \tag{4-12}$$

式（4-12）为不同温度下的扩散速率与其对应温度之间的关系式。从式（4-12）可以得出随着温度升高，原子的扩散速率增大。在图 4-11a 的界面结合处分布着大量弥散颗粒。在相同保温时间内，随着温度不断提高，各元素扩散速率增加，从图 4-11b 中可以观察到弥散颗粒物向铅基体中移动，在图 4-11c 中弥散颗粒逐渐消失。

b Pb/钢层状复合材料界面扩散动力学分析

利用波谱仪（EDS）对图 4-11c 界面区的元素分布进行分析结果见图 4-12 和图 4-13。

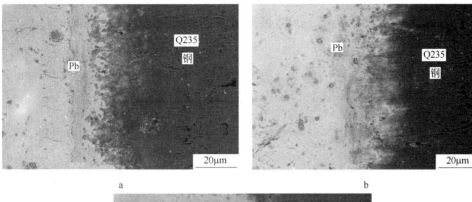

图 4-11 不同温度相同保温时间下制备的 Pb/钢层状复合材料界面形貌图
a—A1: 210℃, 2h, 5MPa; b—A4: 220℃, 2h, 5MPa; c—A7: 230℃, 2h, 5MPa

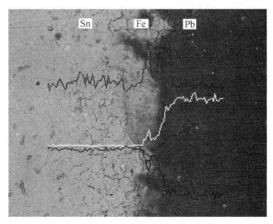

图 4-12 A7 复合样品界面区元素分布

从图 4-12 可以看出在从铅基体到 Q235 钢基体, Pb 元素沿界面法线方向呈近"Z"字形分布, Fe 元素呈反"Z"字形分布, 而 Sn 元素呈"几"字形分布。

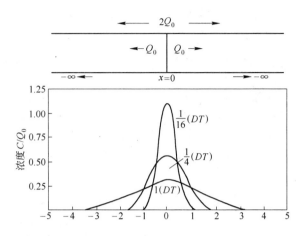

图 4-13　Sn 层扩散后浓度随距离的关系曲线[27]

　　引入 Sn 作为媒介金属，使用过渡液相焊接的方法解决钢板与铅板的焊合问题，钢板热浸镀 Sn 层厚度在 0.1~0.5mm 之间，在热压扩散焊接过程中，镀 Sn 层相对于钢板及铅板可近似为有限扩散源，则 Pb-Sn-Steel 三个部分构成了两组"扩散偶"。Sn 层的质量设为 2M，在热压扩散焊接过程中，在未加热前 $t=0$ 时，Sn 的浓度 C_K 的分布为：在焊接面（$x=0$）处，$C_K=0$。经过 t 时间的扩散焊接后，依时间延长媒介金属 Sn 逐渐向铅板和钢板两侧扩散呈高斯曲线分布。那么焊接面上的媒介金属 Sn 由于向两端扩散使浓度不断下降。假定钢板与铅板相对于媒介金属 Sn 层来讲为"无限大"，即 $t>0$ 时，$x=\pm\infty$，$\dfrac{\partial C_K}{\partial x}=0$ 即钢板与铅板两端媒介金属 Sn 的浓度梯度始终为 0，则这种边界条件可简化写成狄拉克函数添加形式：

$$C_K(x,\ t)=C_K(x,\ t=0)=2Q_0\delta(x) \tag{4-13}$$

$$\delta(x)=\begin{cases}x=0,\ 1\\x\neq0,\ 0\end{cases} \tag{4-14}$$

令媒介金属 Sn 的扩散系数 $D_K^*=\mathrm{const}$。通过计算得到扩散方程的解为：

$$C_K(x,\ t)=\frac{Q_0}{\sqrt{\pi D_K^* t}}\exp\left[-\frac{(x-\alpha D_K^* t)^2}{4D_K^* t}\right] \tag{4-15}$$

在无电场力的作用下 $\alpha=0$，则上式可简化：

$$C_K(x,\ t)=\frac{Q_0}{\sqrt{\pi D_K^* t}}\exp\left(\frac{-x^2}{4D_K^* t}\right) \tag{4-16}$$

对上述解讨论如下：

（1）对于热浸镀钢板，直接进行扩散退火，若以扩散源为坐标原点，钢板的另一端对扩散源有足够长的距离时，称为半无限大空间（$x>+\infty$），此时 Sn 总量为 $2Q_0$ 时，只向 $x>0$ 处扩散，则其解为：

$$C_K(x,\ t) = \frac{2Q_0}{\sqrt{\pi D_K^* t}} \exp\left(\frac{-x^2}{4D_K^* t}\right) \qquad (\alpha = 0) \tag{4-17}$$

（2）若对上述解两边取对数，则有：

$$\ln C_K = \ln\left(\frac{2Q_0}{\sqrt{\pi D_K^* t}}\right) - \left(\frac{1}{4D_K^* t}\right) x^2 \tag{4-18}$$

以 $\ln C_C$-x^2 作图，得到一条以 $-\dfrac{1}{4D_K^* t}$ 为斜率的直线。对于 Pb-Sn 扩散偶，Sn 原子只能向 $x<0$ 的方向扩散，故可以得出与式（4-17）相反结果，最终得到有限扩散源 Sn 扩散后的浓度与距离关系曲线如图 4-13 所示。

从图 4-13 中可以看出该曲线与图 4-12 中 Sn 组元在界面区分布 EDS 测试结果较为吻合，而且随着扩散时间的延长，Sn 原子向两种基体中不断扩散，界面区 Sn 组元的浓度逐渐降低。

对于 Pb、Fe 两种元素的扩散，可借助于半无限长对焊金属棒扩散偶模型对其进行分析。

假使有两根很长的成分均匀的铅、钢两根金属棒相焊接，铅棒含溶质浓度为 C_{Pb}，钢棒含溶质浓度为 0（$C_{Pb}=0$，$C_{Fe}=C_{Pb}$），将坐标原点放在焊接面上，进行扩散退火后，利用叠加法求解得到式（4-19）。

$$C(x,\ t) = \frac{C_{Pb}}{\sqrt{\pi}} \int_{-\infty}^{0} \exp(-\eta^2)\,\mathrm{d}\eta + \frac{C_{Pb}}{\sqrt{\pi}} \int_{0}^{\frac{x}{2\sqrt{Dt}}} \exp(-\eta^2)\,\mathrm{d}\eta \tag{4-19}$$

根据以上公式构建 Pb/钢扩散偶元素浓度随距离的关系图，见图 4-14。

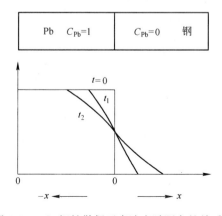

图 4-14　Pb/钢扩散偶元素浓度随距离的关系图

从图 4-14 可以看出，随着扩散时间的延长元素浓度在垂直界面方向呈近 "Z" 字形分布，这与图 4-12 中界面元素分布 EDS 分析结果吻合。说明在媒介金属原子的作用下，突破了热力学非互溶的壁垒，达到了动力学上 Pb、Fe 原子之间的相互扩散。

c   Pb-Sn-Fe 三元体系混合特性研究

利用 EDS 对图 4-11a 中颗粒物组成进行分析，结果见图 4-15 和表 4-8。

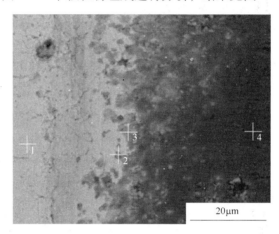

图 4-15   Al 复合样颗粒物点分析

表 4-8   颗粒物主要成分

编　号	元素（质量分数）/%		
	Pb	Sn	Fe
1	100	0	0
2	52.4	39.64	7.96
3	71.58	6.02	22.4
4	8.59	2.03	89.37

从以上分析结果来看，颗粒物主要以 Pb、Sn、Fe 三种元素为主，说明在界面区形成了 Pb-Sn-Fe 三元合金相。这说明 Sn 的加入有改善 Pb-Fe 合金混合吉布斯自由能作用。

利用传统的正规熔体模型来描述 Pb-Sn-Fe 三元体系溶液的摩尔吉布斯混合自由能公式，即

$$\Delta G_{mix} = x_{Fe}\Delta G_{Fe} + x_{Pb}\Delta G_{Pb} + x_{Sn}\Delta G_{Sn} +$$
$$RT(x_{Fe}\ln x_{Fe} + x_{Pb}\ln x_{Pb} + x_{Sn}\ln x_{Sn}) + {}^{ex}\Delta G_{mix} \tag{4-20}$$

其中，过剩吉布斯自由能项为：

$$^{ex}\Delta G_{mix} = x_{Fe}x_{Pb}L_{Fe,Pb} + x_{Fe}x_{Sn}L_{Fe,Sn} + x_{Pb}x_{Sn}L_{Pb,Sn} + x_{Fe}x_{Pb}x_{Sn}L_{Fe,Pb,Sn}$$

$$(4-21)$$

式中　　ΔG_i——纯组元 i（i=Fe、Pb、Sn）的摩尔吉布斯自由能；

　　　　x_i——纯组元 i（i=Fe、Pb、Sn）的摩尔百分含量；

　　　　$L_{i,j}$——二组元 i，j 间的相互作用系数；

　　　　$L_{i,j,k}$——三组元 i，j，k 间的相互作用系数。

综合两式可以看出，该混合自由能公式是一个关于温度（T）、组元浓度（x）的多元函数，对 Pb-Sn-Fe 三元系统，由于 $x_{Fe}+x_{Sn}+x_{Pb}=1$，混合自由能 $G_{mix}=f(T, x_{Fe}, x_{Sn})$ 是一个三元函数。参数的表达式如表 4-9 所示。

表 4-9　Pb-Sn-Fe 三元系统混合吉布斯自由能计算所需参数

参数项	参 数 表 达 式	文献来源
$^0G_{Fe}$	$1225.7+124.134T-23.5143T\ln T-0.00439752T^2-$ $5.89269E\text{-}8T^3+77358.5T^{-1}$　（298.15<T<1811.00）	［28］
$^0G_{Pb}$	$-2977.961+93.949561T-24.5242231T\ln T-3.65895E\text{-}3T^2-$ $0.24395E\text{-}6T^3$　（298.15<T<600.612） $-5677.958+146.176046T-32.4913959T\ln T+$ $1.54613E\text{-}3T^2$　（600.612<T<1200）	［29］
$^0G_{Sn}$	$9496.31-9.809114T-8.2590486T\ln T-16.811429E\text{-}3T^2+$ $2.623131T^3-1081244T^{-1}$　（505.087<T<800）	［30］
$L_{Fe,Sn}^{liq}$	$27044-4.243T$	［31］
$L_{Fe,Pb}^{liq}$	$110114.85-9.11T+（27699.55-6.74T）（x_{Fe}-x_{Pb}）$	［32］
$L_{Pb,Sn}^{liq}$	$6200-0.418T+（x_{Pb}-x_{Sn}）（790-1.914T）$	［33］
$L_{Fe,Sn,Pb}^{liq}$	—	—

根据式（4-21）结合表 4-7 的元素成分及表 4-9 的参数算法计算得到 ΔG_{mix}，绘制出图形见图 4-16。

从图 4-16 中可以看出在 B，C 两种配比下计算得到的 Pb-Fe 混合自由能 ΔG_{mix} 均小于 0，而这与二者的非混溶性相悖，所以可以看出利用正规熔体模型来计算 Pb-Fe 混合吉布斯自由能存在不合理性。但从图中可以看出三种曲线的共同趋势都是随着 Sn 元素的加入吉布斯混合自由能 ΔG_{mix} 逐步减小。

d　不同保温时间相同温度下制备的 Pb/钢层状复合材料界面区 SEM 分析

由图 4-17 可以看出在 210℃ 下，随保温时间的延长，Sn 与铅基体发生相互扩散，Pb-Sn 合金层不断宽化，同时带动 $FeSn_2$ 金属间化合物颗粒物向铅基体移

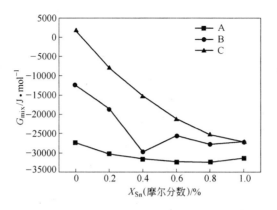

图 4-16   Pb-Sn-Fe 三元合金吉布斯自由能与 Sn 元素摩尔分数的关系

动。待金属 Sn 层耗尽，合金层便沿着 Q235 钢晶界发生进一步扩散。最终在界面处形成了弥散有 $FeSn_2$ 颗粒物的 Pb-Sn 固溶体层。

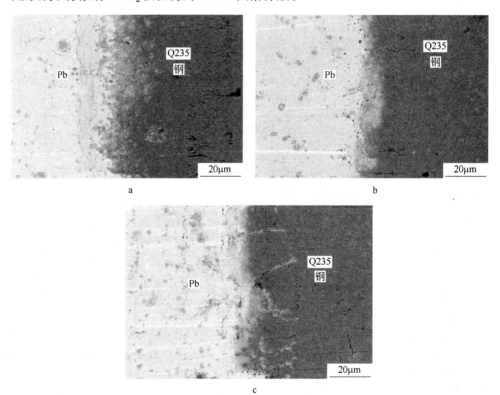

图 4-17   不同保温时间相同温度下制备的 Pb/钢层状复合材料界面形貌图
a—A1：210℃，2h，5MPa；b—A2：210℃，2.5h，5MPa；c—A3：210℃，3h，5MPa

根据材料热力学，相界面附近的原子可以随保温时间的延长而进行更加充分的扩散，产生的扩散反应层厚度也会相应随之增加。可借助动力学分析讨论相界面的移动速度以及扩散过程中新相宽度的变化问题，两相界面的生长动力学可用公式描述如下：

$$dt = dx\left(\frac{1}{k_0} + \frac{x}{k_1}\right) \tag{4-22}$$

式中　t——时间；

　　x——扩散反应层厚度；

　　k_0——化学反应常数；

　　k_1——扩散常数。

为简化公式做一下假设：

（1）扩散反应瞬间完成，即在相界面上始终维持平衡；

（2）扩散是缓慢的，整个过程的速度由扩散规律所控制。

在两条件成立的前提下，$k_0 \gg k_1/x$，式（4-22）可以简化为：

$$dt = dx\left(\frac{x}{k_1}\right) \tag{4-23}$$

对初始状况 $x=0$，$t=0$ 积分计算，则有

$$x^2 = 2k_1 t \tag{4-24}$$

即在受扩散因素控制的界面瞬时变化过程中，两相界面扩散层的厚度与保温时间之间表现为数学上的抛物线关系。从式（4-24）来看随保温时间的延长相界面宽度不断增大。在含有媒介金属层的 Pb/钢层状复合材料热压扩散过程中，由于媒介金属层的存在，相当于其中含有两对扩散偶（Pb-Sn、Fe-Sn），在扩散过程中，随时间的延长，Sn 原子不断向铅基体和钢基体中扩散，Sn 层逐渐消耗。在研究组[34]对 Pb-Sn 扩散偶扩散反应机理的研究过程中发现，在 Pb-Sn 扩散溶解初始阶段，界面区铅锡原子发生共晶反应形成由交替层状分布的 α-Pb 固溶体和 β-Sn 固溶体构成。随保温时间的延长，Sn 层消耗殆尽，事先形成的交替层状分布的两相固溶体呈现星点状镶嵌分布在界面区，这与图 4-17a，b，c 三幅图相印证。

B　不同媒介金属对 Pb/钢层状复合材料界面结合性能的影响

以两种媒介金属 60%Pb-40%Sn、60%Pb-35%Sn-5%Zn 合金焊料为过渡液相按表 4-3、表 4-4 所示工艺制备 Pb/钢层状复合材料。对其界面形貌、界面区元素成分分布进行了 SEM 观察和分析。结果见图 4-18。

根据原子序数可以判断深色区域为 Q235 钢基体，主要成分为 Fe，白色区域为 Pb-0.2%Ag 合金基体（以下简称铅基体）。从图 4-18a~c 可以看出利用 60%Pb-40%Sn 作为媒介，得到的 Pb/钢复合材料界面结合良好，在相同的热压扩散

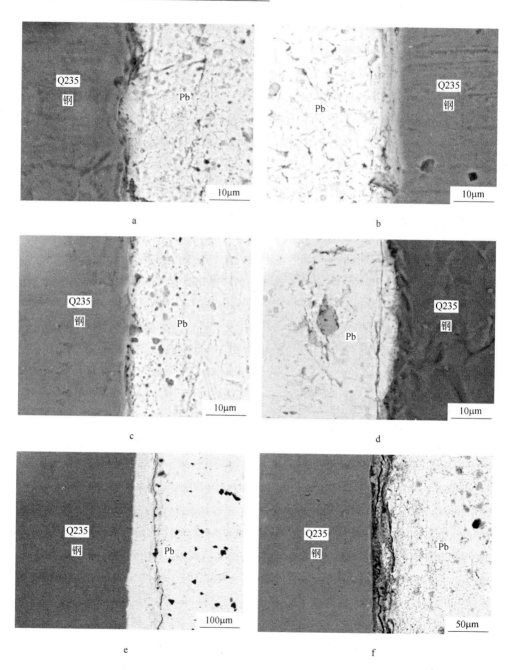

图 4-18　不同媒介金属层制备的 Pb/钢层状复合材料界面形貌图
a—B1；b—B2；c—B3；d—C1；e—C2；f—C3

焊接工艺参数（230℃，2h，5MPa）下，铅基体与 Sn 发生扩散，界面处形成了 Pb-Sn 合金层。由于图 4-18a～c 所示的 B1～B3 所使用的钢板热浸镀温度不同。界面结合情况有所不同。B1 所使用的镀合金钢板热浸镀温度较低，界面处没有生成明显的颗粒物相，随热浸镀温度升高，B3 试样界面处出现较多颗粒物相，但在钢基体与扩散层之间出现了扩散孔洞，而 B2 试样界面处有少量颗粒物相，其界面结合为三者最好。而相对于 60%Pb-40%Sn 合金，60%Pb-35%Sn-5%Zn 作为媒介金属得到的 Pb/钢复合材料其界面结合较差，采用不同热浸镀工艺得到的 C1、C2、C3 样界面均有不同程度的裂纹，故 60%Pb-40%Sn 合金作为媒介得到的 Pb/钢层状复合材料界面结合较好。

从图 4-18c 可以看出 B3 样靠近界面处出现了较多颗粒物相，为了对颗粒物进行物相分析，将样品从界面处撕开，对钢基体一侧进行了 XRD 分析。分析结果如图 4-19 所示。图谱分析结果中除了 Pb、Sn 两种元素外还出现了 $FeSn_2$ 和 SnO_2，其中 $FeSn_2$ 属于金属间化合物，从衍射峰的强度来看，$FeSn_2$ 的含量很少，所以 B3 号样品界面处的裂纹由于热浸镀过程中生成了 $FeSn_2$，这也与相关文献[18]报道的 Fe-Sn 合金初生相为 $FeSn_2$ 相符。这种脆性相的出现不利于铁基体和铅基体的焊合。由于撕开后露出的界面与空气接触后发生了氧化从而导致部分 Sn 被氧化成 SnO_2。

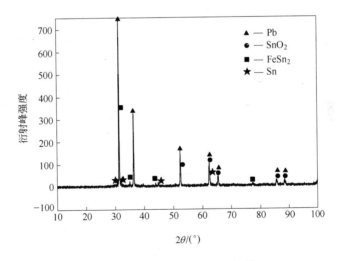

图 4-19 B3 号样品 XRD 衍射谱

通过以上测试结果总体来看两种合金焊料均与钢、铅基体结合良好，故采用助焊剂处理后进行热浸镀能够极大地改善液态合金焊料在钢表面的润湿和铺展，加快了固、液金属间的界面反应，使得合金焊料与钢基体结合牢固。

为研究扩散区元素分布，对界面形貌较为典型的 B3 样品进行了 EDS 分析，如图 4-20 所示，分析结果如表 4-10 所示。

图 4-20   Pb/钢层状复合材料界面成分能谱分析

表 4-10   图 4-20 中 B3 样品对应点的 EDS 分析结果

试 样	点	元素（原子分数）/%			
		Pb	Sn	Fe	Zn
	1	13.74	29.81	56.45	0
B3	2	50.25	29.74	20.02	0
	3	86.15	9.78	4.07	0
	4	0	0	100.00	0

图 4-20 为 B3 样品的界面区能谱分析，点 1~3 位于界面区。从表 4-10 的 EDS 分析结果来看界面区是由 Pb、Fe、Sn 三种元素组成的合金区，越靠近铅基体 Fe 元素的含量越低。图 4-20 中靠近钢基体的 1 点中 Pb 原子百分比高达 13.74%，而靠近铅基体的 3 点中 Fe 原子百分比仅有 4.07%。已知 Pb、Sn、Fe 在接近各自熔点时的子扩散系数 D 分别为 $137mm^2/s$、$770mm^2/s$、$200mm^2/s$[35]。一般地讲，扩散系数强烈地依赖于温度 T，在 230℃ 即 503.15K 下，很显然最易发生扩散的应当是 Sn 原子，其次是 Pb 原子，最小可能性的为 Fe 原子。F. Shahparast 和 B. L. Davies[36] 研究利用粉末烧结法制备铁-铅和铁-铅-锡合金用作轴承材料，研究发现在铅、铁混合物中加入锡元素能够提高铅在铁中的溶解度，并且能够改善合金的力学性能。从而可以看出利用 60%Pb-40%Sn 合金焊料作为媒介金属能够得到界面冶金式结合的 Pb/钢层状复合材料。

在过渡液相扩散焊接过程中，处于半固态下合金焊料与铅基体发生相变反应，液相中的 Sn 扩散到铅基体，而在随后的等温凝固过程中 Pb、Sn 原子在二元共晶液相区发生凝固结晶，最终形成 Pb/钢二元合金。故通过引入媒介金属层，Pb/钢层状复合材料界面处依次形成了铅基体→铅锡合金区→焊料与铁的合金区→铁基体的界面结构。

4.2.1.8　力学性能测试与分析

本实验以 4.2.1.7A 节中媒介金属 Sn 在相同温度不同保温时间下制备的三组 Pb/钢复合试样的界面形貌进行分析，与 Pb-0.2%Ag 合金板在相同工艺条件下进行三点弯曲实验。4 组样品三点弯测试应力-应变曲线结果对比及弯曲后试样照片如图 4-21 和图 4-22 所示。

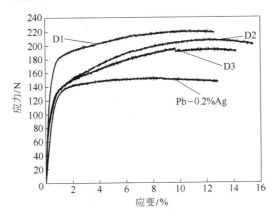

图 4-21　应力-应变曲线

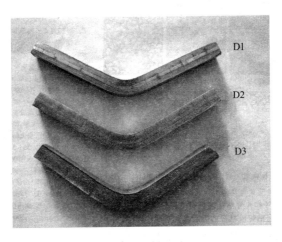

图 4-22　弯曲后试样实物图

由图 4-21 可以看出，三个试样均有较大的承受载荷，均较 Pb-0.2%Ag 合金样高，同时在图 4-22 试样弯曲后形貌图中，三组 Pb/钢复合试样的结合界面处没有出现开裂，铅板与钢板及其二者之间的界面表现出了良好的力学协同性。

在三点弯曲试验中，其抗弯强度 σ 可表示为：

$$\sigma = \frac{3PL}{2\omega t^2} \tag{4-25}$$

式中 P——试样屈服时最大载荷，N；

      L——跨距，mm；

      ω——试样的宽度，mm；

      t——试样的高度，mm。

根据图 4-21 中应力应变曲线结合式（4-25）计算得到 4 组试样的抗弯强度见表 4-11。

表 4-11   复合样与 Pb-0.2%Ag 样抗弯强度计算结果

试 样	Pb-0.2%Ag	D1	D2	D3
抗弯强度 σ/MPa	77.7	114.5	101.3	104.6

由以上计算结果可得，在三个试验样品中，D1 试样的强度为 113MPa 最高，表明 D1 复合试样可以承受较大载荷；D2、D3 复合样的强度比较接近，比 D1 复合试样小 10~13MPa。结合在 4.2.1.7A 节中 A1 复合样界面区存在微米级弥散的 Pb-Sn-Fe 三元合金颗粒物，根据弥散强化机制，弥散颗粒物的存在对利用相同工艺参数制备的 D1 复合样界面区起到了强化作用，改善了界面结合强度。在弯曲变形过程中，能够更好地起到传递应力的作用。而随保温时间延长，弥散颗粒物在界面区不断减少，强化效果减弱，所以 D2、D3 复合样的界面区缺乏弥散强化。

综合以上分析，本实验制备的 Pb/钢层状复合材料较相同尺寸的 Pb-0.2%Ag 合金试样强度提高近 45.4%，力学性能得到极大改善，同比相同尺寸的 Pb-0.2% Ag 合金试样质量减轻 13.1%。在湿法冶金过程中，能够改善因电解槽槽温升高、强电场作用下极板发生蠕变变形，减少其发生短路烧板、缩短阳极使用寿命的可能。

4.2.1.9   电化学性能测试与分析

采用上海辰华 CHI660 电化学工作站利用线性扫描伏安法对 A1~A12、B1~B3、D1~D3 复合试样与传统 Pb-Ag 合金试样进行稳态极化曲线测试。辅助电极为铂电极，参比电极为甘汞电极，电解液为 0.5mol/L 的 H_2SO_4 溶液。

从图 4-23 可以看出随样品导电性能的不断提高，在电流密度 0.2A/cm² 条件下，A9~A1、B3~B1 和 D3~D1 复合试样极化电位依次减小。在扫描电压为 2.1V 时，A9~A1、B3~B1 和 D3~D1 复合试样电流密度依次减小，表明其导电性能逐渐降低，随温度升高或时间延长，比铅基体导电性好的 Pb-Sn 二元合金层厚度不断增加，从而改善了 Pb/钢复合材料整体的导电性。在此基础上选取 A9、

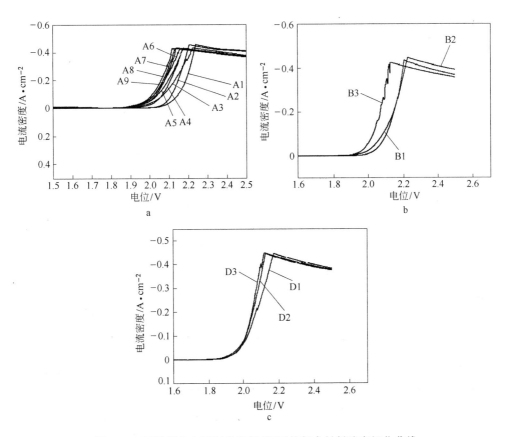

图 4-23　不同媒介金属制备的铅/钢层状复合材料稳态极化曲线

B3、D3 三种复合试样与 Pb-0.2%Ag 合金试样进行对比见图 4-24。

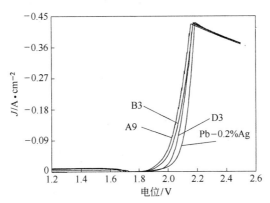

图 4-24　不同媒介金属制备的 Pb/钢层状复合试样与 Pb-0.2%Ag 合金试样稳态极化曲线

从图 4-24 可以看出在扫描电压为 2.0V 时，Pb-0.2% Ag 合金试样仅有

$0.02A/cm^2$，此时 A9 和 B3 复合样的电流密度已分别达到 $0.09A/cm^2$、$0.07A/cm^2$，复合试样对电子传输的能力较 Pb-0.2%Ag 合金样提高近 70%，这主要归功于 Pb/钢层状复合材料基体良好的导电性。在锌冶金过程中，铅基阳极主要发生两种反应：一种是析氧反应；一种是铅阳极表面少量溶解。

$$2OH^- - 2e^- \longrightarrow H_2O + \frac{1}{2}O_2 \text{（标准电位为 0.40V）} \tag{4-26}$$

$$Pb - 2e^- \Longrightarrow Pb^{2+} \tag{4-27}$$

若阳极导电性差，析氧电流密度小，析氧过电位增大，在阳极上析氧困难，致使槽电压升高，电能消耗增加。所以 Pb/钢层状复合材料具有在电解过程中降低槽电压的潜力。同时从图 4-24 中可以看出，当 4 种试样达到致钝电位时，Pb/钢层状复合试样的致钝电流密度比 Pb-0.2%Ag 合金试样小，即 Pb/钢复合样在稳定反应阶段，其腐蚀电流密度小，铅的溶解速度变慢，从而电极的使用寿命提高。

4.2.2　轧制复合法制备 Pb/钢层状复合材料的组织结构与性能

4.2.2.1　钢板感应热镀 Pb-63%Sn 合金的工艺方案

根据本研究组前期通过键函数理论算得 Sn 作为第三组元可以改善 Pb-Fe 的难混溶性，本实验使用 Pb-63%Sn 合金作为过渡层的第三组元，采用感应热镀法[37]在钢表面感应热镀一层 Pb-63%Sn 合金，实验设计方案如表 4-12 所示。

表 4-12　感应热镀 Pb-Sn 合金工艺方案

编　号	感应功率/kW	助焊剂处理时间/t·min⁻¹	感应热镀时间/t·s⁻¹
1	10	3	10
2	15	3	10
3	20	3	10
4	25	3	10

4.2.2.2　Pb/钢层状复合材料轧制工艺方案

根据感应加热原理，被加热试样的最终温度与感应加热功率成正比，因而焊锡粉熔化后的温度和钢板表面温度取决于感应功率的大小，在感应时间相同的情况下，焊锡粉温度过高可能会使得钢板与铅锡合金镀层间硬脆相厚度增大，因此，最终选取感应功率为 15kW，感应时间为 10s 的感应热镀工艺。考虑到本实验的一次成型性，为保证 Pb/钢界面结合能达到所需强度，实验所设定轧制温度必须在铅锡合金的熔点附近，以增加轧制时 Pb、Sn 原子的活性，利于界面区原子间的互扩散，提高界面结合强度，轧制温度也不宜过高，否则轧制过后铅锡合金层还处于熔化状态,在铅基体发生弹性恢复的过程中,铅、钢依然难以复合成型;由于Pb/钢复合材料的压下量都在铅基体上,轧制过程中轧制压下率不宜过大,否则,在复合材料铅表面容易出现鼓包。为此,本实验设计Pb/钢层状复合材料轧制复合实验方案如表4-13所示。

表4-13 Pb/钢层状复合材料轧制工艺方案

编 号	压下率/%	温度/℃	速度/cm·s⁻¹
A1	30	180	17
A2	30	190	17
A3	30	200	17
A4	30	210	17
A5	30	220	17
B1	20	210	17
B2	25	210	17
B3	30	210	17
B4	35	210	17
B5	40	210	17

4.2.2.3 感应热镀钢板的制备

剪取200mm×40mm×1.8mm的Q235钢板若干,用丙酮除去钢板表面油污,之后除去钢板表面铁锈。将处理好的钢板浸泡在煮沸的助溶剂溶液($ZnCl_2$:$NH_4Cl=1:1.5$)中处理3min,取出将焊锡粉(Pb-63%Sn合金)均匀涂于钢板表面,将钢板固定在感应线圈内,调节中频感应炉至所需功率。

钢板感应热镀铅锡合金工艺流程为:钢板剪切→钢板表面处理→钢板感应热镀铅锡合金→感应热镀铅锡合金钢板。

4.2.2.4 Pb/钢层状复合材料的制备

轧制法制备Pb/钢复合材料具体工艺流程如下:镀铅锡合金钢板加热→铅板剪切、表面打磨→加热钢板与铅板轧制复合→Pb/钢层状复合材料。

4.2.2.5 感应热镀钢板金相组织分析

采用感应热镀法在相同感应时间、不同感应功率条件下制得感应热镀Pb-63%Sn钢板,用MJ33金相明暗场显微镜观察镀锡钢板界面宏观形貌,如图4-25所示。

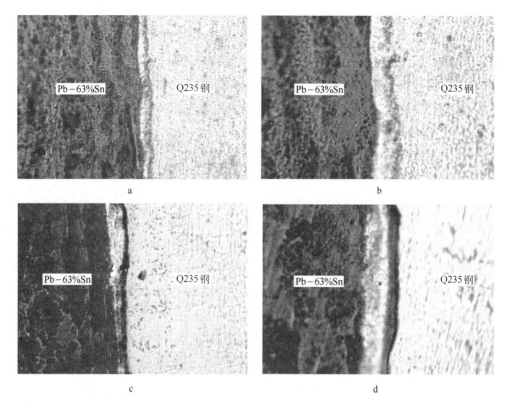

图 4-25　不同工艺参数镀铅锡钢板界面金相照片

a—1 号：10kW，10s；b—2 号：15kW，10s；c—3 号：20kW，10s；d—4 号：25kW，10s

图 4-25a ~ d 是感应时间为 10s，感应功率分别为 10kW、15kW、20kW、25kW 下制备的感应热镀 Pb-63%Sn 合金钢板在 200 倍光学显微镜下的金相照片。可以看出，镀层与钢板间结合良好，中间均存在一条黑色的过渡层，且随着感应功率的增加，钢基体与镀层之间的黑色过渡层的宽度越宽。由于进入感应线圈前钢板表面布的 Pb-63%Sn 合金粉不均匀及镀后的表面处理程度不同，表现出如图所示的 Pb-63%Sn 合金层厚度的不同。

4.2.2.6　感应热镀钢板界面区物相分析

为进一步了解镀层与钢界面扩散溶解层的物相组织及成分，选取感应功率为 15kW、感应时间 10s 的镀铅锡钢板界面处进行电子探针能谱线扫描和点成分分析。

图 4-26 为镀铅锡合金钢板界面区扫描电子图，从左到右依次为 Pb-63%Sn 合金、Pb-Sn-Fe 互扩散区和 Q235 钢基体。结合线扫描图和点成分表 4-14 可以看出，相界面处各元素呈线性分布，可见界面处 Pb、Sn 和 Fe 原子已发生互扩散，

实现了 Pb、Sn、Fe 的冶金结合。同时在线扫描图中，Sn、Fe 元素扫描曲线均出现小台阶，从点成分分析可知，界面 3 处的 Pb 含量为 20.26%，Sn 含量为 40.43%，Fe 含量为 40.31%，是 Pb、Sn、Fe 发生扩散反应生成金属间化合物 $FeSn_2$ 及 Pb-Sn-Fe 三元合金，有学者在文献[38]中报道了利用热浸镀测出了界面处 $FeSn_2$ 的存在。在表 4-14 中 EDS 元素分析中没有检测出助溶剂 NH_4Cl 和 $ZnCl_2$ 中的元素，说明钢板表面的助溶剂在镀铅锡合金的时候就已经挥发或分解，不会对镀层质量产生影响。

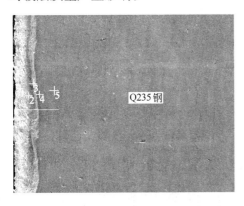 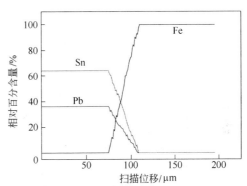

图 4-26　感应功率 15kW 和感应时间 10s 感应热镀铅锡钢板扩散溶解层区域的能谱分析

表 4-14　镀铅锡钢板界面区 EDS 元素分析结果

图 4-26 中的位置	元素（质量分数）/ %		
	Pb	Sn	Fe
1	37	63	0
2	35.16	59.81	5.03
3	20.26	40.43	40.31
4	3.65	6.22	90.13
5	0	0	100

由上述分析可知，界面区的元素进行了互扩散，实现了界面的冶金结合。为进一步确定镀层与钢界面扩散层可能存在的物相，用刀片刮去镀层直至露出界面，采用 D/MAX-3B 型 X 衍射仪对界面过渡区相结构的组成进行测试分析。

试验选取感应功率为 15kW，感应时间为 10s 的镀铅锡合金钢板试样，图 4-27 为该试样 X 射线衍射图。

从图 4-27 可以看出，镀层与钢界面处不仅存在元素 Pb 和 Sn，同时发现了元素 Fe 和金属间化合物 $FeSn_2$。元素 Fe 是由于用刀片刮镀层的时候局部刮到了钢基体，$FeSn_2$ 是由于元素 Sn 与 Fe 发生了扩散反应生成的。通过以上测试可知，

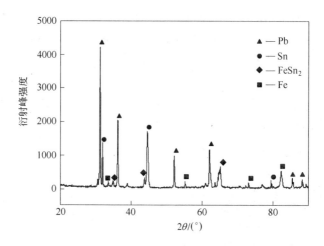

图 4-27   铅锡镀层与钢界面相区 X 射线衍射图

采用感应热镀法制备的镀铅锡合金钢板界面区元素发生了互扩散，实现了界面冶金结合，且界面元素发生扩散反应生成了金属间化合物 $FeSn_2$。

4.2.2.7   轧制温度对 Pb/钢复合材料界面形貌的影响

图 4-28 是轧制压下率为 30%，轧制温度分别为 180℃、190℃、200℃、210℃、220℃进行轧制复合的 Pb/钢层状复合材料界面区形貌图，根据原子序数可以判定黑色区域代表钢，灰色区域代表铅。可看出，在轧制温度为 180℃、190℃时，Pb/钢复合材料界面结合较差，界面区有一条明显的裂痕，几乎为机械结合，且界面处的铅层有些细小的孔洞。这是因为媒介金属铅锡合金的熔点是 183℃，而钢板的温度较低，在钢板与铅板叠在一起时，钢板表面媒介金属已凝固或接近凝固状态，因此在随后的轧制过程中媒介金属流动性差，不能填满铅板表面处理时产生的凹坑及铅板塑性变形产生的空隙。同时由于轧制温度低，在随后的自然冷却过程中界面处的元素组元扩散慢，使得 Pb/钢复合材料界面处原子难以相互扩散，此时无法实现冶金结合；随轧制温度升高，轧制温度为 200℃时，钢板表面媒介金属还处于液态，流动性较好的媒介物质在轧制过程中能很好地填满铅板表面处理产生的凹坑，但此时原子的扩散速度依然较慢，因而 A3 试样界面处虽然实现了冶金结合，但只生成一条细窄的扩散层；随轧制温度继续升高，轧制温度为 210℃、220℃时，钢板与铅板叠放在一起的瞬间，液态媒介金属就充分的填满了铅板表面处理产生的凹坑，媒介金属与铅板呈现锯齿状的交错结合，在随后的轧制过程中，锯齿状结合区在轧制力的作用下同时发生塑性变形。此时媒介金属与铅基体已实现冶金结合，由于轧制温度高以及在轧制过程中产生的热量共同作用下，加之在塑性变形过程中金属表面产生了大量由位错形成的原

子空位，界面处原子能够较容易进行扩散且扩散速度快，因此 A4、A5 试样不仅界面结合良好，同时也形成了较宽的扩散层。

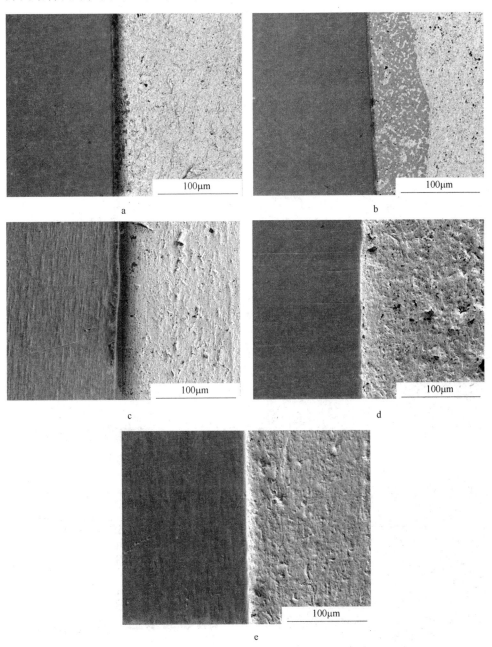

图 4-28　不同轧制温度相同轧制压下率下 Pb/钢层状复合材料的 SEM 图
a—A1：180℃；b—A2：190℃；c—A3：200℃；d—A4：210℃；e—A5：220℃

4.2.2.8　轧制温度对 Pb/钢复合材料界面区成分的影响

为进一步研究 Pb/钢复合材料界面区 Pb、Sn、Fe 三种元素的分布情况，对实现冶金结合的试样即在轧制压下率为 30%，轧制温度分别为 200℃、210℃、220℃ 条件下制备的 Pb/钢复合材料界面过渡层区进行了线扫描和点成分分析，如图 4-29 所示。

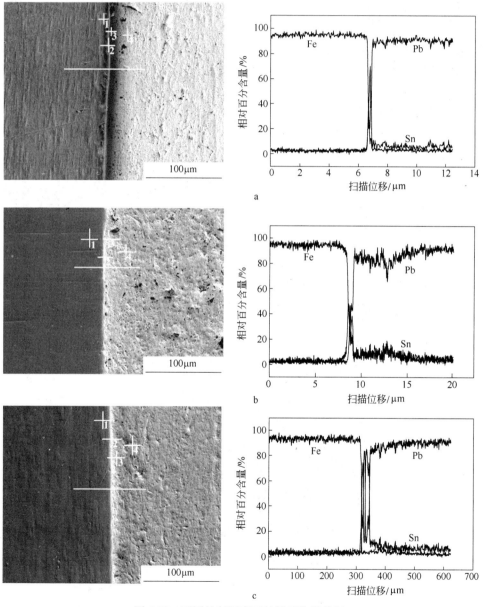

图 4-29　不同轧制温度下扩散区能谱分析

a—A3：200℃；b—A4：210℃；c—A5：220℃

由图 4-29 可知,钢侧并未出现明显的扩散层,Pb/钢复合材料界面区元素扩散主要发生在媒介金属铅锡合金与铅基体之间,结合表 4-15 点成分分析及 Pb-Sn 二元合金相图可知,铅侧扩散区由 α-Pb 固溶体和 β-Sn 固溶体组成。结合 SEM 图和扫描曲线图,可以看出界面扩散区的宽度随着轧制温度的升高而增加,且扩散主要朝着铅基体方向进行,同时在钢侧只检测到少量 Pb、Sn 元素。说明媒介金属铅锡合金的作用类似于一层"黏结剂",轧制前在钢板上感应热镀铅锡合金,轧制过程中,熔化的铅锡合金与铅基体相互扩散形成冶金结合。

表 4-15 Pb/钢复合材料界面区的能谱分析

编 号	图 4-29 中的点	元素（质量分数）/%		
		Fe	Sn	Pb
A3	1	100	0	0
	2	20.48	40.33	39.19
	3	0	9.94	90.06
	4	0	0	100
A4	1	100	0	0
	2	26.69	28.34	44.97
	3	0	13.57	86.43
	4	0	0	100
A5	1	100	0	0
	2	16.82	39.58	43.60
	3	0	16.11	83.89
	4	0	0	100

4.2.2.9 轧制压下率对 Pb/钢复合材料界面形貌的影响

图 4-30 是轧制温度为 210℃,轧制压下率分别为 20%、25%、30%、35%、40%Pb/钢层状复合材料的 SEM 图。可以看出,试样复合界面未出现裂痕、界面平整,均实现了冶金结合。同时,可以看到随着轧制压下率的增加,界面扩散层的厚度呈增厚的趋势,这是因为在轧制温度为 210℃时,钢板上的媒介金属铅锡合金液在轧制压力的作用下挤入铅板表面的凹坑,同时在轧制横向剪切力作用下,交错排列的媒介金属与铅基体一起发生塑性变形,因此,轧制压下率越大,二者混合变形的程度越大,加之大变形产生的变形热越大,复合界面处元素扩散激活能越大,在两个因素的共同作用下,Pb/钢层状复合材料的界面宽度随轧制压下率的增加而呈增大的趋势。可见,用轧制法制备 Pb/钢复合材料时,轧制压下率只对复合界面扩散层的宽度有影响,对复合界面结合效果影响不大。

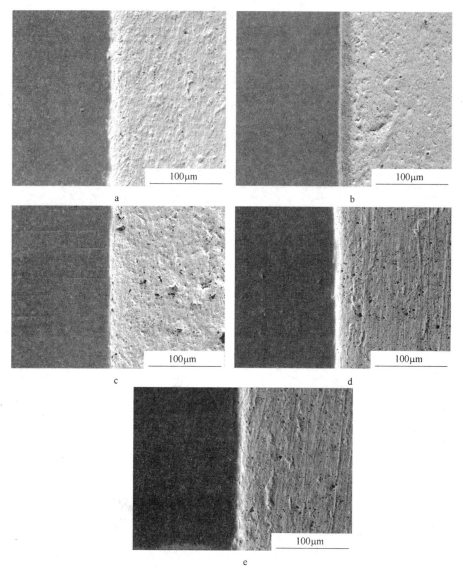

图 4-30　相同轧制温度不同轧制压下率下 Pb/钢层状复合材料的 SEM 图

a—B1：20%；b—B2：25%；c—B3：30%；d—B4：35%；e—B5：40%

4.2.2.10　轧制压下率对 Pb/钢复合材料界面区成分的影响

由图 4-31 可知，B1 试样界面处只生成一层薄的扩散层，随着轧制压下率的增大，扩散层的厚度逐渐增加，同时，从 B3、B5 试样可以看到，元素 Sn 在复合界面的分布呈"几"字形，而 Fe、Pb 的扩散距离很小，由此可知，Pb/钢复合材料界面的结合主要通过组元 Sn 向铅、钢两侧基体扩散实现的。Pb/钢复合材料界面区的能谱分析见表 4-16。结合 SEM 图和扫描曲线图，可以看出界面扩散区的宽度随着轧制压下率的增大而增加，且扩散朝着铅基体方向进行，同时在钢侧只检测到少量的 Pb、Sn 元素。说明 Pb/钢复合材料的轧制复合时主要通过媒介金属铅锡合金向铅基体扩散形成冶金结合的。

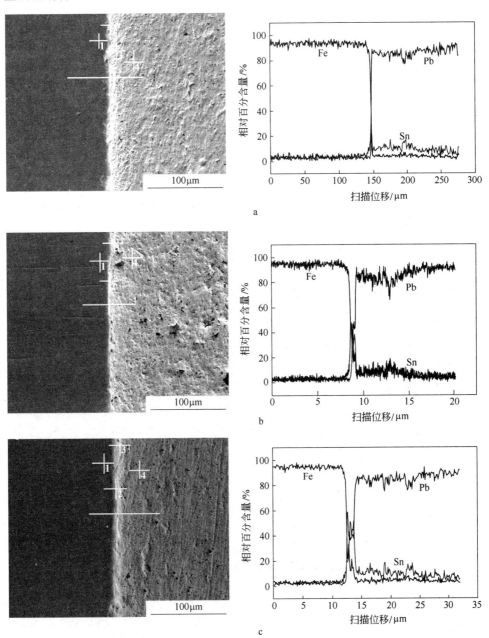

图 4-31　不同轧制压下率下扩散区能谱分析
a—B1：20%；b—B3：30%；c—B5：40%

表 4-16   Pb/钢复合材料界面区的能谱分析

编　号	图 4-31 中的点	元素（质量分数）/%		
		Fe	Sn	Pb
B1	1	100	0	0
	2	8.85	21.09	70.06
	3	0	3.05	96.95
	4	0	0	100
B3	1	100	0	0
	2	26.69	28.34	44.97
	3	0	13.57	86.43
	4	0	0	100
B5	1	100	0	0
	2	21.15	19.95	58.90
	3	0	15.47	84.53
	4	0	0	100

4.2.2.11   复合界面过渡区的物相分析

　　试验选取 A4 试样复合界面进行 XRD 测试，其工艺参数为：轧制温度 210℃、轧制压下率 30%，X 射线衍射中各工作参数如下：试样尺寸 10mm×10mm×1.8mm；工作电压为 200kV；工作电流为 200mA；扫描速度 10°/min；步宽 0.01°；试验采用 Cu-Kα 钯。图 4-32 为 A4 试样钢基体侧的 X 射线衍射图谱。

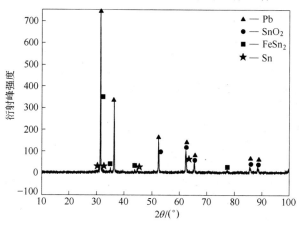

图 4-32   A4 样品钢侧 XRD 衍射谱

　　由图可知，钢侧撕裂面中不仅存在 Pb、Sn 两种元素，而且存在 $FeSn_2$ 和

SnO_2 两种化合物，从衍射峰的强度来看，金属间化合物 $FeSn_2$ 的含量很少，A4 样品界面处钢侧 $FeSn_2$ 是由于感应热镀铅锡合金过程中发生扩散反应生成的。化合物 SnO_2 是由于界面撕开后露出新鲜表面与空气的氧接触后部分 Sn 发生了氧化得到的。同时钢侧的 XRD 图谱中并未出现 Fe 的衍射峰，这是由于 Pb/钢层状复合材料撕裂过程中撕裂处在 Pb 侧而导致钢侧 Pb 原子浓度较高 Sn 原子浓度较低。通过以上测试分析，采用轧制复合法制备的 Pb/钢层状复合材料界面结合良好，经助焊剂处理的钢板在感应热镀铅锡合金时能够较好地改善铅锡合金在钢板表面的润湿性，加快了铅锡合金熔液与钢板的界面扩散反应，且实现了铅锡合金与钢界面的牢固结合。

4.2.2.12　Pb/钢复合材料剥离面形貌特征

为研究 Pb/钢层状复合材料的界面断裂机理，本文对轧制温度为 210℃、轧制压下率为 20% 和 40% 的 Pb/钢复合材料试样于界面结合处进行机械剥离，并利用 SEM 对剥离的钢侧和铅侧的断口微观形貌进行测试。

图 4-33 为 B1、B5 Pb/钢层状复合试样撕裂后钢侧和铅侧的断口形貌。可看出，撕开后的钢表面和铅表面粗糙不平，出现了高低不平的台阶，这是由于轧制复合时 Pb/钢界面处金属的搓动变形引起，同时可看到，钢侧和铅侧撕裂处的组织都沿同一方向变形，在轧制力作用下，Pb/钢复合材料因二者塑性相差太大，只有铅基体会发生变形，加之图 4-32 中对试样钢侧的 XRD 分析，可知 Pb/钢层状复合材料的撕裂沿过渡区靠近铅侧开始。

将 B1 试样铅侧的断口形貌图放大，如图 4-34 所示。从图中断口形貌来看，试样断裂时产生了明显的伸长与缩颈，且断口高度不一，大小不同，呈圆形、椭圆形分布，由此可推断，Pb/钢复合材料断裂时，裂纹在高度不同的平面上扩展，形成韧性特征撕裂棱，裂纹继续扩散到晶界附近形成韧窝，最后裂纹断裂终止扩展。因此，Pb/钢层状复合材料的界面组织的断裂过程主要是韧性断裂。

Pb/钢层状复合材料在轧制复合前需对基体进行表面处理，表面处理后的铅、钢基体存在微观上的凹凸不平，因而在轧制过程中，各微区因塑性变形量、氧化层厚度的不同而出现不同的氧化膜破裂程度，导致整个复合界面形成不同的结合区，而使整个界面难以达到全部的冶金结合。待复合金属表面凸出处的微区会产生较大的塑性变形，因而形成冶金结合区，断口可以看到明显的撕裂痕迹。而有些基体表面凹处及氧化层较厚的微区，虽然也发生了塑性变形，但仍然可能形成复合效果不良的机械结合区。因此，若轧制温度高或者轧制变形率大，待复合界面凹处及氧化层较厚的微区会因氧化层的完全破裂或原子的扩散而形成冶金结合区。断裂还与复合界面区的是否存在缺陷有关，若界面区存在杂质、孔洞、氧化层等缺陷，将会严重影响 Pb/钢界面结合区的结合质量。

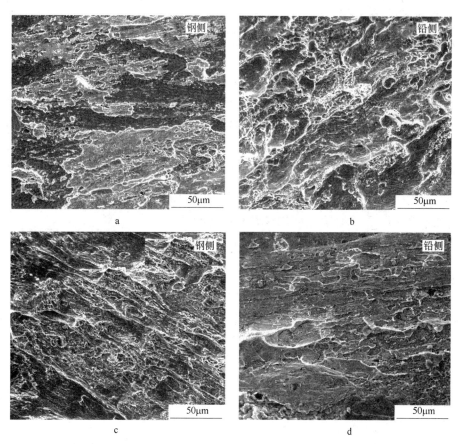

图 4-33   Pb/钢复合界面撕裂后钢侧和铅侧断口形貌图

a，b—B1：210℃，20%；c，d—B5：210℃，40%

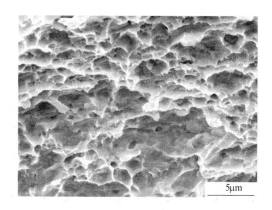

图 4-34   B1 试样铅侧断口形貌图

Pb/钢轧制层状复合材料的界面结合过程主要是裂口作用机制及镶嵌作用机

制，在轧制压力的作用下，钢板表面铅锡合金熔液流入经机械打磨过的铅板表面划痕及凹坑里面，从而与铅板形成相嵌的机械结合，同时铅板表面的氧化层会破裂，挤出的新鲜金属与媒介金属铅锡合金相互接触，形成牢固的结合。在轧制变形时，机械镶嵌结合的界面层在轧制变形产生的热量及相互摩擦产生的摩擦热共同作用下，Pb/钢复合界面处的温度升高，促进复合界面处原子的相互扩散，提高了界面结合的强度。随着轧制温度的升高和轧制压下率的增加，热作用机制、扩散作用机制随着加强，复合界面有最初的机械结合演变为冶金结合。Pb/钢轧制复合过程中，在轧制力的作用下，钢表面的铅锡合金熔液与铅基体形成镶嵌结构，同时伴随着表面氧化层的破碎及新鲜金属的露出，从而形成点结合，这就是所谓的热作用机制；而扩散作用机制是指随着轧制的继续进行，Pb/钢复合界面处的温度继续升高，界面处原子相互扩散，进而提高 Pb/钢复合板的结合强度[39]。

综上所述，Pb/钢层状复合材料的撕裂断口在铅基体，界面层的强度要高于铅基体。当轧制温度、轧制压下率较低时，Pb/钢层状复合材料在裂口作用机制及镶嵌作用机制的共同作用下，实现了复合界面初始的机械结合；随着轧制温度的升高以及轧制压下率的增加，热作用机制及扩散作用机制开始启动，Pb/钢复合界面由机械结合向冶金结合过渡，即界面处形成了高强度的原子间金属键结合，获得界面结合强度较高的复合板。

4.2.2.13　Pb/钢复合材料导电性测试与分析

采用四探针测电阻法测试所制备样品的电阻率，得到 Pb/钢复合材料的电阻率如表 4-17 所示。

表 4-17　Pb/钢复合材料和铅银合金电阻率

编号	A1	A2	A3	A4	A5	B1	B2	B3	B4	B5	Pb-0.2%Ag
$\rho/10^{-6}\Omega\cdot m$	20.12	18.67	10.42	9.83	8.75	10.21	9.96	9.83	8.81	8.24	14.82

由表可看出，除未形成冶金结合的 A1、A2 试样外，试样的平均电阻率约为 $9.506\times10^{-6}\Omega\cdot m$，要小于相同尺寸 Pb-0.2% Ag 合金试样的电阻率 $14.82\times10^{-6}\Omega\cdot m$。在金属复合材料中电的传导是通过自由电子的传输实现的，可见，导电性能良好的钢层和组元 Sn 的加入，提高了复合试样的导电性。

Pb/钢复合材料的界面由靠近铅基体一侧的 α-Pb 固溶体和 β-Sn 固溶体组成区域及靠近钢基体的微米尺寸的 Pb-Sn-Fe 三元合金过渡区域两层过渡组织构成。

根据金属层压复合材料混合定律[19]，Pb-Sn-Fe 层状复合材料的电导率可利用经验公式（4-28）估算和分析：

$$\kappa = \Sigma\kappa_i V_i \tag{4-28}$$

式中　κ_i——各组分的电导率；

　　　V_i——各组分的体积分数。

可知，在铁侧所形成的过渡层（主要由 Fe、Sn、Pb 三种元素组成），体积比很小，对复合试样的导电性的影响作用可以忽略。而对于铅侧所形成的 Pb-Sn 固溶体区域的导电性，土耳其 Yavuz Ocak[40] 等人研究了在不同温度条件下随 Sn 含量的变化 Pb-Sn 合金电导率的变化规律，研究表明，在 250~450K 温度范围内，纯 Pb 的电导率要小于 Pb-(5%~95%，质量分数)Sn 合金的电导率，如图 4-35 所示。可知在室温 300K 下，κ(纯 Sn,$0.092\times10^8\Omega\cdot m$)>$\kappa$(Pb-Sn 合金)>$\kappa$(纯 Pb,约 $0.045\times10^8\Omega\cdot m$)。

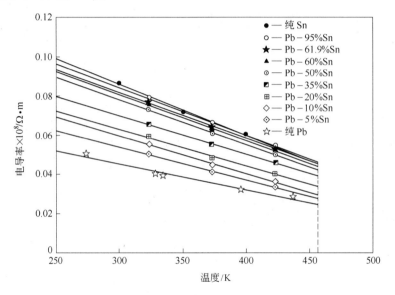

图 4-35　Pb-Sn 合金的电导率随温度变化的曲线

从以上分析可以看出，Sn 与 Pb 形成的有限固溶体的电导率处于纯 Sn 和纯 Pb 之间，且 Pb/钢复合材料界面过渡区域主要由 Pb-Sn 固溶体构成，故而 Pb/钢复合材料的导电性高于 Pb-0.2%Ag 合金基体。同时，从表 4-18 可以看出，随着轧制温度的升高和轧制压下率的增加，Pb-Sn 固溶体的区域越来越大，Pb/钢复合材料的导电性能也越好，这与图 4-35 结果一致。

4.2.2.14　Pb/钢复合材料的界面结合强度测试

图 4-36 是复合试样拉伸后实物图，表 4-18 是不同工艺参数下 Pb/钢复合材料的抗拉强度。由图 4-36 可看出，Pb/钢层状复合材料断裂处均在铅基体上，结合界面处未出现任何变化，说明 Pb/钢复合材料界面结合强度大于铅基体，同时可看到，每个试样铅基体所断裂的位置都存在差异，这是由于铅板本身的缺陷导

致出现应力集中的位置不同，表现出断裂位置的不同，因此表 4-18 中各断裂处的抗拉强度不同。

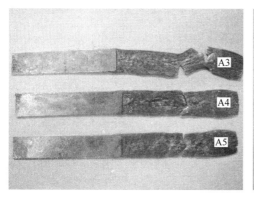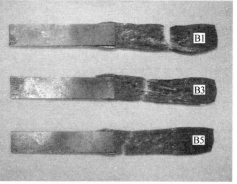

图 4-36 拉伸后试样实物图

A3—200℃，30%；A4—210℃，30%；A5—220℃，30%；
B1—210℃，20%；B3—210℃，30%；B5—210℃，40%

表 4-18 不同工艺参数下 Pb/钢复合材料抗拉强度

试样编号	A3	A4	A5	B1	B3	B5
抗拉强度/N·mm^{-2}	19.12	19.58	23.51	21.06	23.24	23.92

4.2.2.15 Pb/钢层状复合材料电化学性能测试

图 4-37 分别是试样 A1~A5、B1~B5 在 0.5mol/L 硫酸溶液中的阳极极化曲线。可以看出，在相同的电极电位 2.0V 下，试样 A5、A4、A3、A2、A1 和试样 B5、B4、B3、B2、B1 的电流密度依次减小；在相同电流密度 0.25A/cm^2 下，各试样的极化电位同样依次减小，这是由试样的导电性减小引起的。结合 Pb/钢复合材料物理导电性能的分析结果，随着轧制温度的升高和轧制压下率的增加，使得 Pb-Sn 合金层厚度不断增加，而 Pb-Sn 合金的导电性能要优于铅基体，因此 Pb/钢复合材料的整体导电性能得到提升。电化学动力学认为[41]：电极电位与电极反应速度之间的关系可由极化曲线来表征，即图 4-37 中负移最多的 Pb/钢复合材料（A5、B5）的电极过程最易进行，在相同电流密度下，A5、B5 试样的电极电位低，降低了电极反应过程的推动力，从而电极的催化活性得到提高。这与电化学动力学[42]中认为"过电位是电极反应推动力，过电位越小，所需推动力越小，电极反应越容易进行"的说法是一致的。因此，A5、B5 试样因其较好的导电性能，在电化学过程中具有小的过电位、快的反应速度、高的催化活性，进而降低槽电压。同时从图 4-37 中还可以看到，A5、B5 试样最先达到致钝电流密

度，相比其他复合试样，A5、B5 试样能够极大地降低自腐蚀溶解的几率。由此可见，Pb/钢复合材料的导电性能对电极的催化活性的提高有着重要的作用。

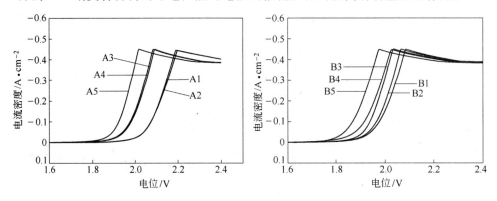

图 4-37　不同工艺参数下 Pb/钢复合材料线性扫描伏安曲线

4.2.2.16　Pb/钢复合材料腐蚀速率的研究

在电化学工业中，电极材料的腐蚀速率是衡量其综合性能的一个重要因素，选取综合性能最好的 B5 Pb/钢复合板试样与相同尺寸的传统 Pb-0.2%Ag 合金板进行耐蚀性能的对比，测试结果如表 4-19 所示。实验设计如下：电流密度为 2000A/m² 在饱和 Na₂SO₄ 溶液中电解 100h，利用失重法测量材料的腐蚀速率。

表 4-19　Pb/钢层状复合材料与 Pb-0.2%Ag 合金耐蚀性能测试结果

试样	原始重量/g	腐蚀后重量/g	质量差/g	腐蚀速率/g·(m²·h)⁻¹
B5	123.325	122.852	0.473	0.366
Pb-0.2%Ag	105.137	104.209	0.928	0.593

可以看出，经 100h 腐蚀后，Pb/钢复合试样腐蚀速率（0.366g/(m²·h)）明显较 Pb-0.2%Ag 合金（0.593g/(m²·h)）小，只是后者的 61.7%，可能是因为内芯钢具有优异的导电性能，起到均化电流密度的作用，减小了 Pb/钢复合材料工作时的实际电流密度，因此 Pb/钢复合材料的耐蚀性能较 Pb-0.2%Ag 合金好，在工业应用中具有更长的使用寿命，具有较好的应用前景。

4.3　本章小结

在研究了不同媒介金属在热浸镀过程中，工艺参数对媒介金属与钢基体界面形成过程的影响，采用热压扩散焊接法制备了不同媒介金属层的 Pb/钢层状复合材料并对其界面演变机理、力学、电化学性能等问题进行了分析研究的基础上，研究了感应热镀 Pb-Sn 锡合金过程中，不同感应功率对钢与 Pb-Sn 合金镀层界面组织形貌的影响；利用轧制复合法制备出了不同轧制温度、轧制压下率的 Pb/钢层状复合材料，并系统研究了其界面组织形貌、界面区元素浓度分布、物理导电性能、电化学性能及界面结合强度，优化出了 Pb/钢层状复合材料的制备工艺；同时观察铅/钢层状复合材料机械剥离后剥离面的形貌，并就其断裂机理进行了分析，所获得的结论归纳如下：

（1）采用热浸镀法制备不同媒介金属镀层钢板，以锡作为媒介金属，在不同工艺参数下均得到了界面结合良好的镀锡钢板，铁基体与金属锡液之间发生了溶解反应，得到了 $FeSn_2$ 金属间化合物，同时随着热浸镀温度的提高，$FeSn_2$ 化合物层不断变宽。

（2）以锡作为媒介金属制备的 Pb/钢层状复合材料界面机理研究表明，温度的升高和时间的延长都会使得 Pb/钢界面区变窄，并且在界面区生成了主要成分由 Fe、Sn、Pb 组成微合金化层。借助正规熔体模型计算得出 Pb-Sn-Fe 三元混合吉布斯自由能 $\Delta G<0$，说明界面处的微合金化层是能够稳定存在的。根据物相组织分析结果，钢板热浸镀媒介金属过程中钢板表面 Fe 原子与金属 Sn 液发生溶解反应，生成 $FeSn_2$ 金属间化合物，镀层与钢基体实现了冶金式结合，随后在真空热压扩散焊接过程中 Pb、Sn 二者发生共晶反应在 Pb/钢复合材料界面处形成稳定的 Pb-Sn 二元共晶组织+$FeSn_2$ 的微合金化层，使界面具备了一定的热力学稳定性。

（3）不同媒介金属制备的 Pb/钢层状复合材料界面形成机理研究表明，在过渡液相扩散焊接过程中，处于半固态下合金焊料与铅基体发生相变反应，液相中的 Sn 原子与铅基体发生溶解反应，而在随后的等温凝固过程中 Pb、Sn 原子在二元共晶液相区发生凝固结晶，最终形成 Pb-Sn 二元合金。故通过引入低熔点合金焊料作为媒介金属层，Pb/钢层状复合材料界面处依次形成了铅基体→Pb-Sn 合金区→焊料与铁的合金区→铁基体的界面结构。

（4）Pb/钢层状复合材料的力学性能及电化学性能的测试结果表明：在加入 Q235 钢板作为增强体的 Pb/钢层状复合材料其力学性能得到了明显改善，随保温时间延长，弥散颗粒向铅基体的不断扩散，界面处弥散强化减弱，三种复合样强度逐渐降低，但较相同尺寸的 Pb-0.2%Ag 合金试样强度提高近 45.4%，质量减轻 13.1%，力学性能得到极大改善。

（5）以 Pb-63%Sn 合金作为媒介金属，采用感应热镀法制备不同感应功率下镀 Pb-Sn 合金钢板，钢基体与镀层结合界面 XRD 测试表明，铁基体与金属锡液之间发生了扩散溶解反应，生成了金属间化合物 $FeSn_2$，且随着感应功率的增大，$FeSn_2$ 化合物层不断变宽。

（6）采用轧制法制备了 Pb/钢层状复合材料，通过 SEM、EDS 等测试手段分析了其复合界面微观组织形貌、界面区元素浓度分布，结果表明，随着轧制温度和轧制压下率的增加，界面扩散区逐渐变宽，界面过渡区最终由铅侧（α-Pb 固溶体和 β-Sn 固溶体）及钢侧过渡层（三元合金过渡层 Pb-Sn-Fe）组成。从 Pb/钢层状复合试样的断口形貌可以看出，铅侧有明显的塑性韧窝，属于典型的韧性断裂，说明 Pb/钢层状复合材料实现了冶金结合。

（7）对不同轧制工艺下的 P/钢层状复合材料的物理导电性能进行了测试与分析，结果表明：除未实现冶金结合的 A1 和 A2 试样外，其他 Pb/钢层状复合材料的平均电阻率（9.506×10^{-6} Ω·m）远小于相同尺寸的 Pb-0.2%Ag 合金（14.82×10^{-6} Ω·m），说明导电性能良好钢基体起到了改善 Pb/钢层状复合材料的物理导电性的作用。

（8）随着轧制温度的升高、轧制压下率的增大，Pb/钢层状复合材料试样的致钝电流密度越低，即减缓了试样自腐蚀溶解的趋势。经 100h 腐蚀后，Pb/钢层状复合试样失重明显较少，Pb/钢层状复合材料试样的腐蚀率（$0.366g/(m^2 \cdot h)$）只有 Pb-0.2%Ag 合金样（$0.593g/(m^2 \cdot h)$）的 61.7% 左右，说明 Pb/钢层状复合材料具有良好耐腐蚀性能，在工业应用中具有更长的使用寿命，具有较好的应用前景。

参 考 文 献

[1] 张胜华. 层状金属复合材料的研究现状［C］. 铝加工高新技术论文集. 423~438.
[2] 冷水孝失，高木柳平. CHIP 接合システム［J］. 溶接技术，1990（9）：108.
[3] Cam G, Bohm K H, Mullauer J, et al. JOM, 1996, 48（11）：66.
[4] Maehara Y. Mater Sci Technol, 1998, 4（8）：669.
[5] Kim S T, et al. J Mater Sci, 1990, 25（2）：5185.
[6] Stockfleth Harry C. Composite metal-bladed plastic-bodied arrowhead：US, 2816766 . A［P］. 1957-12-17.
[7] 郑远谋，张胜军. 不锈钢-碳钢大厚复合板坯的爆炸焊接和轧制［J］. 钢铁研究，1996（4）：14~19.
[8] 周俊杰，庞玉华，苏晓丽，等. 金属层状复合技术的研究现状与发展［J］. 材料导报，2005, 19（V）：220~223.
[9] 郑远谋，黄荣光. 爆炸焊接和金属复合材料［J］. 复合材料学报，1999, 16（1）：14~21.
[10] 郑哲敏，杨振声. 爆炸加工［M］. 北京：国防工业出版社，1981.
[11] 梁方，竺培显，周生刚，等. 锡对改善铅-钢层状复合材料结合界面及其性能的影响［J］. 中国有色金属学报，2012, 22（11）：3094~3099.
[12] 梁方，竺培显，周生刚，等. 不同媒介金属层的铅/钢层状复合材料的性能［J］. 材料研究学报，2013, 27（1）：60~64.

[13] 竺培显，梁方，周生刚．一种铅-钢层状复合电极：中国，201220187025.3 [P]．2012-12-05.

[14] 左铁镛，黄伯云，李成功，等．中国材料工程大典第五卷有色金属材料工程（下）[M]．北京：化学工业出版社，2005.

[15] 贺飞，苏永庆，刘利梅，等．热浸镀锡及晶花化工艺 [J]．材料保护，2009，42（1）：71~72.

[16] R. S. Budrys, R. M. Brick. Variables Affecting the Wetting of Tinplate by Sn-Pb Solders [J]. Metallurgical Transactions, 1971, 2：103~111.

[17] 常海龙．深过冷条件下 Pb-Sb-Sn 和 Pb-Sn-Zn 三元共晶的生长规律研究 [D]．西安：西北工业大学，2006.

[18] 郑雯，王卫国．热浸镀镀层厚度的动态控制方程 [J]．化工装备技术，2004，25（3）：50~54.

[19] 雷军鹏，董星龙，赵福国，等．Fe(Ni)-Sn 体系金属间化合物纳米粒子中初生相的预测 [J]．金属学报，2008，44（8）：922~926.

[20] 徐前岗，邱克强，张海峰，等．Fe78B3Si9 条带与液态 Sn 的润湿性 [J]．金属学报，2002，38（3）：269~272.

[21] Miedema A R, De Chatel P F, De Boer F R. Cohesion in alloys-fundamentals of a semi-empirical model [J]. Physica, 1980, 1：1~9.

[22] 张邦维，胡望宇，舒小林．嵌入原子方法理论及其在材料科学中的应用——原子尺度材料设计理论 [M]．湖南：湖南大学出版社，2002：1~9.

[23] 朱军，刘漫博，陈超，等．电锌阳极材料的研究现状 [J]．有色矿业，2007，23（6）：36~38.

[24] 吴玉锋，杜文博，聂祚仁，等．Mg-Al-M 合金中 Al-M 相（M=Sr，Nd）析出行为的热力学分析 [J]．金属学报，2006，42（5）：487~491.

[25] 邱星武，张云鹏．高熵合金的特点及研究现状 [J]．稀有金属与硬质合金，2012，40（1）：44.

[26] 潘金生，仝健民，田民波．材料科学基础 [M]．北京：清华大学出版社，1998.

[27] 戚正风．固态金属中的扩散与相变 [M]．北京：机械工业出版社，1998.

[28] A. T. Dinsdale. SGTE data for pure elements. Calphad, 1991, 15（4）：351~353.

[29] A. T. Dinsdale. SGTE data for pure elements. Calphad, 1991, 15（4）：385~387.

[30] A. T. Dinsdale. SGTE data for pure elements. Calphad, 1991, 15（4）：404~407.

[31] K. C. Hari Kumar, P. Wollants, L. Delaey. Thermodynamic evaluation of Fe-Sn phase diagram [J]. Calphad, 1996, 20（2）：139~149.

[32] I. Vaajamo, P. Taskinen. A thermodynamic assessment of the iron-lead binary system [J]. Thermochimica Acta, 2011, 524 (1-2)：56~61.

[33] I. Ansara, J. P. Bros, M. Gambino. Thermodynamic analysis of the Germanium-based ternary systems. Journal of Phase Equilibria, 1979：25~233.

[34] 马会宇．组元 Sn 诱导 Pb/Al 复合材料界面形成机理及性能研究 [D]．昆明：昆明理工大学，2012.

[35] 黄继华. 金属及合金中的扩散 [M]. 北京：冶金工业出版社，1996.

[36] F. Shahparast, B. L. Davies. A study of the potential of sintered iron-lead and iron-lead-tin alloys as bearing materials [J]. wear, 1978 (50)：145~153.

[37] 田德旺. 双金属复合材料冷轧变形行为及结合强度的研究 [D]. 武汉：武汉科技大学，2006.

[38] 梁方. 铅-钢层状复合材料制备及其性能研究 [D]. 昆明：昆明理工大学硕士学位论文，2013.

[39] 尹林. 铝合金/不锈钢轧制复合工艺及界面反应研究 [D]. 长沙：中南大学硕士学位论文，2012.

[40] Yavuz Ocak, Sezen Aksöz, Necmettin Marash, et al. Dependency of thermal and electrical conductivity on temperature and composition of Sn in Pb-Sn alloys [J]. Fluid Phase Equilibria, 2010, 295 (1)：60~67.

[41] 张招贤. 钛电极工学 [M]. 北京：冶金工业出版社，2000.

[42] 查全性. 电极过程动力学导论 [M]. 北京：科学出版社，2002.

5 Al/TiB₂层状复合电极材料的制备与性能

目前，用于有色金属电解提取的阳极材料普遍为 Pb-Ag 合金电极和少量的钛基涂层电极。然而，铅的内阻大、析氧电位高、电能消耗大、易溶解，不仅电极消耗大，且污染电解液和阴极析出产品[1]。而且钛电极主要以铱、钌、钽等稀贵金属氧化物作为活性催化涂层原料，不仅成本昂贵，且在硫酸电解过程中涂层易脱落失效[2~4]。为此，本研究组从电极材料的选择和结构设计入手，提出以导电好、耐蚀强的 TiB₂包铝为基体，PbO₂为外催化活性涂层的新型电极设计方案，从材料设计、合成过程、组织结构到电极宏观反应来研究结构与性能的关系，力图开发一种性能优良、成本低廉、节省电能、环境友好的耐酸析氧型阳极材料，这对湿法冶金工业和电化学工业的技术进步、节能降耗都有着重要的意义。

5.1 电极材料结构设计

本研究组在多年对电极材料研究中认识到：导电性能、耐蚀性能和催化活性是电极材料选择的三要素，也是电极组成结构的设计依据。电化学反应动力学指出：当电极电位下降 100~200mV，等同于电极催化活性提高 10 倍，可以认为，降低电极电位是实现节省电耗和提高催化活性的关键。而从欧姆降对电极极化曲线的影响公式：

$$E = a + b\lg i + IR_\Omega \tag{5-1}$$

式中　E——电极电势，V；

　　　a——常数；

　　　b——塔菲尔（Tafel）斜率；

　　　i——电流密度，A/cm²；

　　　I——反应电流，A；

　　　R_Ω——总欧姆降。

由此可知，电极电势 E 与总欧姆降 R_Ω 成正比，而 R_Ω 由电极内阻和电解液所决定。因此，降低电极内阻是实现降低电极电位的有效途径之一。在从事电极材料的研究中发现：在制备钛包铝为基体的铱、钌氧化物涂层阳极材料时，若逐步减小包覆层钛的厚度，其电极的极化曲线就逐渐负移，即钛层越薄，极化电位越小，催化活性越强（见图 5-1）。这也进一步证实了电极的基体导电性好，则可加快电子的传输能力，提高了催化活性。

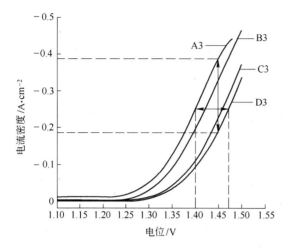

编号	Al 层厚度	Ti 层厚度
A3	6mm	0.3mm
B3	6mm	0.5mm
C3	6mm	0.8mm
D3	6mm	1.0mm

图 5-1　不同钛层厚度电极的极化曲线

　　在满足三要素的前提下，电极的外涂层与基体的结合状态、界面演变、组织结构以及固溶关系就决定了电极涂层黏结能力、反应比面积、析氧电位和活化能，最终决定了电极的综合性能。上述研究现状反映了材料选择、结构设计以及电极材料的组织结构与性能机理问题的研究还有待深入，也可视为不溶性涂层阳极基体材料和结构对其电化学催化活性，电化学稳定性的影响等应用基础理论问题。

　　目前各种新型金属陶瓷不断涌现，为阳极材料的选择提供了广阔空间。尤其是 TiB₂金属陶瓷具有稳定性高、导电性好、耐蚀性强等优点，且已具有成熟的材料制备技术和成膜、涂覆方法，成为制备金属陶瓷复合材料的最佳增强剂候选材料[5,6]。金属铝作为地球上较为丰富的资源，具有成本低、导电好、质量轻等众多优点，但耐蚀性差也是金属铝的致命缺点。TiB₂属于六方晶系 C₃₂型结构的准金属化合物，对 Al 具有良好的润湿性。对此，根据性能互补的原则，研究组提出了"三明治"式电极基体材料设计方案：首先采用不同工艺——等离子喷涂、热压扩散等，在经表面粗化刻蚀后的铝板（或铝网）上覆镀一层 TiB₂金属陶瓷，制备出"TiB₂包铝"的电极基体，其内芯铝作为电极的集流载体和导电骨架，起到减少内阻、加快电极对电子的传输速度和均化电流分布的作用。而外层 TiB₂既是内芯铝的防腐保护层和电子传输层，又是最外活性涂层的联结强化中间过渡层。然后，在 TiB₂包铝的基体上通过电镀的方法覆盖一层 PbO₂活性层，最终制备一种催化活性高、成本低廉、使用寿命长、适应性广的节能型梯度复合功能电极，其结构设计如图 5-2 所示。

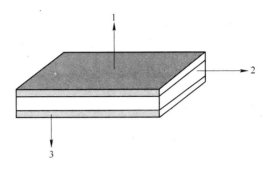

图 5-2　新型电极材料结构示意图

1—氧化铅活性层；2—铝基体；3—二硼化钛涂层

5.2　复合材料制备方法

5.2.1　基体材料的制备

5.2.1.1　等离子喷涂法制备 Al/TiB$_2$ 基体

等离子喷涂是一种材料表面强化和表面改性的技术，可以使基体表面具有耐磨、耐蚀、耐高温氧化、电绝缘、隔热、防辐射、减磨和密封等性能。等离子喷涂技术是采用由直流电驱动的等离子电弧作为热源，将陶瓷、合金、金属等材料加热到熔融或半熔融状态，并以高速喷向经过预处理的工件表面而形成附着牢固的表面层的方法。图 5-3 为等离子喷涂设备示意图。

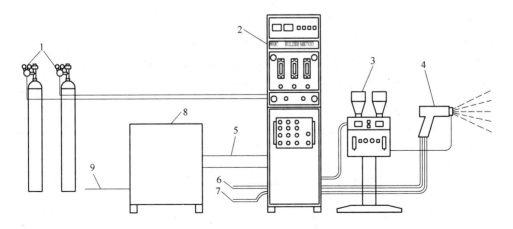

图 5-3　等离子喷涂设备示意图

1—气源；2—控制柜；3—送粉器；4—喷枪；5—直流输出；6—进水；
7—出水；8—直流电源；9—交流电输出

等离子喷涂法制备 Al/TiB₂ 基体过程中，通过脚踏式剪板机将所需厚度的铝板切成大约 25mm×40mm 的小样板，并使用 16mm 台式钻床，用钢丝替换钻头在铝板上打磨，将铝板表面的氧化膜和杂质打磨去除。待试样打磨完之后，将样品放在等离子仓内制备。最后把事先干燥好的 TiB₂ 粉末装入枪内进行喷涂加工，喷涂工艺参数为：低压等离子 7M 型改进枪 G4（枪内送粉），Ar 流量为 2200L/h，N₂ 流量为 200L/h，H₂ 流量为 80L/h，送粉速率为 30g/min。

5.2.1.2 复合轧制法制备 Al/TiB₂ 基体

通过不断试验探索，本研究组提出一种新型、操作方便的金属基复合材料的制备方法，即通过轧制将 TiB₂ 陶瓷粉末与铝合金板材复合在一起，从而可实现陶瓷相对金属基体的增强改性作用。图 5-4 所示为复合轧制工艺流程图。

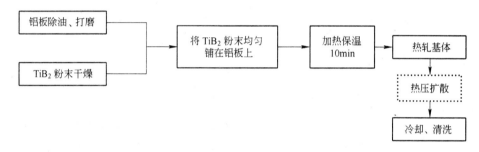

图 5-4 复合轧制工艺流程图

制备样品之前，打开高温电阻炉升温，让电阻炉预先加热所需温度值。制备样品时，通过脚踏式剪板机将所需厚度的铝板切成大约 25mm×40mm 的小样板，使用 16mm 台式钻床，用钢丝替换钻头在铝板上打磨，将铝板表面的氧化膜和杂质打磨去除，并制造足量的麻点，增加铝板表面的粗糙度，有助于 TiB₂ 的复合。待试样打磨完，以较快的速度将铝板放在平整地，用 TiB₂ 粉末通过筛网均匀抖动撒在铝板表面，撒粉厚度约为 1.5mm。撒粉完成之后，戴上隔热手套用尖嘴钳将样品平稳地放入高温电阻炉里面，加热到所需温度，并保温约 10min。加热反应结束后，用尖嘴钳将样品取出，迅速将样品用大型热轧机轧制。轧制完成后，将样品冷却，清洗。

5.2.1.3 真空热压法 Al/TiB₂ 基体制备

真空热压法 Al/TiB₂ 基体制备过程中，待铝板打磨完之后，以较快的速度将铝板放在平整地，并用 TiB₂ 粉末通过筛网均匀抖动撒在铝板表面，撒粉厚度约为 1.5mm。并将样品平稳放入 Z.T（Y）系列真空热压炉里。启动真空热压炉、水泵、控制柜电源，打开复合真空计，设定所需加热温度；打开机械泵上的蝶阀，用空气压缩机将炉子真空度抽到 $10^{-2} \sim 10^{-1}$ MPa 后打开下蝶阀、扩散泵，预热 45~60min；预热完成后打开主挡板阀，关闭上蝶阀，开始加热真空炉；开始加热后设定炉子内压力（按实验方案设计所需设定），开始加压；之后等待炉子加热、冷却，待炉子内温度达到 400℃ 之后，关闭加热按钮、主挡板阀、扩散泵，并且待扩散泵冷却后关闭下蝶阀，机械泵；待冷却到 100℃ 以下后，关闭水泵、复合真空计以及总电源。此过程大约耗时 8h。图 5-5 所示为真空热压工艺流程图。

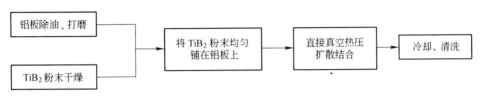

图 5-5　真空热压工艺流程图

5.2.1.4　泥料包覆法制备 Al/TiB₂ 基体

　　首先将 30mm×50mm 的铝板进行打磨，使其表面粗化，增大比表面积；并将预先准备好的二硼化钛粉放入干燥箱（200℃）保温一定时间，目的除去粉中的低熔点杂质。取一定量的羟丙基甲基纤维素放入烧杯中并加入少许水，充分搅拌后再加入一定量聚四氟乙烯，继续搅拌，使其成为糊状液体，作为黏结剂待用。然后取适量预先干燥好的二硼化钛粉末，往粉末中加入上述中和好的黏结剂，充分活料制备出韧性较好的面饼状硼化钛泥料。将制作好的泥状"面饼"敷在事先处理好的铝板上，并预压几分钟，使泥料与铝板尽可能接触紧密。将包覆好的基体放入干燥箱中保温（150℃左右）40min，以便后续的轧制加工。接着把干燥后的半成品基体用轧机进行轧制，使外硼化钛层与铝预先有良好的物理结合。最后将轧制好的基体放入真空热压炉中进行热压扩散（550℃，1MPa，2h）结合。二硼化钛泥包覆工艺流程图见图 5-6。

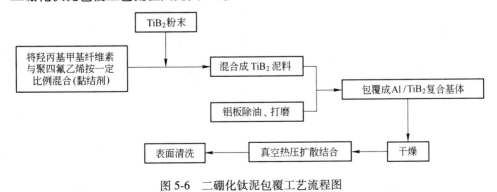

图 5-6　二硼化钛泥包覆工艺流程图

5.2.2 电沉积 PbO₂

在析氧环境下，人们研制开发了二氧化铅电极，PbO_2是缺氧含过量铅的非化学计量化合物，有多种晶型，用阳极电沉积法镀制的β-PbO_2具有抗氧化、耐腐蚀（在强酸 H_2SO_4 或 HNO_3 中有较高的稳定性）、氧超电位高、导电性良好、结合力强、在水溶液中电解时氧化能力强、可通过大电流等特点，目前已广泛应用于电镀、冶炼、废水处理、阴极防腐等领域。

电镀装置示意图如图 5-7 所示：将镀液加热至35℃左右，将复合板按图中所示固定在铜梁上置于镀液中，并接通电源正极。负极铜片电极与其平行相对，恒温条件下在有转子搅拌的镀液中进行电沉积。研究中较为常用的电镀液配料组分如表 5-1 所示。

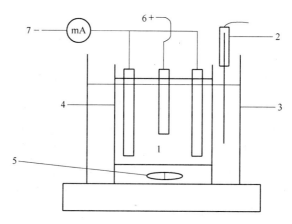

图 5-7　电沉积 β-PbO_2 实验装置示意图

1—镀液；2—加热器；3—水浴烧杯；4—支架；5—搅拌磁转子；6—阳极；7—阴极

表 5-1　PbO_2电镀液配料表

试　剂	用　量
$PbNO_3$/g	180
$CuNO_3$/g	60
浓 HNO_3/mL	24
NaF/g	0.48
蒸馏水/L	1.2

5.3 材料组织与电化学性能分析

5.3.1 电极试样的制备与编号

本研究组前期对不同工艺方法（参见 5.2 章节）制备的复合电极材料进行了对比性研究，尤其是等离子喷涂法和复合轧制法。并在此基础上对不同工艺进行调整，期望得到较为理想的新型电极。最终制备出工作面积为 20mm×10mm 的电极试样，其编号如表 5-2~表 5-4 所示。

表 5-2　第一组不同温度轧制粉末法试验方案（温度因素）

样品编号	轧制压下量/mm	轧制温度/℃	复合工艺
0 号		常温	
1 号		200	
2 号	4.0→1.0	300	Al 热轧 TiB$_2$ 粉末
3 号		450	
4 号		600	

表 5-3　第二组不同压下量轧制粉末法试验方案（压下量因素）

样品编号	轧制压下量/mm	轧制温度/℃	复合工艺
5 号	6→1		
6 号	2.5→1	表 5-2 中最优温度	Al 热轧 TiB$_2$ 粉末
7 号	4→1		

表 5-4　第三组不同制备工艺试验方案（方法因素）

样品编号	Al/TiB$_2$ 基体制备方法
8 号	等离子喷涂 TiB$_2$（3.5mm）
9 号	等离子喷涂 TiB$_2$（3.5→1.5mm）
10 号	表 5-3 中最优参数基体，热压处理：500℃，1MPa，1h
11 号	铝基+TiB$_2$粉末，热压条件：550℃，1MPa，1h
12 号	TiB$_2$泥包覆+热压结合

5.3.2 表面物相分析

对比图 5-8 中的 a、b 两图可知：基体表面都只存在两种物相—TiB$_2$、Al，而且两种物相的峰型都相对较好，说明其晶化程度较好。而图 5-8a 中 Al 基体的相对峰强大于图 5-8b，说明轧粉后基体表面的 Al 含量高于等离子喷涂基体表面的 Al 含量。这主要是因为轧粉基体表面只机械嵌合了一层很薄的二硼化钛颗粒，加之 Al 有较大的延展变形,所以 TiB₂ 粉颗粒不可能完全包覆 Al 基体,使得部分铝裸露在外表面。

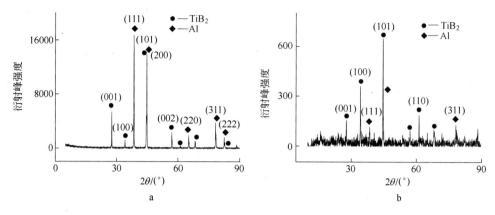

图 5-8　复合基体表面 XRD 图谱

a—热轧 TiB₂粉末基体;b—等离子喷涂 TiB₂基体

对比不同基体电镀 PbO_2 后的 XRD 图谱(图 5-9)可以看出:研究电极的表面物相结构与传统 Ti/PbO_2 电极相同,且镀层的生长对晶向 [301] 择优取向,生长优势较为明显,说明在此方向上电荷的交换速率较快。在相同电镀工艺条件下,在热轧粉末法制备的基体上更容易生长 PbO_2 晶体,晶粒得到细化,而晶粒细化会使电极比表面积增大,理论上可以提高电极的电化学活性。这在一定程度上印证了本研究中所制备的电极相对于传统 Ti-PbO_2 电极的电催化性能有所提高。

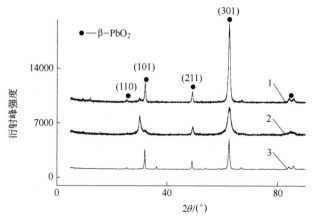

图 5-9　不同基体电镀 PbO_2 表面 XRD 图谱

1—粉末轧制基体;2—等离子喷涂基体;3—钛基

5.3.3 极化曲线测试

5.3.3.1 轧制温度对性能的影响

极化曲线中，当在某一特定电位时，电流密度越高，说明电极电阻越小、导电性和耐腐蚀性强，在实际生产中有利于提高电流效率；而当在某一电流密度时，电位越低，说明该电极的催化活性强，在实际生产中有利于降低槽电压，达到节能降耗的目的。

从图 5-10 中可知，当电极电位小于 1.75V 时，电流密度基本没有变化，当电位大于 1.75V 时，随着电位的升高，电流密度各自有比较明显的变化；3 号（450℃下轧制）样品在 2.356V 以下的同等电极电位下电流密度明显大于 1 号、2 号、4 号样品，说明该电极的催化活性最高。而当电极电位大于 2.356V 时，0 号（常温轧制）样品在同等电极电位下电流密度较大，分析其原因可能是由于室温下轧制相对于高温轧制，铝基体表面不易形成氧化膜，所以界面电阻相对较低，性能表现较优。就电极工作的稳定性而言，3 号样品（轧制温度 450℃）表现出最优的电化学性能。

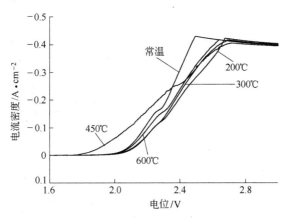

图 5-10 不同温度热轧工艺下对应的极化曲线

在电流密度为 0.2A/cm² 条件下（如表 5-5 所示），0~4 号样品的电极电位与轧制温度的关系如图 5-11 所示。可以得出，轧制温度在 200℃以下时，电极电化学性能随温度升高逐渐降低；轧制温度在 200~450℃范围时性能随温度升高而增强，并在 450℃时达到最佳，说明此温度是轧制的最佳温度，因此表明，在 450℃下轧制时 Al 与 TiB_2 粉嵌合强度最佳，这是因为铝和硼化钛升温轧制可以使铝基体有更大的回复和再结晶，从而软化金属，使其塑性变形增加，最后通过裂口、镶嵌机制提高了 TiB_2 粉颗粒与铝基体的结合度，其导电性能也随之提高。450~600℃范围内规律相反，原因可能是在温度接近铝的熔点时，轧制温度过高铝表面氧化膜的形成速率较快，导致结合度增加对导电性影响小于氧化膜增加对电阻率的影响。

表 5-5   温度因素电流密度为 0.2A/cm² 时对应的不同电极电位

试样编号	0 号	1 号	2 号	3 号	4 号
电极电位/V	2.319	2.39	2.371	2.266	2.359

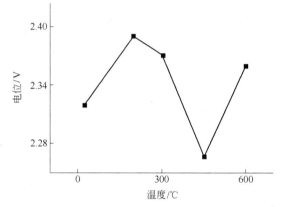

图 5-11   温度与电极电位关系图

综上所述，在压下量统一的条件下，温度对于电极的电化学性能有较大影响，温度为450℃时导电性、催化活性较好，电化学性能较优，相比其他电极有最明显节能降耗的趋势。

采用热震法对轧制法制备的电极基体与 PbO₂ 镀层的结合状态进行表征：首先将 5 个样品放入温度为 200℃ 的炉子中保温 40min，迅速取出进行水冷处理。然后按照此操作重复 2 次，然后对比实验前后镀层的脱落情况，如图 5-12 所示，以此定性地说明它们之间的结合强度。

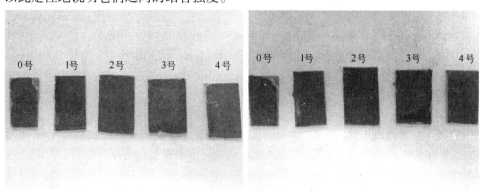

图 5-12   样品热震实验前后表面镀层状态

a—热震前；b—热震后

由两张图对比可看出，实验前后，5 个样品的外观无较大区别，说明 PbO₂ 镀层无明显的掉落。只有 0 号、4 号样品在处理过后镀层边缘有稍许掉落，这可能是由于在试样裁剪时，脚踏式剪切机对样品边缘的摩擦破坏，导致样品边缘的镀层结构受到一定程度的破坏，导致在热震检测后出现边缘镀层轻微脱离的现象，但镀层表面整体完好。这充分说明在该工艺条件下制备的基体上电镀的 PbO₂ 层与基体结合较好，在非强烈物理冲击下，不会出现明显镀层剥落的情况。

5.3.3.2 轧制压下量对性能的影响

在轧制温度统一为 450℃的条件下，调节轧制压下量：5 号为 85%，6 号为 60%，7 号为 75%。将试样进行电化学性能测试，得出图 5-13 中所示的 3 条曲线及表 5-6 所示的结果。

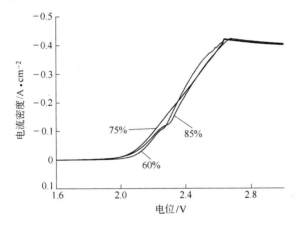

图 5-13　不同压下量对应的极化曲线

表 5-6　压下量因素电流密度 $0.2A/cm^2$ 时对应的电极电位

试样编号	5 号	6 号	7 号
电极电位/V	2.372	2.351	2.347

有研究表明[7]，当陶瓷与金属在大变形条件下（轧制）物理复合时，随着压下量增大，金属表面膜的破裂程度会提高，新鲜表面的面积增加，使得金属和陶瓷颗粒结合度增强，其电化学性能也有所提高。但是从图 5-13 中可以看出，三个电极的电化学性能并没有明显区别，也无规律可循。分析其原因可能是在过大的压下率条件下（>60%）硼化钛嵌入铝基体的深度达到极限，即使再提高压下率，其附着（镶嵌）状态也不会有太大变化，其复合厚度也只是 1~2 个 TiB₂ 粉颗粒尺寸，所以对电化学性能的影响较小，提高不大。本实验前期在较小压下率条件下制备复合基体时，陶瓷粉与金属基体并没有良好的结合，容易掉落，经

过清洗后二硼化钛粉的覆盖率小于40%，这样达不到实验所需的要求。

综上所述，采用热轧法制备复合基体时，当轧下率在60%以上，压下率对于电化学性能影响很小，在一定的测量误差下可以忽略不计。

5.3.3.3 等离子喷涂法制备复合基体工艺研究

本研究中等离子喷涂制备样品时的喷涂参数是固定的，然后通过后续加工（轧制）来对此工艺进行改进。如图5-14中所示：8号、9号样品均是采用等离子喷涂法制备的基体，8号为原始样，9号为轧制后的样品。因为前一节已经得出，热轧压下量为75%左右时性能提升最佳，所以此实验直接采用75%压下量作为研究实验。

分析图5-14可得出，9号样品总体电化学性能比未轧制过的8号样品要好，在轧制压下量为75%时，电极性能提高5.84%。这说明轧制过的样品，使得Al与TiB₂结合更加紧密，比原始未轧制的样品要有较好的导电性。所以等离子喷涂法需进行适当的后续轧制加工，才能使复合电极性能更优。

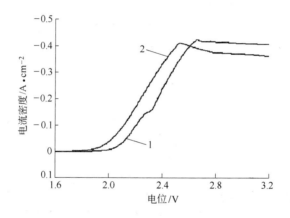

图 5-14　轧制前后电极的极化曲线
1—8号（轧制前）；2—9号（轧制后）

此外，利用 SEM 图（图 5-15）和电阻率（表 5-7）对基体界面状况进行表征。首先，电极的催化活性反映出电极基体的欧姆降的情况，电阻率越低，电极内阻越小，说明催化活性越好，促进了阳极反应对电荷的输送能力，导电性能也更加优秀。从两个试样未电镀前基体界面电阻来看，8号未轧制样电阻率是9号轧制样的两倍多，可见，9号基体导电性能、催化活性是8号基体的两倍以上。TiB₂的电阻率高于 Al 的电阻率，如图5-15中所示：热喷涂后的结合界面较为疏松，孔隙率较高，这使得界面电阻率较高；而经轧制之后热喷涂的二硼化钛半陶瓷状态经破坏，又变成颗粒状嵌入铝基体，其厚度也有所减薄，导电性有所提高。

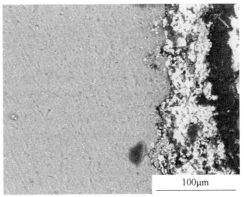

| a | b |

图 5-15　轧制前后基体界面 SEM 照片

a—轧制后界面形貌；b—轧制前界面形貌

表 5-7　轧制前后界面电阻率

样 品 编 号	电阻率/$\Omega \cdot$ m
轧制前基体	12×10^{-7}
轧制后基体	5.5×10^{-7}

5.3.3.4　基体制备方法对电化学性能的影响

除了上述两种复合工艺方法，本研究又尝试了另外两种工艺——直接热压扩散法和泥包覆法，并与之前优化出的电极性能进行对比分析，同时加入对比样——钛基氧化铅电极和传统 Pb-Ag 合金电极，得出如图 5-16 所示的 6 条曲线。

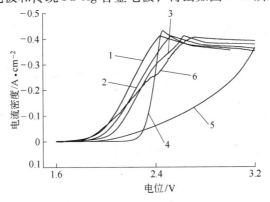

图 5-16　不同制备工艺经基体制备电极的极化曲线

1—热压扩散法；2—等离子喷涂法；3—硼化钛泥包覆法；
4—Pb-Ag 合金电极；5—钛基氧化铅电极；6—轧制粉末法

从图 5-16 中可以看出，11 号直接热压扩散试样的极化曲线位于最左端，也就是说，11 号样品在所有方法的最优样比较中性能最佳，电极电位负移量最大，相对 Ti-PbO₂电极，电极电位负移量为 744mV，相对于传统 Pb-Ag 合金电极负移量也达到了 200mV。而 3 号和 12 号样品的性能在不同电位下有不同的表现，3 号轧制样在低电极电位（2.17V）以下表现出相对较好的电化学性，说明其适合应用于小功率电化学生产中。12 号泥包覆样由于是手工包覆，其硼化钛层的均匀性很难控制，致使电极表面电势分布不均匀，其电化学性能就不稳定，所以曲线波动较大。

此外，采用四探针法对各个样品未电镀之前的 Al/TiB₂基体进行界面电阻率测试，电阻率如表 5-8 所示。表中电阻率由高到低排序为：钛基>Ag-Pb 合金>11 号>12 号>9 号>3 号。铝基界面的电阻率都小于钛基和 Ag-Pb 合金的电阻率，说明铝基电极在导电性方面明显优于这两种电极，这也验证了上述对电极催化活性的分析，其结论基本保持一致。只有 11 号样品的电阻率与极化曲线的规律有所反常，造成的原因可能是在电阻率测试过程中，由于设备原因及客观因素，使得基体温度过高，导致瞬时电阻率偏高，从而影响了最终的电阻率测试结果。

总的来说，传统 Ag-Pb 电极和钛基电极在电化学导电性、催化活性方面，普遍落后于本实验制备的铝基体电极，这说明 Al/TiB₂基 PbO₂电极在电化学性能上相比于传统电极有明显优势及研究价值。

表 5-8　不同工艺制备的 Al/TiB₂基体和 Ti、Ag-Pb 基体界面电阻率

样 品 编 号	电阻率/Ω · m
3 号轧制	$4.37×10^{-7}$
9 号等离子	$5.5×10^{-7}$
11 号直接热压扩散	$1.67×10^{-6}$
12 号泥包覆	$6.45×10^{-7}$
Ti 基电极	$3.46×10^{-6}$
Ag-Pb 合金电极	$1.34×10^{-6}$

5.3.4　表面电镀 PbO₂活性层工艺研究

5.3.4.1　电流密度对涂层表面形貌的影响

本章节的研究是在轧制法制备 Al/TiB₂复合基体的基础上，对表面电镀氧化铅的工艺做进一步的研究。如图 5-17 所示，图 5-17a 为电镀时间 2h，电流密度 0.028A/cm² 时镀层表面形貌图；图 5-17b 为电镀时间 2h，电流密度 0.03A/cm² 时镀层表面形貌图，图 5-17c 为电镀时间 2h，电流密度 0.035A/cm² 的镀层表面

形貌图。

不同电流密度条件下镀层表面形貌均呈蠕虫状，在电流密度小于0.035A/cm²时，随着电流密度的增加，涂层表面颗粒变小。电流密度为0.028A/cm²时镀层表面颗粒粗大，整个镀层较为粗糙。在电流密度为0.035A/cm²时，镀层颗粒细小，整个镀层较为致密。这是由于大电流密度条件下，晶核的形成速率较大，所形成的沉积晶粒较小，故得到细晶镀层；低电流密度下，形核率低，晶粒生长较大，因此整个镀层表面不够均匀细致。

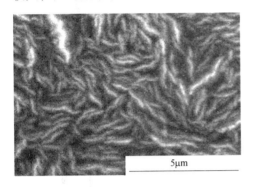
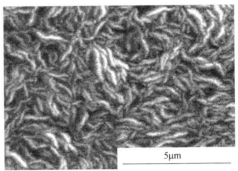

图 5-17　不同电流密度下的表面形貌图

a—0.028A/cm²；b—0.03A/cm²；c—0.035A/cm²

试样 1-10 号～1-12 号均为在相同电镀时长和同一电镀液中制备的电极，其中试样 1-10 号电镀时的电流密度为 0.028A/cm²，试样 1-11 号为 0.03A/cm²，试样 1-12 号为 0.035A/cm²。在电位为 1.5V 时，各试样电流密度如表 5-9 所示。

表 5-9　极化电流密度值

试样编号	1-10 号	1-11 号	1-12 号
电流密度/A · cm⁻²	0.00161	0.00189	0.06162

由表 5-9 可得 1-12 号样品的电流密度最高，说明 1-12 号样品的导电性最好，在电化学反应中 1-12 号（电流密度 0.035A/cm²）样品的反应速度最快。由极化曲线图 5-18 可得，在电流密度为 0.15A/cm² 的条件下，试样 1-12 号的电位为 1.65V 相对于试样 1-11 号负移 0.2V，相对于 1-10 号试样负移 0.7V，由此可知在电化学反应中试样 1-12 号电极的电子转移速度最快，催化活性最高，具有节省电耗的功效。

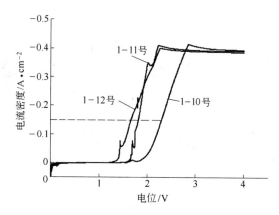

图 5-18   不同电流密度电极极化曲线

1-10 号—0.028A/cm²；1-11 号—0.03A/cm²；1-12 号—0.035A/cm²

5.3.4.2   电镀时间与电化学性能的关系

试样 1-3 号、1-6 号、1-9 号、1-12 号均为在电流密度 0.035A/cm²，电镀时间分别为 30min、45min、60min、120min 条件下制备的试样，分别测其极化曲线，如图 5-19 所示；在极化电位为 2.0V 条件时，电流密度值如表 5-10 所示。

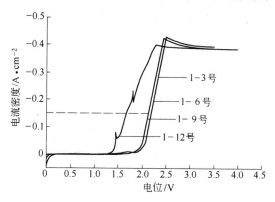

图 5-19   不同电镀时间电极的极化曲线

1-3 号—30min；1-6 号—45min；1-9 号—60min；1-12 号—120min

表 5-10 极化电流密度值

试样编号	1-3 号	1-6 号	1-9 号	1-12 号
电流密度/A·cm^{-2}	0.02645	0.04066	0.04496	0.2982

由表 5-10 可得在同电位的情况下，比较电流密度的大小，电流密度高的说明该电极的导电性能好，可以在大电流密度下进行电解反应，对提高单槽的生产效率有作用。电极导电性能最好的为试样 1-12 号，在电化学反应中 1-12 号（电镀时间 120min）样品的反应速度最快，其次依次为试样 1-9 号、1-6 号、1-3 号。

从图 5-19 可得，在电流密度为 0.15A/cm^2 时，由于在相同电流密度的情况下，电极电位负移量越多，说明电极的电子转移量越多，电极的电子转移速度快，催化活性高，预示着该电极的电解反应槽电压具备节省电耗的功效。而试样 1-12 号的电位为 1.65V 相对于试样 1-9 号负移 0.45V，相对于 1-6 号试样负移 0.46V，相对于试样 1-3 号负移 0.6V，可知在电化学反应中试样 1-12 号电极的电子转移速度最快，催化活性最高，具有节省电耗的功效。由此可以优化出最佳电镀时间为 120min。

5.3.4.3 镧元素对镀层表面形貌的影响

有研究表明，镧系元素在活性涂料中掺杂镧系氧化物，其作用有三：其一为细化晶粒作用，亦有电极材料工作者提出，在阳极涂层组织中的晶粒越细小，阳极涂层的电化学性能与耐蚀性能就越好[8]。稀土镧的引入，可望改变 PbO$_2$ 镀层的晶粒生成速度与成长速度之比，使涂料粒径减小，拓展比表面积。反应面积越大，则电极的电流密度越小。其二是增加涂层与基体的结合力，稀土元素的掺入在细化晶粒的同时，可使涂层表面龟裂度减少，组织致密，增加了基体与表面涂层间的机械楔力，可减少涂层的脱落。其三是提高涂层的导电性，镧具有未充满的 4f 电子层结构，可以在某些金属氧化物的晶界处均匀分布，从而增加了导电粒子数量，提高了自由电子浓度，改善涂层的导电性能和催化活性[9,10]。

图 5-20a 为电镀时长 2h，电流密度 0.035A/cm^2，电镀液不含镧工艺条件下涂层的表面形貌。图 5-20b 为电镀时长 2h，电流密度 0.035A/cm^2，电镀液含镧 0.0137%工艺条件下涂层的表面形貌。分析可知，电镀氧化铅后表面涂层均呈蠕虫状，不同镧含量下得到的涂层表面形貌具有一定的差异。对比图 5-20a 和图 5-20b 可知，掺杂镧元素可以使涂层表面颗粒变小，增大涂层的比表面积，提高阳极涂层的电化学性能。

5.3.4.4 镧元素对电化学性能的影响

取电镀时间均为 2h，电流密度均为 0.035A/cm^2。镧元素含量分别为 0、

a　　　　　　　　　　　　　　　　b

图 5-20　镧元素对表面形貌的影响
a—不含镧；b—含镧量为 0.0137%

0.0546%、0.0341%、0.0137%的试样 1-12 号、2-1 号、2-2 号、2-3 号，测其电化学性能得到如图 5-21 所示四条曲线。

由图 5-21 可得，当电流密度为 0.2A/cm^{2}时，试样 2-3 号电位 1.55V 相对于试样 1-12 号负移 0.3V，相对于试样 2-1 号负移约 0.8V，相对于试样 2-2 号负移约 0.9V。由此可知，2-3 号（含镧 0.0137%）电极的电子转移速度最快，催化活性最高，节能效果最好，其次依次为试样 1-12 号、2-1 号、2-2 号。另在极化电位为 2.5V 条件下，四个试样的电流密度如表 5-11 所示。

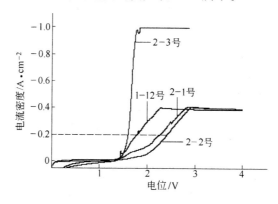

图 5-21　不同镧含量电极极化曲线图
2-1 号—0.0546%镧；2-2 号—0.0341%镧；2-3 号—0.137%镧；1-12 号—0 镧

表 5-11　极化电流密度值

试样编号	2-3 号	2-2 号	2-1 号	1-12 号
电流密度/A·cm^{-2}	0.9969	0.2434	0.2875	0.3937

由表 5-11 可得，电流密度大小依次为：2-3 号、1-12 号、2-1 号、2-2 号，所

以，导电性能的好坏依次为 2-3 号、1-12 号、2-1 号、2-2 号。综上所述，电化学性能最好的为镧元素含量为 0.0137% 的 2-3 号电极，其次为不含镧元素的 1-12 号电极。

由此得到如下结论：（1）电解液中镧含量为 0.0137%，可以有效地改善电极镀层的表面形貌；（2）由含镧 0.0137% 和不含镧元素的电极的电化学性能对比，可知镧元素能改善电极的电化学性能。正如前面所述，这是由于镧元素具有细化晶粒的的作用。晶粒得到细化后，镀层的表面积增大，镀层表面活性点数目增多，从而提高电极的催化活性。

5.4 本章小结

本章主要提出了新型 Al-TiB$_2$-PbO$_2$ 节能电极的结构设计，采用不同的工艺方法制备出 Al/TiB$_2$ 复合基体，对轧制法等工艺进行优化，并对电镀 PbO$_2$ 活性层的工艺进行了初步研究。主要得出以下结论：

（1）相同电镀工艺条件下，与等离子喷涂法相比较，在热轧粉末法制备的基体上更容易生长 PbO$_2$ 晶体，其晶粒更加细小，涂层晶粒细化，可获得更大的反应比表面积，对提高电极的催化活性有功效。在电流密度 0.2A/cm^2 下，其极化电位负移 0.032V。

（2）热轧法工艺研究表明，在相同压下率条件下，温度为 450℃ 时，其电化学性能表现最佳。而在温度相同条件下，压下率大于 60% 时，电极电化学性能没有明显变化，说明轧机压下率对电化学性能影响很小。采用热震法测试结果表明，在该种工艺方法制备的基体上电镀 PbO$_2$ 后，镀层与基体结合良好，不易剥落。

（3）对于用等离子喷涂法制备的基体，再进行 75% 压下率轧制，能明显提高其电化学性能，与未经轧制的等离子喷涂试样对比，在电流密度 0.2A/cm^2 下其极化电位负移 0.127V，而且其基体的界面电阻率也有明显降低。

（4）综合对比分析得出，采用直接热压扩散法制备的 TiB$_2$ 包覆铝基体的 PbO$_2$ 涂层电极具备最佳的电化学性能，优于其他工艺制备的铝基体的 PbO$_2$ 涂层电极，同时也优于传统钛基 PbO$_2$ 涂层电极和 Ag-Pb 合金电极，在电流密度 0.2A/cm^2 下其电极电位负移分别为 0.755V 和 0.175V。电化学性能随基体导电性的提高而增强。

（5）表面形貌 SEM 图表明，通过不同电流密度下涂层形貌的对比可知，氧化铅涂层的表面颗粒大体呈柱状，在电流密度小于 0.035A/cm^2 时，涂层表面颗粒大小随着电流密度的增大而变小。分析电化学性能和电镀时电流密度的关系可得，在电流密度小于 0.035A/cm^2 电镀时，电流密度越大电极的电化学性能越好，进而电极性能得到改善。

（6）分析电化学性能和镧元素含量的关系可得，在电流密度为 0.2A/cm^2 时，镧元素含量为 0.0137% 的试样电位为 1.55V 相对于相同工艺参数不含镧的试样电位负移 0.3V，具有更好的催化活性；另在电位为 2.5V 条件下，其电流密度为 0.9969A/cm^2，远大于不含镧试样的电流密度 0.3937A/cm^2，具有更好的导电性。

参 考 文 献

[1] 张招贤，赵国鹏，罗小军，等. 钛电极学导论 [M]. 北京：冶金工业出版社，2008.

[2] 梁镇海. 固溶体中间层钛基氧化物阳极研究 [D]. 太原：太原理工大学，2006.

[3] 王玲利，彭乔. 钌系涂层钛阳极的优化研究进展 [J]. 辽宁化工，2006，35（8）：485~487.

[4] 张招贤. 钛电极工学 [M]. 北京：冶金工业出版社，2003.

[5] 耶菲莫夫 А И，别洛鲁科娃且 Д П，瓦西里科娃 И В. 无机化合物性质手册 [M]. 西安：陕西科学技术出版社，1987.

[6] 傅正义，王为民，王浩. TiB$_2$-xAl 复合材料的结构形成分析 [J]. 金属学报，1994，30（8）：B373~B378.

[7] 沈德久，蔡景瑞，吴国瑞. 复合轧制氧化铝-铝基复合材料工艺与界面结合机制 [J]. 机械工程学报，2013，49（22）：91~96.

[8] Trasatti S, Lodi G, in: Trasatti S. (Ed.), Electrodes of Conductive Metallic Oxides [J], Part A. Elsevier, New York, 1980, 334.

[9] Ardizzone S, Daghetti A, Franceschi L, Trasatti S, ColloidSurf. 1989, 35：85.

[10] Pizzini S, Buzzanca G, Mari C M, Rossi L, Torchio S, Mater. Res. Bull. 1972, 7：449.

6 钛基涂层电极材料的制备与性能

6.1 概述

电极在电解工业中起着非常重要的作用，电解过程中的一切电化学反应都是在电极表面与电解液之间的界面上进行的。电解工业要求电极材料具有较好的电催化活性、尺寸稳定性及较长的使用寿命。人们希望能够研制出具有以上特性的理想电极材料，特别是阳极材料[1]。钛基体金属氧化物涂层阳极是一类新型难溶性电极材料，具有较高的稳定性、电催化性能、耐腐蚀性和低的析氧、析氯电位，电解过程中能保持外形与尺寸的稳定。这种氧化物涂层阳极称之为尺寸稳定型阳极，即 Dimensionally Stable Anode，简称 DSA。

自 1968 年以来，钛基涂层电极材料（以下简称钛阳极）以其优异的性能成功而广泛地应用于各行业的实际生产中，为经济发展起到了巨大的推动作用。目前钛阳极已广泛应用于氯碱、氯酸盐、水电解、污水处理、有机物合成、阴极保护、电沉积等工业领域。随着钛阳极应用领域的扩大，其使用环境也愈加复杂，这就要求阳极涂层具有较好的电催化活性和析气选择性。此外，还应具有较强的耐腐蚀性，从而达到降低能耗、提高反应效率、提高生产稳定性和延长使用寿命，最终达到降低电化学反应运行成本和提高产品质量的目的。

电极在电化学反应中起着极其重要的作用，它不仅对反应速度、反应机理有着重大的影响，同时，在工业生产过程中，电极过程的方向和动力学、电极和电解槽的结构形式与电解槽寿命、维修费用和劳动力消耗及工艺过程的动力指标，在很大程度上也取决于电极材料的性能。因此，在当今世界能源紧张、原材料价格上涨的形势下，生产过程节能是当务之急，电催化科学的研究恰好适应了这种要求。电催化是使电极与电解质界面上的电荷转移反应得以加速的一种催化作用[2]，而钛基层电极材料就是一种非常重要的电催化功能电极材料。

6.1.1 表面涂层的组元配方与钛基涂层电极材料的结构设计

6.1.1.1 表面涂层的组元配方

目前，钛基涂层电极的表面涂层配方主要以钌-钛二元氧化物涂层和单纯的氧化铱涂层为基础，通过添加其他活性金属氧化物，来改善金属氧化物表面涂层电极的电化学性能。研究表明[3~5]：涂层的组元发生改变后，会引起不同组分之间的电子交换，从而引发协同作用，不仅使多组元氧化物电极涂层的活性表面积发生变化改变，而且还会使电极性能得到一定程度的改善，可得到低析氧电位、高导电性的活性涂料。Vagra M 等[6]对 9 种二组元金属氧化物涂层进行了系统地研究，研究表明：除铂系涂层以外，具有最优性能的组元成分既不是由高活性的稀贵金属氧化物独自决定，也不是由惰性金属氧化物独自决定，而是由两者的交互作用来实现的。研究结果显示，$Ti/IrO_2/Ta_2O_5$ 是作为析氧涂层中性能最好的一种，这种涂层具有最长的使用寿命、最优的催化活性。

对于析氯型的钌-钛系涂层钛阳极[7~9]，目前研究所添加的金属氧化物组分有 CeO_2、Nb_2O_5、MnO_2、IrO_2、Co_3O_4、Sb_2O_5 和 SnO_2 等，其主要作用是起到增大电极的析氯-析氧电位差及延长使用寿命的作用。这些所添加的金属氧化物具有调节电极气体的析出电位、改善钛阳极电化学性能的作用（如表 6-1 所示）[8,10,11]。

表 6-1　不同涂层电极的性能

涂　层	析氯电位 /V	析氧电位 /V	氯氧电位差 /mV	强化寿命 /h	表面形貌	涂层结构
RuTi	1.128	1.284	156	3.5	干泥状裂纹	常规法制备
RuTi	1.123			24.4	干泥状裂纹细小且均匀	梯度法制备
RuIrTi				470		以 Ir 为中间层的 RuIrTi 涂层
RuIrTi				112.5		以 Ir 为中间层的 RuTi 涂层
RuSnSb	1.088	1.293	209			三元氧化物混合涂层
IrSnSb	1.084	1.347	259		表面无裂纹	三元氧化物混合涂层
RuIrTi-SnCo	1.092	1.383	291		表面晶粒细小且无裂纹	以 Ir 为中间层的五元混合氧化物涂层
RuTiSn-Sb				24		以 SnSb 为中间层的 RuTi 涂层

王清泉[12]研究了在涂层中添加铱、锡、钴、铈、镧等元素后阳极的电化学性能。结果表明：添加的铱、锡和钴都能够明显地提高析氯、析氧电位差，并延长钛阳极的使用寿命，其中添加的铱元素对阳极的析氯、析氧电位差及使用寿命增加的最多，综合性能是最好的；适量的稀土元素铈（摩尔分数为 0.3）和镧（摩尔分数为 0.5）的加入均降低了阳极析氯电位，但添加镧比铈析氯电位更低，而析氧电位却更高。加入适量的稀土元素后降低了电极的析氯电位，其作用机理为加入适量稀土元素后能有效地降低阳极氧化物涂层与电解溶液之间的界面电阻，从而提高电极的电催化性能。

对于钛阳极铱系析氧型涂层，目前所研究和使用的二元铱系涂层阳极主要有铱-钽系，铱-锡系与铱-钴系等。对于 IrO_2-Ta_2O_5 涂层钛电极，是目前用于析氧反应中最多，而且是最好的电极之一。Hu J M 等[13]和 Kristof J 等[14]研究了铱-钽系涂层钛阳极，发现当 Ta_2O_5 与 IrO_2 的摩尔比为 $0.3:1$ 时，表面涂层与钛基体的结合是最稳定的，在电解过程中降低了析氧过电位。崔成强等[15]研究了 IrO_2-SnO_2 涂层钛电极，其中的锡对电极使用寿命的影响较大。随着锡元素含量的不断增加，电极的使用寿命也随之增大，且当锡元素含量为 75%（质量分数）时，电极的使用寿命最长。然而，锡元素的含量对钛电极的活性影响不显著。

6.1.1.2 钛基涂层电极材料的结构设计

钛基体和表面涂层之间的结合界面处所形成的一层二氧化钛钝化膜是导致钛电极涂层失效的主要原因之一，因此如何防止钛基体表面二氧化钛钝化膜的形成与生长，将对钛电极的使用性能及寿命有着至关重要的作用。目前，在钛基体与表面涂层之间增加抗钝化的中间层而构成一种复合涂层电极，已经被证明是有效提高钛电极性能的途径之一，这种复合涂层的钛电极现在已经应用于铜箔电解和钢板高速电镀的生产线上。如 Kamegaya Y 等[16]开发了一种适合于在硫酸溶液中，高电流密度下工作的高性能阳极。其采用多道中间层来提高氧化物电极的耐久性及电催化活性涂层的利用率，取得良好的效果，并在实际的钢板电镀锌涂层生产线上得到了成功的应用。Yuan L Y 等[17]研究了以铂复合金属氧化物作为钛基体和表面涂层的中间层的钛基复合电极，采用传统热分解法在复合电极的表明涂覆以 IrO_2 为主要活性物质的氧化物涂层，结果表明这种带有中间层的钛基复合涂层电极具有高析氧催化活性、强耐蚀性能和长使用寿命。

然而，为控制钛阳极较高的制造成本，并结合钛基稀贵金属涂层阳极在氯碱工业的成功应用，启发了科研人员在电极领域中开发出钛基非贵金属氧化物涂层电极的新思路。科研人员一直致力于研发 Ti/MnO_2、Ti/PbO_2、Ti/SnO_2 涂层电极，力图利用钛的耐腐蚀、强度高与锰、铅、锡的氧化物涂层的耐酸性、活性高、易获取的优点，开发出一种成本低、催化活性高、使用寿命长的新型阳极材料[18~22]，其研究方向大致分成钛基非贵金属氧化物涂层电极和钛基加镀贵金属中间层的涂层电极两类。

A 钛基非贵金属氧化物涂层电极

钛基非贵金属氧化物涂层电极的初期是科研人员借助电沉积法、热分解法在钛基表面直接涂覆一层 MnO_2 或 PbO_2 或 SnO_2 的活性剂制备成涂层电极。但是在电解过程中，由于多孔涂层在电解析氧反应和酸液侵蚀下，钛基表面生成二氧化钛绝缘层，致使电极性能下降；再则钛表面与 MnO_2、PbO_2 涂层机械结合力差，电解过程中涂层易脱落失效[23]。

针对上述问题，研究者们采用了 SnO_2、$SnO_2+RuO_2+Sb_2O_3$、$SnO_2+Sb_2O_3$、$SnO_2+Sb_2O_3+MnO_2$ 等氧化物作为钛基体与 MnO_2、PbO_2 活性涂层的过渡中间层，以形成氧化物固溶体来增强基体与活性层之间的黏结力和耐蚀性[23]。如，北京大学的石绍渊[24]等人对 $Ti/SnO_2\text{-}Sb_2O_3/PbO_2$ 电极材料的研究表明：在加入锡-锑氧化物中间层时，电极表面 PbO_2 结晶明显细化，而且具有较大的比表面积，锡-锑氧化物中间层可以改善涂层与电极基体附着的牢固性。

众多的研究结果表明，以 SnO_2 为主要元素，掺杂锰、锑、铋等氧化物对提高涂层与基体结合力和抗二氧化钛钝化膜生成率效果较好。但是，在 SnO_2 中掺入锰、锑等氧化物达到最小电阻配比值的电阻率为 $2\times10^{-4}\,\Omega\cdot cm$[25]，这个电阻率是金属钛的 4.7 倍，铅的 10 倍，铝的 76.9 倍，如此高的界面电阻势必造成电极内阻增加，阻碍电子传输能力，增加总欧姆降，提高电极电位，致使能耗增大，且催化活性降低。

B　钛基加镀贵金属中间层的涂层电极

为解决钛基表面生成二氧化钛致钝层及改善钛基体与 PbO_2 的结合力的问题。人们还在钛表面覆镀一层金属作为中间过渡层，如镀铂、钛铂合金、金、银等贵金属。

研究者 Devilliers D[26]、陶自春[27]等就在钛基上覆镀了铂、钛铂合金中间过渡层的制备方法及性能进行了较为系统地研究与对比分析。$Ti/Pt/PbO_2$ 电极表现出优良的电化学性能，其电流效率达 93%。然而，中间铂层具有催化活性，如果电解液经 PbO_2 孔隙浸入铂层时，将在该底层表面处发生电解反应，铂层成为释出气体的阳极，而引起外镀层 PbO_2 的脱落，导致涂层失效[25,28]。

在 20 世纪末有研究者就金作为中间过渡层进行了研究，研究结果表明：在钛基体上，采用金作为中间过渡层可以降低界面电阻和钛表面的致钝失效，提高电极导电性，但是电极材料的耐蚀性较差[28]，且金、银增加了材料成本，在规模化工业生产应用中不可取。

6.1.2　钛基涂层电极材料的种类

自从 1968 年 Beer H B 开发了钛基涂层电极后，这种电极以其良好的稳定性和催化活性迅速获得人们的青睐，被称为尺寸稳定型阳极（DSA），主要有钛基二氧化锰涂层电极、钛基二氧化铅涂层电极、钛基钌系涂层电极、钛基铱系涂层电极和钛基锡系涂层电极[29]。

6.1.2.1　钛基二氧化锰涂层电极

钛基二氧化锰涂层电极氧的过电位很低，对于析氧反应有很高的催化活性，并且在许多介质中具有很好的耐腐蚀性，在电解过程中不易溶解，不会污染电沉积产品，可以减少阳极泥的生成。因此，钛基二氧化锰涂层电极被认为是一种有发展前途的阳极材料。

为了提高二氧化锰涂层电极的性能，科研人员又开始研究往涂层中添加活性元素，如钌、钛、锡、锑等，这样可使涂层的电催化活性提高。另外，在基体与涂层之间增加中间涂层，如锡、锑和铅的氧化物中间层，这样能提高电极的导电性和抗氧化性，降低电极电位并延长电极的使用寿命。Yan 等研制了 Ti/PbO₂/MnO₂ 新型涂层阳极，通过测定界面电阻、极化曲线和强化电解表明，此电极降低了界面电阻，较好解决了钛钝化的问题。Guo 等研制的钛/锡（锑）氧化物/二氧化锰电极也在降低电极电位、提高电极耐腐蚀性方面取得了进展[30,31]。

6.1.2.2　钛基二氧化铅涂层电极

二氧化铅是非化学计量化合物，依靠化合物内的氧空位，使二氧化铅具有类似金属的导电性，其导电行为与金属铅类似。在水溶液体系中具有析氧电位高、氧化能力强、耐腐蚀性好、可通过大电流等特征，很早就在电解工业中用作不溶性阳极。二氧化铅有两种晶型 α-PbO₂ 和 β-PbO₂，前者是斜方晶系，而后者是金红石型晶格的四方晶系，金属离子位于变形的八面体中心。从耐腐蚀性上看，β-PbO₂ 远远大于 α-PbO₂，而且 β-PbO₂ 催化降解有机物的活性也优于 α-PbO₂。

通过从不同方面对钛基二氧化铅电极的制备和性能进行研究，由于 β-PbO₂ 固有的电积畸变使镀层出现裂缝，导致镀层剥落下来，加中间层也无法解决此问题。后来科研人员开发了新型的二氧化铅电极，中间层为通过电沉积制得的不存在畸变的 α-PbO₂ 镀层，表面层为 β-PbO₂，底层可以镀银、铅银合金或涂敷氧化钯、锡锑氧化物、钛钽复合氧化物等，对偶氮、酞菁、芳甲烷、硝基和亚硝基等类别的染料都有很好的降解效果，成为研究人员探讨的热点[32]。

6.1.2.3　钛基钌系涂层电极

钛基钌系涂层电极是指涂层活性物质主要为氧化钌的电极，涂层通常用热分解法得到。使用最早和比较成功的钌系涂层电极是钌钛涂层电极 Ti/RuO₂-TiO₂，它是科学家 Beer H B 于 1965 年发明的。1968 年意大利 DeNora 公司首先将 Beer H B 发明的钌钛涂层研究成果实现了工业化，成功地应用于氯碱工业中[33]。

钛基钌钛涂层电极为析氯阳极，由于具有低氯过电位、高氧过电位及耐腐蚀等特性，不适合作为电化学降解有机物的析氧阳极，主要应用于氯碱工业中。在钛基钌系涂层电极的改性中，溶胶凝胶法制备的涂层电极与热分解法制备涂层电极相比，两者具有类似的析氯电化学活性，但前者的电极寿命明显高于后者。

6.1.2.4　钛基铱系涂层电极

二氧化铱阳极由于具备较大的电催化活性和表面积优异的耐蚀性，已成为在含氧酸介质中使用的主要放氧电极。然而，在较高电流密度和较高温度下使用时，其涂层容易剥落，电极寿命较短。另外，电解液中含有有机物质时电极电位会大幅升高，电极腐蚀速度加快。因而，必须掺入惰性氧化物以增大二氧化铱涂层的稳定性。其中最具代表性的是 IrO_2-Ta_2O_5 涂层电极。该电极的优点是析氧过电位高，不溶于电解液。

此外，还有三元铱系涂层电极和含有中间层的铱系涂层电极。但 Pinzari E 等通过实验比较了含中间层的涂层钛电极与不含中间层的涂层钛电极性能，发现含中间层的涂层钛电极各项电性能都优于外层组分相同而无中间层的涂层钛电极。因此最佳中间层的制备值得进一步深入研究[34]。钛基铱系涂层电极可以应用于阴极保护、有机合成、电积提取有色金属等，虽然性能优良，但也有造价过高的问题，从工业化角度考虑不适合有机污染物的去除。

6.1.2.5 钛基锡系涂层电极

锡虽然不是过渡金属，没有未成对的 d 电子，但其氧化物具有半导体性质。纯的二氧化锡是一种 N 型半导体，禁带宽度大约为 3.5eV。由于半导体的特殊能带结构，其电极溶液界面具有一些不同于金属电极的特殊性质，但是在常温下二氧化锡通常有比较高的电阻，所以不能直接用来作为电极材料。其导电性可以通过掺杂氯、硼、铋、氟、磷和锑等而大大提高，锑是最常用的掺杂剂。Ti/SnO_2电极因在降解有机物过程中具有稳定的催化活性而被称为"非活性电极"，很受环境电化学学者的关注。

6.2 钛基涂层电极材料的制备方法

电极的表面微观结构和形貌是影响电催化性能的重要因素，而电极的制备方法直接影响到电极的表面结构。不同的制备工艺可能对应着不同的晶型和晶粒尺寸、晶面取向。相同的制备工艺由于掺杂物质的化学计量比例以及性质不同可能会导致涂层具有不同的电学性质，因此选择合适的电极制备工艺是提高电极电催化活性的一个重要手段[35]。目前制备尺寸稳定型阳极涂层电极的主要方法有热分解法、溶胶-凝胶法、电沉积法和磁控溅射法。

6.2.1 热分解法

热分解法又称为热氧化法，是制备尺寸稳定型阳极最早、最普遍的方法，包括浸渍法和涂刷法。它通常是把金属氧化物和醇盐溶解后，均匀涂刷在经过预处理的基体钛板上，然后在较低温度下（略高于溶剂蒸发温度）蒸发溶剂，最后在高温（300~600℃）下将基体上金属盐类热分解形成相应的氧化物。该方法工艺简单，所需工具、设备较便宜，容易实现工业化电极的生产，适合于制备大部分金属阳极。但是制备过程中需要经过不断地升温、冷却、电极表面容易"龟裂"，致使致密度较差，涂层电极最终的性能在很大程度上取决于这种龟裂纹状形貌。

6.2.2 溶胶-凝胶法

溶胶-凝胶法广泛地应用在制备纳米材料的过程中，其在制备涂层的过程中对防止基体的氧化、增强基体的化学耐久性以及耐蚀性能的提高有显著的效果。利用溶胶-凝胶法制备的电极覆盖层，其钛阳极的电催化活性和稳定性得到很大的改良。这种方法具有制造工艺及设备简单、涂覆反应的温度低、可实现大面积的涂覆、薄膜化学成分容易控制等诸多优点，有着良好的应用前景。Panic V 等[36]制备的二氧化钌/钛阳极具有高的析氧活性和紧凑的氧化物层。唐电等[37]采用溶胶-凝胶工艺制备了纳米级 $RuO_2 60\%$-$TiO_2 40\%$ 的氧化物材料，结果表明，钌-钛氧化物烧结体为金红石型结构，没有出现金属钌和二氧化钛等副反应产物。

6.2.3 电沉积法

电沉积法又叫电镀法。电镀法提供了一个常温、常压的温和制备条件，同时使制备的材料具有更强的结合力、更高的结晶度和高度均相性，非常适合于制备电极的高催化性涂层。电镀法是在外电场作用下，使高电价态的盐离子还原为低价态，形成氧化物沉积在阴极上；或者是低价态的离子被氧化成高价态，形成氧化物沉淀在阳极。该方法制备的电极通常具有较好的致密度，在制备过程中，温度和添加剂是影响镀层效果的重要因素。Fujimura K[38] 等研究发现，在涂覆二氧化铱的钛电极上电沉积 $(Mn_{1-x}Mo_x)O_{2+x}$ 氧化物薄膜，电极的催化析氧效率达到100%。该电极在 $1000A/m^2$ 下，强电解 1500h 后，其析氧效率仍保持在 99.6% 以上。但当电解的温度增加，$(Mn_{1-x}Mo_x)O_{2+x}$ 氧化物会发生脱落与溶解。Matsui T 等[39] 利用阳极沉积法将锰、钼、钨沉积在 Ti/IrO_2 电极上成功地制备了高性能的电解海水的析氧电极。所制备的锰-钼-钨三元氧化物电极析氧效率几乎可达100%，活性物质在电解 1500h 过程中没有明显的溶解，涂层还具有结合力良好、寿命长等优点。

6.2.4 磁控溅射法

磁控溅射法主要应用在制备薄膜电极材料上，同时也可应用此法制备微小电极。磁控溅射作为一种新型的高速、低温溅射镀膜方法，可以制备各种金属膜、介质膜、半导体膜等，所得的膜层致密、结晶状况好、整体均匀、重现性好、沉积速度快、无残留杂质等优点，可满足钛阳极对底层的要求。尽管此过程比较繁琐，使用的设备复杂，但是该方法仍然是一种具有良好应用前景的制备方法。

　　磁控溅射技术在制备钛阳极中的应用，主要集中于溅射钽、钯与铂作为中间层的研究。潘建跃等[40]研究了不同工艺对钽溅射层的成分、相结构、形貌、附着力和质量的影响，磁控溅射 $3 \sim 4 \mu m$ 钽膜的优化工艺为：功率 $100 \sim 130W$，氩气压力 $0.1 \sim 0.3Pa$，溅射时间 $45 \sim 50min$。钽膜作为中间层可使二氧化铅阳极的使用寿命提高 40 倍以上。陶自春等[27]采用电镀、刷镀、磁控溅射 3 种工艺，在钛基体上制备了含铂中间层。磁控溅射铂中间层最致密，结合力最高，其涂层钛阳极的寿命最长。虽然磁控溅射得到的铂复合电极基体和铂镀层结合牢固，但是铂镀层厚度可控，且阳极寿命长。由于设备的局限性，难以得到大面积的铂复合电极。

6.2.5　其他制备方法

　　化学气相沉积法，利用气相反应，在高温、等离子或激光辅助等条件下控制反应气压、气流速率、基片材料温度等因素，从而控制纳米微粒薄膜的成核生长过程；通过薄膜后处理，控制非晶薄膜的晶化过程，从而获得纳米结构的薄膜材料。国外科学工作者 Duverneuil P[41]等用化学气相沉积法（CVD）制备钛基二氧化锡涂层，结果表明，用这种方法制备的涂层具有较高的析氧过电位。Igumenov I K 等[42]也用化学气相沉积法制备了铱和铂阳极涂层，结果却发现，铂阳极涂层要比铱阳极涂层更加稳定。此外还有用阳极沉积法制备用于电解海水的锰-钼阳极涂层、锰-钨阳极涂层以及锰-钼-钨阳极涂层。

6.3　钛基涂层电极材料的组织结构与性能表征

　　金属阳极由金属基体和表面活性涂层组成。金属基体起骨架和导电作用，阳极参加电化学反应的是活性涂层[1]。钛基涂层电极材料目前在湿法行业以及电化学行业得到了广泛的应用。本研究组从钛基体与表面活性涂层的结合界面入手，在结合界面处引入了具有高稳定性、优异的导电性以及耐蚀性的新型硼化物金属陶瓷（中间层，以二硼化钛为例进行说明），不仅隔绝了钛基体与电化学反应过程中产生的氧离子的接触，保护基体不被氧化，同时由于二硼化钛（TiB_2）可与钛基体和表面涂层具有相同的晶体结构[23]，可形成稳定的结合状态。选择二硼化钛包钛为基体的多元金属氧化涂层的电极结构形式和相应的制备方法，可形成连续、稳定的结合状态，为电极内电子的快速转移和材料间的结合强度提供了可靠的保障。本研究组设计的钛基涂层电极材料如图 6-1 所示。

　　本研究组经过多年的研究与探索，首先在钛基体上通过热分解法得到中间层（二硼化钛），再利用电沉积法得到表面活性涂层（二氧化铅），从而制备出了电化学性能优异的钛基涂层电极材料（钛阳极）。利用多组元间不同元素的交互作用，引起不同组分之间的电子交换，从而引发各组元间的协同作用，使电极性能

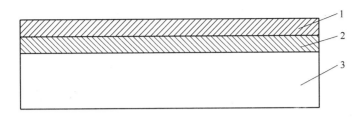

图 6-1　钛基涂层电极材料的结构示意图

1—表面活性涂层；2—中间层；3—钛基体

得到进一步改善。本研究组通过掺杂锡、铱、钽，根据表 6-2 的具体工艺参数制备出了多组元的析氯型钛基金属氧化物涂层（这里主要以三元 RuO_2-TiO_2-SnO_2 为例进行说明），并在制备完成以后，对所制备出的钛基涂层材料性能进行一系列的测试，其中包括表面组织形貌、表面涂层的物相成分及阳极稳态极化曲线。

表 6-2　不同工艺条件下制备出的试样编号

试样编号	烧结温度/℃	保温时间/min	涂层主要组元
1 号	450	10	Ru，Sn，Ti
2 号	450	15	Ru，Sn，Ti
3 号	500	10	Ru，Sn，Ti
4 号	500	15	Ru，Sn，Ti

6.3.1　不同工艺条件下三元涂层（RuO_2-TiO_2-SnO_2）的表面形貌分析

关于不同组元掺杂对电极性能的影响，首先也是通过影响电极涂层的表面形貌来实现的，因此，对不同工艺条件下，组元的掺杂对形貌的影响如图 6-2 所示。由图 6-2 可以看出，在不同制备工艺条件下三组元涂层的微观形貌仅有图 6-2a 的工艺条件下的涂层表面形貌仍是典型的泥裂状形貌，表面存在大量的一次裂纹和二次裂纹，裂纹较为光滑，裂纹块的大小不等，裂纹的宽度较传统的二元涂层裂纹宽度有明显的下降，一次裂纹的平均宽度为 2μm 左右，二次裂纹宽度小于 1μm，并在其裂纹块边缘有少量颗粒状物质析出（如图 6-2a 中的箭头 Y 所示），其中富含 Sn 的物质在裂纹处偏聚析出。

随着制备条件的变化，表面形貌也随之发生着变化，由典型的泥裂状形貌向疏松状进行变化（如图 6-2b、c、d 所示），不存在明显的平直走向的裂纹，表面的泥状裂纹数量大幅度减少，仅在疏松状形貌底部出现了少量的泥裂状形貌，而且裂纹宽度也明显下降，其仅有极少数宽度为 1μm 左右的裂纹存在，其余的裂纹宽度均小于 0.5μm。随着制备条件的不同，三组元涂层表面会有细小微粒不断析出堆积。

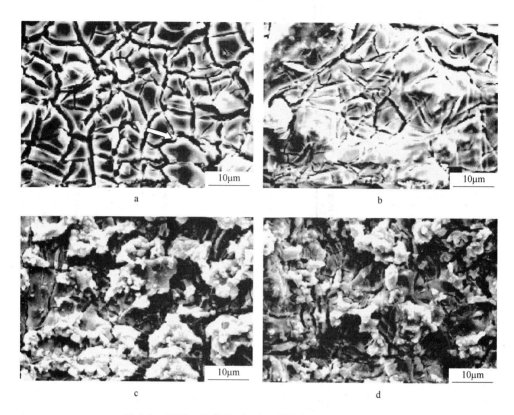

图 6-2   不同工艺条件下三组元涂层 SEM 表面形貌图

a—450℃，10min；b—450℃，15min；c—500℃，10min；d—500℃，15min

根据图 6-2 在不同工艺条件下制备三组元涂层表面形貌可以看出：

（1）在烧结温度为 450℃时，因为新组元的加入使得裂纹的宽度较传统二元的宽度明显下降，并随着保温时间的延长（见图 6-2a、b），裂纹宽度和数量大幅度的下降。这是因为保温时间的延长可使涂层中的物质反应进行得更加充分。根据 Hume-Rothery 提出的形成固溶体放入 15% 规则，RuO_2、TiO_2 和 SnO_2 中的 Sn^{4+}（0.071nm）与 Ru^{4+}（0.062nm）、Ti^{4+}（0.068nm）的离子半径分别相差为 12.68%、4.22%，其差别均小于 15%，因此三者间均可形成连续固溶体。同时，随着保温时间的延长，表面形貌有了很大程度的变化，是因为在图 6-2a 的条件下以 RuO_2 和 TiO_2 两者间的反应为主，SnO_2 仅仅起到了辅助的作用。在 RuO_2 和 TiO_2 两者间的反应完成后，随着时间的推移，SnO_2 的反应起到了主要的作用，从而会有新的析出物质在裂纹处产生并长大，形成了图 6-2b 的表面微观形貌。裂纹宽度和数量明显地降低，从而更好地保护了钛基体不被氧化。然而，这样形貌也造成了涂层表面的比表面积下降，也就意味着电极表面的真实电流密度下降，其电化学性能也会有所变化。

（2）当烧结温度升高到500℃时，表面形貌就有很大程度的变化，在表面有颗粒状物质不断析出长大，根据图6-3以及表6-3的能谱分析（EDS）结果可知，析出的颗粒状物质主要以富含锡为主。这是因为在高温下，SnO_2的反应更为活跃，从而使得富含锡的物质不断地析出堆积而成。然而在析出物的底层两处，钛的含量较高。这是由于在涂层的烧结过程中，基体材料钛也参与了涂层的热氧化过程，使得在底部涂层中富集了钛。而且随着富锡颗粒的不断堆积长大，涂层表面的裂纹宽度以及数量有了明显减少（如图6-2c、d所示），也减少了钛基体的裸露机会，改善了涂层与基体的结合状况，同时，电极涂层表面的比表面积也增大了，降低了电极的真实电流密度，提高了电极的电化学性能。

图6-3　EDS分析取点情况

表6-3　各点的分析结果　　　　　　　　　　　　　　（质量分数，%）

取　点	Sn	Ru	Ti	O
1	28.23	15.63	32.55	23.59
2	13.55	18.76	40.06	27.63
3	23.84	16.59	34.51	25.70

因此，可以推断：随着烧结温度和保温时间的提高，三组元涂层首先形成的是典型的泥裂状形貌，随后富锡的晶粒会在泥裂块边缘析出，继而富锡晶粒沿着泥裂纹长大，从而不断填充泥裂纹，使得泥裂纹数量和宽度大幅度下降，最终形成了图6-2d的疏松状的形貌结构。SnO_2作为活性元素加入电极涂层中，涂层的裂缝减少，如图6-2c、d所示，使得氧扩散和渗透过程变得缓慢，阻碍了不导电层的生成。而且，如果活性涂层的比表面积增大，则发生电化学的活性点数目就越多，即活性催化面积就越高，为电极的催化活性的提高打下了基础。

6.3.2   不同工艺条件下三元（RuO₂-TiO₂-SnO₂）的表面涂层 XRD 分析

锡的掺入对涂层的表面形貌产生了很大影响，同时其对于表面的物相也产生了影响。为研究不同工艺对物相的影响，得到的其 X 射线衍射（XRD）图谱如图 6-4 所示。根据 Scherre 公式进行的晶粒尺寸近似计算，结果如表 6-4 所示。

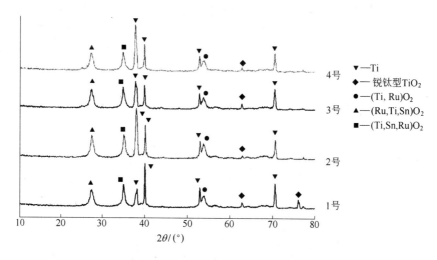

图 6-4   三组元表面涂层的 XRD 图谱

表 6-4   涂层晶粒尺寸的近似值

样品号	1 号	2 号	3 号	4 号
d/nm	13	12	13	14

根据图 6-4 可以看出，在掺入锡元素、不同工艺条件下制备的三组元（RuO₂-TiO₂-SnO₂）表面涂层的物相仍主要是金红石相、金属钛相以及少量的锐钛矿相。其中图 6-4 中 $2\theta=38°$ 处的衍射峰（Ti 的衍射峰）变化较为显著，在一定的烧结温度下，随着保温时间的延长，钛衍射峰的衍射强度增强，而在 $2\theta=40°$ 处的钛衍射峰的衍射强度却随着保温时间的增加而出现一定程度的减弱。然而，锐钛矿相的物相成分会随着保温时间的不同也发生变化，衍射峰的强度随其的增加而逐渐减弱，如样品 1 号与 2 号在 $2\theta=63°$ 左右的衍射峰，在 $2\theta=76°$ 左右时仅有在 1 号试样的制备工艺条件下出现锐钛矿相衍射峰，而其他处理工艺条件下均无衍射峰的出现。金红石相主要以富钛的（Ti，Ru）O₂、（Ti，Sn，Ru）O₂ 及富钌的（Ru，Ti，Sn）O₂ 金红石固溶体存在，在图谱中未发现 RuO₂ 和 SnO₂ 的衍射峰存在，而且都是以固溶型的金红石结构存在。金红石型固溶体的衍射峰强度随工艺条件的变化略微有增加，如图 6-4 中 1 号与 2 号在 $2\theta=54°$ 的衍射峰的变化情况，因此工艺条件对金红石型固溶体的物相含量影响较少。然而，根据表 6-4

可以看出，在不同的烧结温度下，随着保温时间的不同，晶粒的变化情况也大不相同，如 1 号与 2 号两者，随着保温时间的延长，其晶粒尺寸呈减小的趋势，而在 3 号与 4 号中，其晶粒尺寸呈增大的趋势。

综上所述：

（1）在相同的烧结温度下，钛衍射峰随保温时间的延长而增大（如 1 号与 2 号在 $2\theta=38°$ 的衍射峰），主要是由于随着保温时间的延长，涂层表面的含锡物质的扩散析出过程越来越充分（如图 6-2b 所示），使得表面的裂纹数量减少，然而，裂纹数量的减少，增大了涂层的表面积，因此涂层的厚度就会相应的减少，从而使得 X 射线能更轻易的穿透涂层到达钛基体，导致了钛衍射峰的增强。然而，在 $2\theta=40°$ 处的钛衍射峰的衍射强度减弱，可能是由于在烧结过程中，钛基体参加反应有 TiO_2 的生成，其又与钌、锡生成富钛的 $(Ti，Ru)O_2$、$(Ti，Sn，Ru)O_2$ 及富钌的 $(Ru，Ti，Sn)O_2$ 金红石型固溶体，因而也造成了金红石型固溶体衍射峰的略微增强。

（2）在图谱中未发现 RuO_2 和 SnO_2 的衍射峰存在，原因可能是：首先，是由于钌在三元涂层中的设计含量本来就很低，从而没有明显的衍射峰存在；其次，由于 Ti^{4+}（0.075nm）、Ru^{4+}（0.076nm）和 Sn^{4+}（0.069nm）的离子半径所决定，并结合当溶剂和溶质原子直径相差在 15% 时，易形成置换固溶体的规则，则 Sn^{4+} 和 Ru^{4+} 可作为置换离子溶于钛基体中，形成富钛的 $(Ti，Ru)O_2$、$(Ti，Sn，Ru)O_2$ 及富钌的 $(Ru，Ti，Sn)O_2$ 的置换式固溶体，并且形成稳定的金红石结构。

（3）在烧结温度为 450℃ 时，晶粒尺寸出现了减小的趋势，是由于随着保温时间的延长，含锡物质在裂纹处的形核析出，逐渐填充了表面的裂纹，形成一个仅存在少量泥状裂纹的表面（如图 6-2b 所示），从而导致了表面涂层中的晶粒数量增加，晶粒尺寸下降。然而，当烧结温度上升到 500℃ 时，随着保温时间的延长，晶粒尺寸出现增大的趋势，由于在高温下，含锡物质的析出过程已经完成，在涂层表面就会发生晶粒的不断长大和堆积（如图 6-2c、d 所示），从而造成晶粒尺寸的长大。

6.3.3 不同工艺条件下三元（RuO_2-TiO_2-SnO_2）涂层的电化学性能分析

当电流流过电极材料时，电极的电位会发生偏离，也就是所谓的极化作用，当经过电极上的电流密度不断增大时，其偏离平衡值的电位越来越大。用来表示电极电位与电流密度间关系的曲线称为极化曲线。阳极极化曲线是阳极电位与电流的关系曲线，是考察金属阳极材料与溶液体系作用时电化学性能的不可缺少的必要环节。

本研究组利用线性扫描伏安法测定其阳极稳态极化曲线，包括析氯极化曲线和析氧极化曲线。用电化学工作站进行测试时，其具体条件是：电压扫描范围为

0.6~1.32V；扫描速度为 3.333×10^{-4}V/s；电解液为饱和氯化钾（KCl）溶液和浓度为1mol/L 的硫酸溶液；辅助电极为铂片；参比电极为饱和甘汞电极。

　　在不同工艺条件下采用热分解法制备的三元（Ru-Ti-Sn）氧化物涂层，在饱和 KCl 溶液中测其稳定析氯极化曲线，并在浓度为 1mol/L 的 H_2SO_4 溶液中测其稳定析氧极化曲线，测试结果分别如图6-5a、b 所示。以电流密度为 $0.015A/cm^2$ 时，比较电极的析氯、析氧电位，结果如表6-5所示。

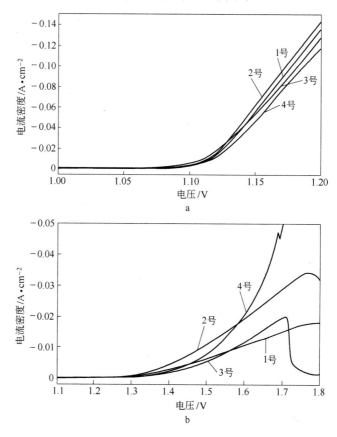

图6-5　钛阳极涂层的线性扫描伏安曲线（LSV）

a—饱和 KCl 溶液中稳定析氯极化曲线；b—1mol/L H_2SO_4 溶液中稳定析氧极化曲线

　　根据图6-5，结合研究组已有的实验结果和表6-5可以得出：锡元素的加入对改善电极起到了一定的作用，其析氯极化电位较二元涂层有所下降，而且随着极化电位的增大，电流密度的上升幅度大于二元涂层的上升幅度；当极化电位达到了 1.2V 时，加入锡后四种不同工艺下的样品电流密度均大于 $0.1A/cm^2$，而本研究组得到的结果显示，二元涂层不同工艺条件下的电流密度小于 $0.09A/cm^2$，因此可以看出锡元素的加入对于提升电极的活性起到了促进的作用，特别是在大电流的使用条件下尤为明显。同时，也可以看出，锡元素的加入，对于降低电极的析氧反应中的活性起到了一定的影响。如表 6-5 中 1 号与本研究组已有的试验结果比较，三元涂层的极化电位较二元涂层的极化电位上升了 116mV，因此，电极在析氧体系中的催化活性，明显下降。也说明了锡的加入有助于电极涂层对反应体系具有选择性的反应：在析氯反应体系中具有高的电化学催化活性，而在析氧反应体系中具有较低的电化学催化活性。

表 6-5 钛阳极涂层的析氯、析氧电位

样品号	析氯极化电位/V	析氧极化电位/V	析氯-析氧电位差/V
1 号	1.118	1.698	0.570
2 号	1.120	1.551	0.431
3 号	1.117	1.643	0.526
4 号	1.115	1.565	0.450

结合图 6-2、图 6-4 以及表 6-4，可以看出：不同的制备工艺同样通过影响表面涂层形貌以及涂层晶粒的尺寸，从而来影响电极的性能。从表 6-5 中得到样品 2 号具有最低的析氯-析氧电位差，3 号次之，说明样品 1 号具有最大析氯-析氧电位差，使其优异的电化学选择活性，但较高的电化学活性不仅影响析氯过程，而且也影响着析氧的过程，因此，综合析氯、析氧的过程来考虑，则样品 1 号在实际使用过程中具有一个优异的电化学性能。

6.3.4 钛基电镀 PbO_2 电极

二氧化铅作为一种非化学计量的化合物，其可用 $PbO_{1.95\sim1.98}$ 的化学来表示，由于其中缺氧，因此存在过剩的 Pb，使得氧化物本身具有了类似金属的导电性。PbO_2 根据晶型的差异被分为 α 型与 β 型两种，其中 α-PbO_2 为斜方晶体结构，β-PbO_2 为金红石型的四方晶体结构，根据表 6-6 所示两者的关系可以看出：就固有电阻率来说，β-PbO_2 仅有 α-PbO_2 的 1/7，而且 β-PbO_2 的耐蚀性远远优于 α-PbO_2，并根据两者作为涂层的比表面积和放电容量看出，β-PbO_2 的电化学活性远远优于 α-PbO_2。

表 6-6 α-PbO_2 与 β-PbO_2 的性能

晶型	固有电阻率 /$\mu\Omega \cdot cm$	电镀溶液	电积应力	作为涂层材料			
				孔径 /nm	BET 表面 /$m \cdot g^{-1}$	放电容量 /$A \cdot h \cdot g^{-1}$	电极消耗量 /$g \cdot (kA \cdot h)^{-1}$
α-PbO_2	650	碱性溶液	不存在	<60	0.48	0.041	0.48
β-PbO_2	96	$Pb(NO_3)_2$	存在	<10	9.53	0.133	0.016

本研究组利用 $Pb(NO_3)_2$ 在钛基体表面电镀生成 β-PbO_2 的涂层。具体电镀工艺为：电解液配方：$Pb(NO_3)_2$ 38g/L、$Cu(NO_3)_2$ 12.5g/L、NaF 0.125 g/L、HNO_3 5mL/L，恒温85℃，电流密度 $i_B = 2A/dm^2$。为了改善二氧化铅镀层与基体的结合性能，同时保护钛基体在电解过程中不被氧化，在钛基体表面采用热分解法制备涂覆锡锑氧化物的半导体中间层，以此解决涂层与基体的结合。下面将对钛基体上电镀 PbO_2 生成的物相和制备的钛基涂层电极的电化学性能进行分析。

6.3.4.1 电镀 PbO_2 的物相分析

将采用电镀法制备出的钛基 PbO_2 电极，利用 XRD 进行电镀表面物相的分析，结果如图 6-6 所示。

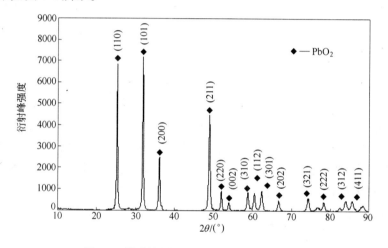

图 6-6 钛基涂层电极的表面 X 射线衍射图

通过对图 6-6 的标定，可以看出：在本研究所采用的制备工艺条件下，电极表面电镀生成的 PbO_2，主要以四方晶系的 β-PbO_2 为主，这也正是本研究所期望得到的。这样就可以利用 β-PbO_2 的高电化学活性、低电阻率，为改善电极的性能奠定了基础。结合 Scherre 公式计算，电镀生成的 β-PbO_2 晶粒大约为 30nm。

6.3.4.2 电镀 PbO_2 电极的电化学性能分析

电化学性能作为表征电极材料性能的直接手段，而 β-PbO_2 在析氧反应中具有较高的活性。因此，本研究所制备的钛基电镀 PbO_2 电极，通过测试其析氧稳态极化曲线来研究电极性能以及中间过渡层对于电极性能的影响，其结果如图 6-7 所示。

根据图 6-7 可以看出：1号电极及2号电极的极化曲线相对于0号电极均负移，在相等的电极电位条件下，1号电极及2号电极的电流密度高于0号电极电

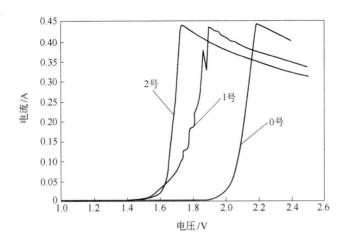

图 6-7　PbO₂涂层电极的线性扫描伏安曲线（LSV）

0 号—Pb-Ag 合金；1 号—钛基电镀 PbO₂；2 号—钛基表面引入锡锑氧化物的中间层

流密度，电化学动力学认为[1]：稳态的极化曲线实际上反映了电极反应速度与电极电位（过电位）之间的特征关系，即 1 号电极及 2 号电极的电化学反应速度大于传统 0 号电极，其中 1 号电极的电化学反应过程更容易进行，在相同的电流密度条件下，反应界面的正电荷积累较少，说明 1 号电极及 2 号电极的极化电位较低，降低电极反应推动力，提高了电极的电催化活性，这一点在同等电流密度下，1 号电极及 2 号电极的过电位较小，在电流密度为 $0.30A/cm^2$ 时，2 号样品的极化电位下降了 450mV。也被证明，这也与电化学动力学[3]中"过电位是电极反应发生的推动力，过电位越小，所需推动力越小，电极反应越容易进行"是一致的。因此，较小的过电位，电极反应速度快，说明加入中间层的电镀 β-PbO₂涂层的电极电催化性高，在实际应用中能降低槽电压，起到了节能降耗的作用。

6.4　本章小结

尺寸稳定型阳极（DSA）应用的领域有：氯碱工业、氯酸盐生产、次氯酸盐生产、高氯酸盐生产、过硫酸盐电解、电解有机合成、电解提取有色金属、电解银催化剂的生产、电解法制造铜箔、电解氧化法回收汞、水电解、二氧化氯的制取、医院污水处理、电镀厂含氰废水处理、生活用水和食品用具的消毒、发电厂冷却循环水的处理、毛纺厂染整废水的处理，工业用水的处理、电解法制取酸碱离子水，铜板镀锌、镀铑、镀钯、镀金、镀铅、电渗析法淡化海水、电渗析法制取四甲基氢氧化铵、熔融盐电解、电池生产、阴极保护、生产负极箔、铝箔的阳极氧化等。应用广泛，涉及化工、冶金、水处理、环保、电镀、电解有机合成等领域。钛基涂层电极材料的研究与发展对节能降耗、可持续发展具有极其重要的作用。

随着组元数的增加，在一定条件下电极的极化电位下降、电流密度增加，锡的引入较二元氧化物涂层的极化电位可降低 20mV、电流密度增加 $10\sim30mA/cm^2$。当电极的极化电位改变 $100\sim200mV$ 时，电极的电催化活性可提高 10 倍，因此通过加入锡可使电极的催化活提高 2 倍。稳态的极化曲线实际上反映了电极反应速度与电极电位（过电位）之间的特征关系，即多组元涂层电极的反应速度大于传统二元涂层的，多组元涂层电极的电化学反应过程过程更容易进行。在相同的电流密度条件下，反应界面的正电荷积累较少，说明多组元涂层电极的极化电位较低，降低电极反应推动力，提高了电极的电催化活性。在同等电流密度下，多元涂层电极的过电位较小。这也与电化学动力学中"过电位是电极反应发生的推动力，过电位越小，所需推动力越小，电极反应越容易进行"是一致的。

综上所述，钛基涂层电极材料在多个方面体现出了良好的工业化应用前景，为新型电极的进一步应用奠定了基础。

参 考 文 献

[1] 张招贤. 钛电极工学 [M]. 北京: 冶金工业出版社, 2003.

[2] 苗海霞. $Ti/SnO_2\text{-}Sb_2O_4$ 电极的制备及性能研究 [D]. 山西: 太原理工大学, 2006.

[3] 查全性. 电极过程动力学导论 [M]. 北京: 科学出版社, 2007.

[4] 杨秀琴, 竺培显, 黄文芳, 等. Ti-Al-Ti 层状复合电极材料制备与性能 [J]. 材料热处理学报, 2010, 31 (8): 15~19.

[5] 陈延禧. 电解工程学 [M]. 天津: 天津科学技术出版社, 1993.

[6] Vagra M, Елисей Y, Исинбаева K. The current distribution over electrode surface in Electrolytic deposition [M]. ZHAO Zhencai, transl. Beijing: China Machine Press, 1958.

[7] 王玲利, 彭乔. 钌系涂层钛阳极的优化研究进展 [J]. 辽宁化工, 2006, 35 (8): 485~487.

[8] 黄明君 (Huang M J). 氯碱工业 (Chlor-alkali Industry). 1989 (10): 16~19.

[9] Beer H B. 46-21884, 1971.

[10] 宋建梅, 童效平, 陈康宁. 高氧超电极在电解法生产氯酸盐中的应用 [J]. 氯碱工业, 2000 (6): 3~6.

[11] 陈康宁. 氯碱工业. 1987 (10): 4~9.

[12] 王清泉. 钛基金属氧化物-稀土阳极涂层的制备及性能 [D]. 辽宁: 大连理工大学, 2006.

[13] Hu J M, Meng H M, Zhang J Q, et al. Degradation mechanism of long service life $Ti/IrO_2\text{-}Ta_2O_5$ oxide anodes in suiphuric acid [J]. Corrosion Science, 2002 (44): 1655.

[14] Kristof J, Szilagyi T, Horvaht E, et al. Investigation of IrO_2/Ta_2O_5 thin fiimevoiution [J].

Thermochemical Actai, 2004 (413): 93~99.

[15] 崔成强, 张流洲. IrO₂-SnO₂ 上氧析出机理 [J]. 无机化学学报, 1991, 7 (2): 165~168.

[16] Kamegaya Y, Sasaki K, Oguri Metal. Electrochimica Acta [J]. 1995 (40): 889.

[17] Yuan L Y, Huang M, Hou Y D. Journal of Guangdong Non·Ferrous Metals (广东有色金属学报), 1995, 5 (1): 58.

[18] Casellato U, Cattarin S, Musiani M. Preparation of porous PbO₂ electrodes by electrochemical depositionofcomposites [J]. Electrochimica Acta, 2003, 48 (27): 3991~3998.

[19] Velichenko A B, Baranova E A, Girank D V, et al. Mechanism of electrodeposition of lead dioxide fromnitrate solutions [J]. Russian Journal of Electrochemistry, 2003, 39 (6): 615~621.

[20] 梁镇海, 王森, 孙彦平, 等. Ti/SnO₂+SbO₂+RuO₂/Pb₃O₄ 阳极研究 [J]. 无机材料学报, 1995, 10 (3): 381~384.

[21] Berthome G, Prelot B, Thomas F, et al. Manganese dioxides surface properties studied by XPS and gas adsorption [J]. Journal of the Electrochemical Society, 2004, 151 (10): A1611~A1615.

[22] He D L, Mho S-I. Electrocatalytic reactions of phenolic compounds at ferric ion co-doped SnO₂: Sb⁵⁺ electrodes [J]. Journal of Electroanalytieal Chemistry, 2004, 568 (1-2): 19~27.

[23] 梁镇海. 固溶体中间层钛基氧化物阳极研究 [D]. 山西: 太原理工大学, 2006.

[24] 石绍渊, 孔江涛, 朱秀萍, 等. 钛基 Sn 或 Pb 氧化物涂层电极的制备与表征 [J]. 环境化学, 2006, 25 (4): 429~434.

[25] 曹梅. Al 基 SnO₂+Sb₂O₃/SnO₂+Sb₂O₃+MnO₂涂层二氧化铅电极的制备及其应用 [D]. 云南: 昆明理工大学, 2005.

[26] Devilliers D, Thi M T D, Mahé E, et al. Cr (111) oxidation with lead dioxide-based anodes [J]. Electrochim Acta, 2003, 48 (28): 4301~4309.

[27] 陶自春, 潘建跃, 罗启富. 铂中间层的制备及对铱钽涂层钛阳极性能的影响 [J]. 材料科学与工程学报, 2004, 22 (2): 240~244.

[28] Munichandraiah A. The preparation and behaviour of Ti/Au/PbO₂ anodes [J]. J Appl Electrochem, 1982 (12): 399~404.

[29] 张玉萍, 武志红, 鞠鹤, 等. 铱涂覆量对 IrO₂-Ta₂O₅ 钛阳极性能的影响 [J]. 表面技术, 2010, 39 (4): 33~35.

[30] 胡耀红, 陈力格. DSA 涂层钛阳极及其应用 [J]. 电镀与涂饰, 2003, 22 (5): 58~59.

[31] 张招贤. IrTa 氧化物涂层钛阳极恶化原因分析 [J]. 氯碱工业, 2005 (1): 12~13.

[32] 谢发勤, 牛晓明. 中间层对钛基锡钌钴纳米涂层物化性能的影响 [J]. 中国表面工程, 2009, 22 (1): 37~41.

[33] 刘树奇, 佟泽颖, 马战国, 等. 金属阳极涂层评价试验 [J]. 氯碱工业, 2000 (2): 12~13.

[34] 吴伟, 高建华, 钱伟君, 等. 钛基金属氧化物涂层的显微结构表征 [J]. 电子显微学

报，2006，25：331~332.

[35] 叶文艺，赖彩娥，刘慧勇. 钛基锡锰钌氧化物阳极的电化学性能 ［J］. 氯碱工业，2009，45（1）：11~15.

[36] Panic V, Dekanski A, Milonjic S, et al. Electrocatalytic activity of sol-gel prepared RuO_2/Ti anode in chlorine and oxygen evolution reactions ［J］. Russ Electrochem, 2006, 42（10）：1055~1060.

[37] 唐电，文仕学，陈士仁. RuO_2 60%-TiO_2 40%纳米材料的制备与表征 ［J］. 金属热处理学报，2000，21（3）：12~16.

[38] Fujimura K, Matsui T, Izumiya K, et al. Oxygen evolution on manganese molybdenum oxide anodes in seawater electrolysis ［J］. Mater Sci Eng, 1999, 267 A（2）：254~259.

[39] Matsui T, Habazaki H, Kawashima A, et al Anodically deposited manganese-molyb-denum-tungsten oxide anodes for oxygen evolution in seawater electrilysis ［J］. Journal of Applied Electrochemistry, 2002, 32：993~1000.

[40] 潘建跃，孙凤梅，罗启富. 钛阳极磁控溅射钽的工艺研究 ［J］. 材料保护，2004，37（10）：26~28.

[41] Duverneuil P, Maury F, Pebere N, et al. Chemical vapor deposition of SnO_2 coatings on Ti plates for the preparation of electrocatalytic anodes ［J］. Surface and Coatings Technology, 2002（151-152）：9~13.

[42] Igumenov I K, Gelfond N V, Galkin P S, et al. Corrosion testing of platinum metals CVD coated titanium anodes in seawater-simulated solutions ［J］. Desalination, 2001, 136：273~280.